Leitfäden und Monographien der Informatik

Andreas Brandstädt
Graphen und Algorithmen

Leitfäden und Monographien der Informatik

Die Leitfäden und Monographien behandeln Themen aus der Theoretischen, Praktischen und Technischen Informatik entsprechend dem aktuellen Stand der Wissenschaft. Besonderer Wert wird auf eine systematische und fundierte Darstellung des jeweiligen Gebietes gelegt. Die Bücher dieser Reihe sind einerseits als Grundlage und Ergänzung zu Vorlesungen der Informatik und andererseits als Standardwerke für die selbständige Einarbeitung in umfassende Themenbereiche der Informatik konzipiert. Sie sprechen vorwiegend Studierende und Lehrende in Informatik-Studiengängen an Hochschulen an, dienen aber auch in Wirtschaft, Industrie und Verwaltung tätigen Informatikern zur Fortbildung im Zuge der fortschreitenden Wissenschaft.

Graphen und Algorithmen

Von Prof. Dr. rer. nat. habil. Andreas Brandstädt
Universität – GH – Duisburg

Mit zahlreichen Abbildungen

B. G. Teubner Stuttgart 1994

Prof. Dr. rer. nat. habil. Andreas Brandstädt

Geboren 1949 in Arnstadt/Thüringen. Von 1967 bis 1974 Studium der Mathematik an der Friedrich-Schiller-Universität Jena. Promotion 1976, Habilitation 1983 in Jena. 1984 halbjähriger Forschungsaufenthalt an der Akademie der Wissenschaften in Moskau. 1974–1983 Assistent, 1983–1986 und 1988–1990 Oberassistent bei Prof. Dr. G. Wechsung (Jena). 1990 einmonatiger Forschungsaufenthalt bei Prof. Dr. F. Meyer auf der Heide (Paderborn). Mai 1990 bis März 1991 wiss. Mitarbeiter bei Prof. Dr. K. Weihrauch (FernUniversität Hagen). Seit April 1991 Professor für Informatik an der Gerhard-Mercator-Universität – GH – Duisburg, Fachbereich Mathematik.

Die Deutsche Bibliothek – CIP-Einheitsaufnahme

Brandstädt, Andreas:
Graphen und Algorithmen / von Andreas Brandstädt. –
Stuttgart : Teubner, 1994
(Leitfäden und Monographien der Informatik)
ISBN 978-3-519-02131-5 ISBN 978-3-322-94689-8 (eBook)
DOI 10.1007/978-3-322-94689-8

Gesamtherstellung: Zechnersche Buchdruckerei GmbH, Speyer

Vorwort

Graphen sind ein sehr häufig benutztes Modell bei der Beschreibung vielfältiger struktureller Zusammenhänge, so z.B. zur Informationsübertragung in Kommunikationsnetzwerken, zum Transport von Waren oder zur Beschreibung hierarchischer Strukturen.
Die Behandlung dieser Modelle mit den Mitteln der algorithmischen Graphentheorie stellt ein wichtiges Teilgebiet der Mathematik und Informatik dar.
Das vorliegende Lehrbuch vermittelt eine Einführung in dieses sich rasch entwickelnde Forschungsgebiet, wobei lediglich einfache Grundkenntnisse in Mathematik und Informatik vorausgesetzt werden, die i.a. im Grundstudium erworben werden.
Zum Thema "Graphen und Algorithmen" gibt es bereits einige Lehrbücher, insbesondere in englischer Sprache. Da das Entwicklungstempo in dem ausgewählten Gebiet jedoch sehr hoch ist, erscheint es sinnvoll, von Zeit zu Zeit die Darstellung klassischer Gebiete durch die Darstellung ausgewählter Spezialgebiete zu ergänzen. Dies geschieht in dem vorliegenden Lehrbuch. Die ersten Kapitel sind klassischen Gebieten gewidmet:

- Euler- und Hamiltonkreise
- Durchsuchen von Graphen
- Minimalgerüste, greedy-Algorithmus und Matroide
- Kürzeste Wege
- Maximalfluß in Netzwerken
- Unabhängige Knoten- und Kantenmengen (Färbungen, "matchings")

Die letzten beiden Kapitel beschreiben neuere Ergebnisse aus den 80er und 90er Jahren, die in Lehrbuchform noch nicht erschienen sind und einen zentralen Aspekt der algorithmischen Graphentheorie darstellen, nämlich

- Graphen und Hypergraphen mit Baumstruktur (die eine Verallgemeinerung von Bäumen darstellen) sowie
- algorithmischer Nutzen dieser Strukturen

Im Unterschied zu bereits vorhandenen Lehrbüchern werden mehr die Struktureigenschaften von Graphen, die oftmals die Grundlage der Effizienz von Algorithmen bilden, und weniger die begleitenden Datenstrukturen der Algorithmen betont. Insofern ist das vorliegende Buch mit den Büchern von Golumbic [67] und Simon [121] zu vergleichen. Das Buch von Golumbic ist jedoch bereits 1980 erschienen und enthält wesentliche Weiterentwicklungen aus den 80er und 90er Jahren nicht, wie z.B. die stark chordalen Graphen, die dual chordalen Graphen, die Zusammenhänge zu azyklischen Hypergraphen und total balancierten Matrizen, die partiellen k–Bäume und vieles mehr. Das Buch von Simon behandelt ebenfalls die Graphen mehr unter dem Gesichtspunkt ihrer Perfektheit und deren algorithmischem Nutzen.

Das vorliegende Lehrbuch basiert auf Vorlesungen des Autors an der Friedrich–Schiller–Universität Jena und der Gerhard-Mercator-Universität –GH– Duisburg. Außerdem basieren die ersten sieben Kapitel auf einem Kurstext "Effiziente Graphenalgorithmen" [22], der für die FernUniversität Hagen geschrieben und dort bisher zweimal eingesetzt wurde. Dies hat auch den methodischen Aufbau des Buches beeinflußt.
Der Stil eines Kurstextes wurde, zumindest was die Beispiele und Selbsttestaufgaben betrifft, beibehalten: Begleitende Beispiele und Selbsttestaufgaben mit Musterlösungen erleichtern das Verständnis des Stoffes und die Einarbeitung in dieses Gebiet.

Schließlich ist es mir ein Bedürfnis, an dieser Stelle einige Danksagungen auszusprechen:

- Für das Schreiben des Textes durch unsere Sekretärin Frau Monika Wellmann (Universität Duisburg).
- Für die Hilfe bei TEX–Fragen durch meinen Kollegen Dipl.–Math. Falk Nicolai (Universität Duisburg).
- Für die Unterstützung beim Korrekturlesen durch die Studenten Herrn Szymczak und Herrn Döschner
- Meinem Kollegen Dr. Peter Damaschke (FernUniversität Hagen), der den ersten Einsatz des Kurstextes "Effiziente Graphenalgorithmen" betreut hat, für eine Reihe von Anmerkungen zu den Kapiteln 1 bis 7.
- Meinen Kollegen Prof. Dr. Klaus Weihrauch und Prof. Dr. Rutger Verbeek (FernUniversität Hagen), die mich zum Schreiben des Kurstextes veranlaßt haben.
- Dem Teubner–Verlag und insbesondere Herrn Dr. Spuhler für die rasche Herausgabe des Buches und die begleitenden Diskussionen bei der Herstellung des Textes.

Duisburg, den 01.06.1994 — Andreas Brandstädt

Inhaltsverzeichnis

1 Graphen und algorithmische Graphenprobleme **11**

1.1 Einführung, Grundbegriffe und Bezeichnungen 11
1.2 Bäume 20
1.3 Darstellung von Graphen im Computer 25
1.4 Polynomialzeit und NP–Vollständigkeit 30
1.5 Weitere Übungen 36
1.6 Lösungshinweise zu den Selbsttestaufgaben von Kapitel 1 37
1.7 Literaturhinweise 39

2 Eulerkreise und Hamiltonkreise **40**

2.1 Ein einfaches Kriterium für die Existenz von Eulerkreisen 40
2.2 Ein Linearzeitalgorithmus zur Konstruktion von Eulerkreisen und -wegen 43
2.3 Hamiltonkreise und -wege 46
2.4 Weitere Übungen 57
2.5 Lösungshinweise zu den Selbsttestaufgaben von Kapitel 2 58
2.6 Literaturhinweise 59

3 Durchsuchen von Graphen – Knotenreihenfolgen von Graphen **61**

3.1 Tiefensuche (DFS) auf ungerichteten Graphen 61
3.2 Zweifach zusammenhängende Komponenten 67
3.3 DFS für gerichtete Graphen - stark zusammenhängende Komponenten 73
3.4 Breitensuche (BFS) 75
3.5 Topologisches Sortieren 77
3.6 Weitere Übungen 80
3.7 Lösungshinweise zu den Selbsttestaufgaben von Kapitel 3 81
3.8 Literaturhinweise 84

4 Minimalgerüste, greedy–Algorithmus und Matroide **85**

4.1 Minimalgerüste 85
4.2 Greedy–Algorithmus und Matroide 90
4.3 Weitere Matroideigenschaften 93
4.4 Das Steinerbaumproblem 99
4.5 Weitere Übungen 101
4.6 Lösungshinweise zu den Selbsttestaufgaben von Kapitel 4 102

4.7 Literaturhinweise 105

5 Kürzeste Wege 106
5.1 Kürzeste Wege in dags von einem Knoten aus 106
5.2 Kürzeste Wege in gerichteten Graphen von einem Knoten aus 109
5.3 Kürzeste Wege zwischen je zwei Knoten 114
5.4 Semiringe und kürzeste Wege 117
5.5 Weitere Übungen 120
5.6 Lösungshinweise zu den Selbsttestaufgaben von Kapitel 5 122
5.7 Literaturhinweise 123

6 Das Maximalflußproblem 124
6.1 Flüsse und Schnitte 124
6.2 Der Algorithmus von Ford/Fulkerson 128
6.3 Der Algorithmus von Dinitz 132
6.4 Varianten des Maximalflußproblems 140
6.5 Weitere Übungen 146
6.6 Lösungshinweise zu den Selbsttestaufgaben von Kapitel 6 146
6.7 Literaturhinweise 148

7 Unabhängige Knoten- und Kantenmengen 149
7.1 Zuordnungen und ihre Bestimmung in paaren Graphen 149
7.2 Knoten- und Kantenüberdeckungen 153
7.3 Zuordnungen in beliebigen Graphen 156
7.4 Verallgemeinerungen des Zuordnungsproblems 159
7.5 Knotenfärbungen 163
7.6 Kantenfärbungen 167
7.7 Weitere Übungen 170
7.8 Lösungshinweise zu den Selbsttestaufgaben von Kapitel 7 171
7.9 Literaturhinweise 172

8 Graphen und Hypergraphen mit Baumstruktur 173
8.1 Chordale Graphen 173
8.2 Hypergraphen 175
8.3 Hyperbäume und duale Hyperbäume 179
8.4 Abpflückordnungen 182
8.5 Hyperbaum-Charakterisierungen und paare Inzidenzgraphen 184
8.6 Linearzeiterkennung von chordalen und dual chordalen Graphen 191
8.7 Weitere Übungen 203
8.8 Lösungshinweise zu den Selbsttestaufgaben von Kapitel 8 203
8.9 Literaturhinweise 204

9 Der algorithmische Nutzen von Baumstrukturen – weitere Graphenklassen 206
9.1 Algorithmische Grundprobleme auf chordalen und dual chordalen Graphen 206
9.2 Partielle k-Bäume 211
9.3 Stark chordale Graphen 216
9.4 Intervallgraphen 230
9.5 Spezielle paare Graphen mit Chordalitätseigenschaften 234
9.6 Weitere Übungen 237
9.7 Lösungshinweise zu den Selbsttestaufgaben von Kapitel 9 238
9.8 Literaturhinweise 238

10 Ausgewählte Musterlösungen zu den Übungsaufgaben 241

Literaturverzeichnis 249

Index 258

1 Graphen und algorithmische Graphenprobleme

1.1 Einführung, Grundbegriffe und Bezeichnungen

Graphen treten als Modelle auf Grund ihrer Allgemeinheit häufig bei der Modellierung realer Vorgänge, z.B. aus der Wirtschaft oder Informatik, auf. Oftmals sind Situationen zu beschreiben, bei denen zwischen je zwei Objekten Beziehungen bestehen. Dies sind z.B. Austauschbeziehungen wie der Transport von Waren zwischen Firmen, der Transport von Personen zwischen Städten oder der Transport von Informationen zwischen Prozessoren eines Parallelrechnernetzes, es können jedoch auch ganz andersartige Beziehungen sein, wie z.B. das Enthaltensein einer Menge in einer anderen. Dazu folgendes Beispiel:
Es sei $M = \{1,2,3\}$ und $\mathfrak{P}(M) = \{\emptyset, \{1\}, \{2\}, \{3\}, \{1,2\}, \{1,3\}, \{2,3\}, \{1,2,3\}\}$ die Potenzmenge von M. Dann ist

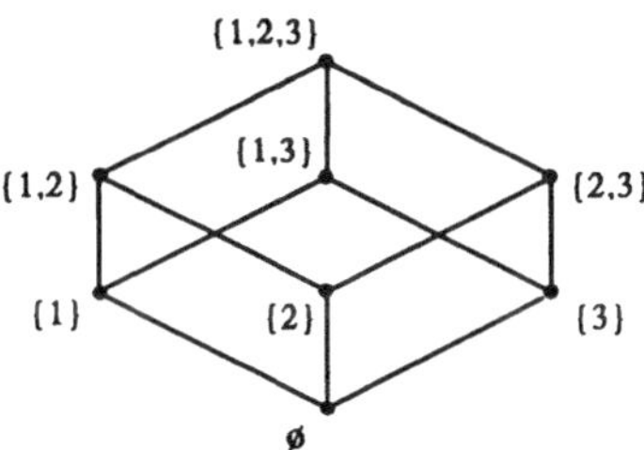

Abbildung 1.1: Die Potenzmenge der Menge $\{1,2,3\}$

das sogenannte *Hasse-Diagramm* der Enthaltenseinsbeziehungen in $\mathfrak{P}(M)$. Dies ist gleichzeitig, als geometrisches Objekt betrachtet, der Würfel im dreidimensionalen euklidischen Raum. Zur Beschreibung des Würfels benötigt man die Ecken und Kanten des Würfels. Kanten verbinden jeweils zwei Ecken. Allgemein werden bei einem Graphen die Objekte als Knoten und die Beziehungen zwischen je zwei Knoten als Kanten bezeichnet. Oftmals tragen die Kanten zusätzliche Bewertungen: Bei Transportaufgaben ist die Weglänge ein wichtiges Kriterium.
Eine wichtige Aufgabe ist dann z.B. die Bestimmung kürzester Wege zwischen je zwei

Knoten. Dies ist ein algorithmisches Problem:
Gesucht ist ein möglichst einfacher Algorithmus, der möglichst schnell zu gegebenem Knotenpaar $\{a, b\}$ einen kürzesten Weg zwischen a und b bestimmt. Das Kürzeste–Wege–Problem ist nur ein Beispiel für ein algorithmisches Graphenproblem. Es existiert eine Vielzahl solcher Probleme, von denen in den folgenden Kapiteln mehrere wichtige Problemkreise behandelt werden. Dazu ist die Einführung einer Reihe von Grundbegriffen erforderlich.

Zunächst führen wir den Begriff des Graphen in sehr allgemeiner Form ein. Anschaulich gesehen besteht ein Graph aus einer Menge von Knoten und einer Menge von Kanten zwischen je zwei Knoten. Dabei wird zugelassen, daß es zwischen zwei Knoten x, y mehrere Kanten gibt. Ebenso wird $x = y$ zugelassen. Wir betrachten zunächst den Fall ungerichteter Kanten.

Definition 1.1.1 *Ein* ungerichteter *Graph* $G = (V, E, I)$ *ist ein Tripel von Mengen* V *(der Menge der* Knoten *("vertices", "nodes")),* E *(der Menge der* Kanten *("edges")) und* I *(der* Inzidenzrelation*) mit den Eigenschaften*

1) $I \subseteq V \times E$ *(ist* $(v, e) \in I$ *für* $v \in V$ *und* $e \in E$*, so heißen* v *und* e inzident*)*

2) jede Kante $e \in E$ *ist zu höchstens zwei Knoten aus* V *inzident:*
$\bigwedge_{e \in E} |(V \times \{e\}) \cap I| \in \{1, 2\}$.

Das Zeichen $\bigwedge$ *bezeichnet dabei den Logikquantor "Für alle".*
Sind die Knotenmenge $V = V(G)$ *und die Kantenmenge* $E = E(G)$ *des Graphen* G *endlich, so heißt* G endlicher Graph.

Im weiteren werden nur noch endliche Graphen betrachtet, und der Zusatz "endlich" wird weggelassen. (Die im folgenden in Definitionen verwendete Abkürzung "gdw." steht für "genau dann, wenn".)

Definition 1.1.2 *Eine Kante* $e \in E$ *heißt* Schlinge *("loop") gdw.*

$|(V \times \{e\}) \cap I| = 1$ *(d.h. e ist nur zu einem Knoten inzident).*

Zwei Kanten e_1, e_2 *heißen* parallele Kanten *gdw.*

$\{v : (v, e_1) \in I\} = \{v : (v, e_2) \in I\}$ *(d.h.* e_1, e_2 *sind zu denselben Knoten inzident).*

Ein Graph G heißt schlicht *("simple") gdw.*

G enthält keine Schlingen und parallelen Kanten.

Nun zu einer einfacheren Beschreibung schlichter Graphen:
Bezeichnet $\mathfrak{P}(V)$ die Potenzmenge von V und $\mathfrak{P}_2(V)$ die Menge aller Zweiermengen über V, so ist ein schlichter Graph $G = (V, E, I)$ durch V und $E \subseteq \mathfrak{P}_2(V)$ vollständig beschrieben - in diesem Fall wird also im weiteren I weggelassen: $G = (V, E)$.
Für die ungerichteten Kanten $\{u, v\}$ schreiben wir statt $\{u, v\}$ häufig auch uv, ohne damit eine Reihenfolge der Knoten u und v zu implizieren.

Definition 1.1.3 *Der* Grad *("degree") deg(v) eines Knotens $v \in V$ ist die Zahl der zu v inzidenten Kanten. Dabei zählen Schlingen doppelt.*
Ein Knoten $v \in V$ heißt isoliert *gdw.*

$$deg(v) = 0.$$

Der Maximalgrad *von G ist*

$$\Delta(G) = \max\{deg(v) : v \in V\},$$

der Minimalgrad *von G ist*

$$\delta(G) = \min\{deg(v) : v \in V\}.$$

Lemma 1.1.1 *In endlichen Graphen ist die Zahl der Knoten mit ungeradem Grad gerade.*

Beweis: Es sei $V = \{v_1, \ldots, v_n\}$. Offenbar ist $\sum_{i=1}^{n} deg(v_i) = 2 \cdot |E|$, denn ist die Kante $e \in E$ mit $u, v \in V$ inzident, so zählt sie bei $deg(u)$ und $deg(v)$ mit (dies gilt auch für $u = v$). Es seien $\{u_1, \ldots, u_k\}$ die Knoten mit ungeradem Grad und $\{w_1, \ldots, w_l\}$ die Knoten mit geradem Grad. Dann ist $\sum_{i=1}^{l} deg(w_i)$ gerade, und wegen

$$\sum_{i=1}^{k} deg(u_i) + \sum_{i=1}^{l} deg(w_i) = 2 \cdot |E|$$

ist auch $\sum_{i=1}^{k} deg(u_i)$ gerade. Also ist die Zahl k der Knoten mit ungeradem Grad gerade. □

Beispiel 1.1.1 $G = (\{a, b, c, d\}, \{e_1, e_2, e_3, e_4, e_5, e_6, e_7, e_8\}, I)$ *mit den folgenden Inzidenzen:* $I = \{(a, e_1), (b, e_1), (a, e_2), (c, e_2), (a, e_3), (d, e_3), (b, e_4), (c, e_4), (b, e_5), (c, e_5), (c, e_6), (d, e_6), (c, e_7), (d, e_7), (a, e_8)\}$ *(vgl. Abbildung 1.2)*

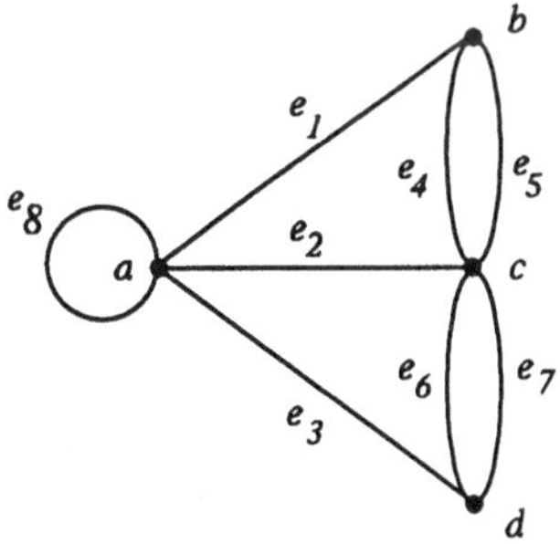

Abbildung 1.2: Der Beispielgraph G

Selbsttestaufgabe 1.1.1 *Üben Sie die bisherigen Definitionen am Beispiel 1.1.1.*

Definition 1.1.4 *Ist $G = (V, E)$ Graph und $U \subseteq V$, so ist der* von U induzierte Teilgraph $G(U)$ *der Graph* $G(U) = (U, E')$ *mit*

$$E' = \{e : e \in E \text{ und die zu } e \text{ inzidenten Knoten liegen in } U\}.$$

Für $G(V \setminus \{v\})$, $v \in V$, verwenden wir häufig auch die Abkürzung $G - v$.

$G = (V, E)$ *heißt* leerer Graph *gdw.*

$$E = \emptyset.$$

Eine Knotenmenge $U \subseteq V$ heißt unabhängige Knotenmenge in G *("independent vertex set", "stable set") gdw.*

$$G(U) \text{ ist leerer Graph.}$$

Die maximale Größe einer unabhängigen Knotenmenge in G ist

$$\alpha(G) = \alpha_V(G) = \max\{|U| : U \text{ unabhängige Knotenmenge in } G\}\ .$$

Der Komplementgraph $\overline{G}$ *eines schlichten Graphen $G = (V, E)$ ist*

$$\overline{G} = (V, \overline{E}) \text{ mit } \overline{E} = \mathfrak{P}_2(V) \setminus E.$$

G *heißt* vollständiger Graph *gdw.*

$$\overline{G} \text{ ist leerer Graph.}$$

Eine Knotenmenge $U \subseteq V$ heißt Clique *in G gdw.*

$$G(U) \text{ ist vollständiger Graph.}$$

Die maximale Größe einer Clique in G ist

$$\omega(G) = \max\{|U| : U \text{ ist Clique in } G\}\ .$$

Eine wichtige und häufig vorkommende Art spezieller Graphen wird in der nächsten Definition beschrieben:

Definition 1.1.5 $G = (V, E)$ *heißt* paarer (bzw. bipartiter) Graph *("bipartite graph") gdw.*

> *es existiert eine Zerlegung von V in zwei unabhängige Knotenmengen X, Y, d.h. für keine Kante $e = \{u, v\}$ liegen die Knoten u, v beide in X oder beide in Y:* $\bigwedge_{e \in E} e \notin \mathfrak{P}_2(X) \wedge e \notin \mathfrak{P}_2(Y)$.

Häufig braucht man bei der Untersuchung von Graphen die Menge der Nachbarn eines Knoten:

Definition 1.1.6 *Ist $G = (V, E)$ Graph und $v \in V$ Knoten in G, so ist die* offene Nachbarschaft *von v*

$$N(v) = \{u : u \in V \setminus \{v\} \wedge uv \in E\} \text{ die Menge der Nachbarn von } v.$$

Die abgeschlossene Nachbarschaft *von v ist*

$$N[v] = N(v) \cup \{v\} .$$

Für Knotenmengen $U \subseteq V$ ist

$$N(U) = \bigcup_{v \in U} N(v) \text{ und } N[U] = \bigcup_{v \in U} N[v].$$

Lemma 1.1.2 *Für endliche Graphen $G = (V, E)$ gilt $\alpha(G) \cdot (\Delta(G) + 1) \geq |V|$.*

Beweis: Es sei $U \subseteq V$ eine unabhängige Menge maximaler Größe: $|U| = \alpha(G)$. Dann gilt $\bigwedge_{v \in V \setminus U} \quad \bigvee_{u \in U} uv \in E$, (das Zeichen $\bigvee$ bezeichnet den Logikquantor "Es gibt") sonst existiert eine unabhängige Menge $U' \supset U, U' \neq U$. Also ist $U \cup N(U) = V$. Offenbar gilt $|N(U)| \leq \Delta(G) \cdot \alpha(G)$. Also ist

$$\begin{aligned} |V| = |U \cup N(U)| &\leq |U| + |N(U)| \\ &\leq \alpha(G) + \Delta(G) \cdot \alpha(G) = \alpha(G) \cdot (\Delta(G) + 1). \end{aligned}$$

□

Im folgenden ist der Graph $G = (V, E)$ nicht notwendig schlicht.

Definition 1.1.7 *Die Bezeichnung $u \overset{e}{—} v$ bedeutet, daß u und v die zu e inzidenten Knoten sind. Die Kante e verbindet die* Endknoten *u und v von e.*
Ein Weg *bzw.* Pfad *("path") in G ist eine Folge von Kanten $e_1, e_2, \ldots, e_k$ mit der Eigenschaft:*

(1) e_i und e_{i+1} haben einen gemeinsamen Endknoten, $i \in \{1, \ldots, k-1\}$.

(2) Falls e_i keine Schlinge und nicht e_1, e_k ist, so hat e_i einen Endknoten mit e_{i-1} und den anderen Endknoten mit e_{i+1} gemeinsam, $i \in \{2, \ldots, k-1\}$.

*Der Weg P hat dann die Form $v_0 \overset{e_1}{—} v_1 \overset{e_2}{—} v_2 \ldots v_{k-1} \overset{e_k}{—} v_k$ (*Weg zwischen v_0 und v_k*). Dabei heißen $v_0, \ldots, v_k$ die* Knoten des Weges, *$v_1, \ldots, v_{k-1}$ die* inneren Knoten *des Weges und $e_1, \ldots, e_k$ die* Kanten des Weges.
Für schlichte Graphen vereinfacht sich der Begriff des Weges wie folgt:
Für $v_i \in V$ ist $(v_0, v_1, \ldots, v_k)$ Weg *gdw.*

$$v_i v_{i+1} \in E \text{ für alle } i \in \{0, \ldots, k-1\}.$$

Die Länge *$|P|$* eines Weges *P ist die Zahl k seiner Kanten.*
Ein Kreis *ist ein Weg $P = (v_0, \ldots, v_k)$, für den $v_0 = v_k$ ist.*
Ein Weg (Kreis) heißt einfach *gdw.*

jeder Knoten des Weges (Kreises) kommt nur einmal in ihm vor.

Die Distanz $dist(u, v)$ *zwischen zwei Knoten* u *und* v *ist die Länge eines kürzesten Weges zwischen* u *und* v, *falls ein solcher existiert (und* 0 *im Falle* $u = v$*) bzw.* ∞, *falls kein Weg zwischen* u *und* v *existiert.*
Der Durchmesser *eines Graphen* $G = (V, E)$ *ist*

$$diam(G) = \max\{dist(u, v) : u, v \in V\} .$$

Definition 1.1.8 *Ein Graph* $G = (V, E)$ *heißt* zusammenhängend *("connected") gdw.*

für alle Knoten $u, v \in V, u \neq v$, *existiert ein Weg zwischen* u *und* v.

$G(U)$ *heißt* Zusammenhangskomponente *von* G *gdw.*

$G(U)$ *ist zusammenhängend und für alle* $v \in V \setminus U$ *ist* $G(U \cup \{v\})$ *nicht zusammenhängend (d.h.* U *ist maximal zusammenhängend bzgl. Mengeninklusion* $\subseteq$*).*

Es sei nun $C = v_0 \overset{e_1}{—} v_1 \overset{e_2}{—} v_2 \ldots v_{k-1} \overset{e_k}{—} v_k$ *mit* $v_0 = v_k$ *ein Kreis.*
Eine Kante $uv \in E$ *für Knoten* $u, v \in \{v_0, \ldots, v_n\}$ *heißt* Sehne *("chord") im Kreis* C *gdw.*

uv *ist keine Kante des Kreises* C: $uv \notin \{e_1, \ldots, e_k\}$.

Kreise ohne Sehnen heißen induzierte Kreise . *Induzierte Kreise der Länge* n *bezeichnen wir mit* C_n.

Beispiel 1.1.2 *Der* C_4 *ist ein Graph, der selber einen Kreis (der Länge 4) darstellt.* $\overline{C}_4$ *ist nicht zusammenhängend. Die Zusammenhangskomponenten sind* $\{a, c\}$ *und* $\{b, d\}$.

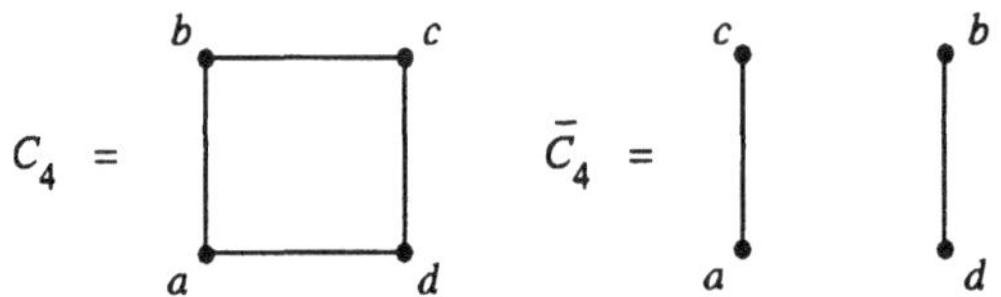

Abbildung 1.3: Der C_4 und sein Komplement

Definition 1.1.9 *Der Begriff des* gerichteten Graphen *wird ähnlich wie für ungerichtete Graphen definiert: Der Unterschied liegt darin, daß für die Kanten das Paar der Endknoten jetzt gerichtet, d.h. geordnet statt wie vorher ungeordnet ist. Die Richtung wird durch* $\longrightarrow$ *gekennzeichnet:* $u \overset{e}{\to} v$ *ist von* u *nach* v *gerichtet,* u *ist der* Start- *und* v *der* Endknoten *der Kante* e.
Die Eingangsvalenz *eines Knotens* v *ist*

$$indeg(v) = \text{Zahl der Kanten } e \in E \text{ mit Endknoten } v.$$

Die Ausgangsvalenz *von v ist*

$$outdeg(v) = \text{Zahl der Kanten } e \in E \text{ mit Startknoten } v.$$

Ein gerichteter Weg bzw. Pfad *P ist eine Folge von Kanten $e_1, \ldots, e_n$ und Knoten $v_1, \ldots, v_{n+1}$, so daß der Startknoten v_i von e_i der Endknoten von e_{i-1} ist, $i \in \{2, \ldots, n\}$:*

$$P = v_1 \xrightarrow{e_1} v_2 \xrightarrow{e_2} \ldots v_n \xrightarrow{e_n} v_{n+1}.$$

Ein gerichteter Kreis *ist ein gerichteter Weg mit gleichen Start- und Endknoten $v_1 = v_{n+1}$. Enthält G keine parallelen Kanten, so kann E als Teilmenge $E \subseteq V \times V$ beschrieben werden.*
Ein gerichteter Weg (Kreis) heißt einfach *gdw.*

jeder Knoten des Weges (Kreises) kommt nur einmal in ihm vor.

Offenbar ist für jeden gerichteten Graphen $G = (V, E)$ mit $V = \{v_1, v_2, \ldots, v_n\}$

$$\sum_{i=1}^{n} indeg(v_i) = \sum_{i=1}^{n} outdeg(v_i).$$

Definition 1.1.10 *Der einem gerichteten Graphen $G = (V, E)$* zugrundeliegende ungerichtete Graph *$G' = (V, E')$ ist definiert durch $xy \in E'$ gdw. $(x, y) \in E$ oder $(y, x) \in E$.*

Beispiel 1.1.3 *Ein gerichteter Graph G und sein zugrundeliegender ungerichteter Graph G':*

G = G´ =

Bemerkung:
Jede *binäre Relation $R \subseteq V \times V$* definiert auf V einen gerichteten Graphen $G = (V, R)$.

Definition 1.1.11 *Der gerichtete Graph $G = (V, E)$ heißt* dag *("directed acyclic graph") gdw.*

G enthält keine einfachen gerichteten Kreise der Länge ≥ 2.

Definition 1.1.12 *Eine binäre Relation $R \subseteq V \times V$ heißt* Halbordnungsrelation *(oder kürzer:* Halbordnung*) auf V gdw.*

(1) $\bigwedge_{v \in V} (v, v) \in R$ ("Reflexivität")

(2) $\bigwedge_{u,v \in V}$ *wenn $(u, v) \in R$ und $(v, u) \in R$, so $u = v$* ("Antisymmetrie")

(3) $\bigwedge_{u,v,w\in V}$ *wenn* $(u,v) \in R$ *und* $(v,w) \in R$, *so* $(u,w) \in R$ ("Transitivität")

Selbsttestaufgabe 1.1.2 *Beweisen Sie:*

a) Ist R eine Halbordnung auf V, so ist $G = (V, R)$ ein dag.

b) Nicht jeder dag $G = (V, E)$ definiert eine Halbordnung E auf V.

Definition 1.1.13 *Es sei $P = (V, \leq_P)$ eine Halbordnung. Dann ist folgender ungerichtete Graph $G_P = (V, E_P)$ mit $uv \in E_P \iff u \leq_P v$ oder $v \leq_P u$ für $u \neq v$ der* Vergleichbarkeitsgraph *zu P.*

In Analogie zu Cliquen und unabhängigen Mengen in Graphen werden in Halbordnungen häufig Mengen paarweise vergleichbarer bzw. paarweise unvergleichbarer Elemente betrachtet:

Definition 1.1.14 *Es sei $P = (V, \leq_P)$ eine Halbordnung. Eine Menge $U \subseteq V$ heißt* Kette *in P gdw.*

für alle $u, v \in U$ gilt $u \leq_P v$ oder $v \leq_P u$.

Eine Menge $U \subseteq V$ heißt Antikette *in P gdw.*

für alle $u, v \in U$ gilt weder $u \leq_P v$ noch $v \leq_P u$.

Offensichtlich ist U genau dann Antikette (Kette) in P, wenn U unabhängige Menge (Clique) in G_P ist.

Definition 1.1.15 *Sind R, S binäre Relationen auf V, d.h. $R \subseteq V \times V, S \subseteq V \times V$, so ist*

$$R \cdot S = \{(x,z)\colon \text{Es existiert ein } y \in V \text{ mit } (x,y) \in R \text{ und } (y,z) \in S\},$$

$$R^0 = \{(x,x) : x \in V\}, R^1 = R,$$

$$R^{n+1} = R^n \cdot R,$$

$$R^* = \bigcup_{i=0}^{\infty} R^i,$$

$$R^+ = \bigcup_{i=1}^{\infty} R^i.$$

R^+ heißt transitive Hülle *von R, und R^* heißt* reflexive und transitive Hülle *von R. Ist R die Kantenmenge eines gerichteten Graphen $G = (V, R)$, so heißt $G^* = (V, R^*)$* die (reflexive und) transitive Hülle des Graphen *G.*

Offenbar gilt:
$(x,y) \in R^* \iff x = y$ oder es existiert ein gerichteter Weg von x nach y im gerichteten Graphen $G = (V,R)$.
In ungerichteten Graphen $G = (V,E)$ wird auf analoge Weise die reflexive und transitive Hülle definiert:
$G^* = (V, E^*)$ mit $(x,y) \in E^*$ gdw. $x = y$ oder es existiert ein Weg zwischen x und y.

Definition 1.1.16 *Ein gerichteter Graph $G = (V,E)$ heißt* zusammenhängend *gdw.*

> *der G zugrundeliegende ungerichtete Graph ist zusammenhängend.*

G heißt stark zusammenhängend *gdw.*

> *für alle $u, v \in V, u \neq v$, existieren ein gerichteter Weg von u nach v und ein gerichteter Weg von v nach u in G.*

Für $U \subseteq V$ heißt $G(U)$ stark zusammenhängende Komponente *in G gdw.*

> *$G(U)$ ist stark zusammenhängend, und für alle $v \in V \setminus U$ ist $G(U \cup \{v\})$ nicht stark zusammenhängend.*

Definition 1.1.17 *Eine binäre Relation $R \subseteq V \times V$ heißt* Äquivalenzrelation *auf V gdw.*

(1) R ist reflexiv (vgl. (1), Definition 1.1.12)

(2) $\bigwedge_{u,v \in V}$ wenn $(u,v) \in R$, so auch $(v,u) \in R$ ("Symmetrie")

(3) R ist transitiv (vgl. (3), Definition 1.1.12)

Die Äquivalenzklassen *der Äquivalenzrelation R sind die Mengen $(\{u : (u,v) \in R\})_{v \in V}$.*

Selbsttestaufgabe 1.1.3 *Es sei $G = (V,E)$ ein gerichteter Graph.*
Beweisen Sie: Die Relation $R \subseteq V \times V$ mit

> *$uRv \iff u = v$ oder (es existiert ein gerichteter Weg von u nach v und es existiert ein gerichteter Weg von v nach u)*

ist eine Äquivalenzrelation auf V, deren Äquivalenzklassen die Knotenmengen der stark zusammenhängenden Komponenten von G sind.

1.2 Bäume

Bäume spielen in vielen Modellbildungen der Informatik eine große Rolle, so z.B. als Speicherstruktur beim Sortieren und Suchen von Daten, wo insbesondere binäre balancierte Bäume verwendet werden, aber auch bei vielen anderen Aufgaben als Teilstruktur von Graphen. Es sei im folgenden $G = (V, E)$ stets ein endlicher schlichter ungerichteter Graph.

Definition 1.2.1 *G heißt* Wald *gdw.*

G enthält keinen Kreis (G ist kreisfrei*).*

G heißt Baum *gdw.*

G ist zusammenhängend und kreisfrei.

Ein Knoten $v \in V$ heißt Blatt *gdw.*

$deg(v) = 1.$

Satz 1.2.1 *Die folgenden Eigenschaften sind äquivalent:*

(1) G ist Baum.

(2) G ist maximal kreisfrei, d.h. G ist kreisfrei und für alle $E' \supset E$ gilt: (V, E') enthält einen Kreis.

(3) Zwischen je zwei Knoten $a, b \in V$ gibt es genau einen einfachen Weg.

(4) G ist minimal zusammenhängend, d.h. G ist zusammenhängend und für alle $E' \subset E$ gilt: (V, E') ist nicht zusammenhängend.

Beweis: (1) $\Longrightarrow$ (2):
Ist G Baum, so ist G kreisfrei. Es sei nun $e = \{a, b\}$ mit $a \neq b$ eine neue Kante in E'. Da G zusammenhängend ist, existiert ein Weg in E zwischen a und b. Also enthält (V, E') einen Kreis.
(2) $\Longrightarrow$ (3):
Angenommen, zwischen a und b gäbe es keinen Weg. Dann wäre $E \cup \{\{a, b\}\}$ kreisfrei - Widerspruch zu (2).
Angenommen, zwischen a und b gäbe es zwei verschiedene einfache Wege P, P'. Dies seien o.B.d.A. einfache Wege mit $P = e_1 e_2 \ldots e_k$, $P' = e'_1 e'_2 \ldots e'_{k'}$, wobei $a \in e_1 \cap e'_1$, $b \in e_k \cap e'_{k'}$ gilt. Q_1 sei das (möglicherweise leere) gemeinsame Anfangsstück von P und P', beginnend bei a, und Q_2 sei entsprechend das (möglicherweise leere) gemeinsame Endstück von P und P', endend bei b:

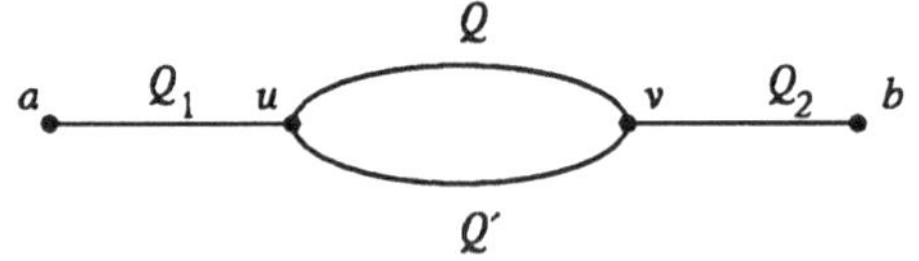

Dann ist $P = Q_1QQ_2, P' = Q_1Q'Q_2$ und Q, Q' enthalten einen Kreis (es könnten auch mehrere solche Kreise auftreten) – Widerspruch zu (2).
(3) $\Longrightarrow$ (4):
Aus (3) folgt offenbar: G ist zusammenhängend. Ist nun für eine Kante $e = ab$, $G' = (V, E')$ mit $E' = E \setminus \{ab\}$ noch zusammenhängend, so existiert in G ein zweiter Weg zwischen a und b – Widerspruch zu (3).
(4) $\Longrightarrow$ (1):
Nach Voraussetzung ist G zusammenhängend. Enthält G einen Kreis, so kann irgendeine Kante im Kreis gelöscht werden, ohne daß der Zusammenhang von G zerstört wird – Widerspruch zu (4). □

Satz 1.2.2 *Ist $G = (V, E)$ kreisfrei mit $E \neq \emptyset$ und $|V| \geq 2$, so enthält G mindestens zwei Knoten mit Grad* 1.

Beweis: Wähle eine Kante $e = ab \in E$. Nun wird e nach beiden Seiten zu einem Weg in G fortgesetzt, solange dies möglich ist. Das Anfügen einer neuen Kante bedeutet auch das Anfügen eines neuen Knotens, da sonst ein Kreis entstünde. Da V endlich ist, bricht dieser Prozeß nach endlich vielen Schritten mit jeweils einem Knoten vom Grad 1 ab. □

Damit hat auch jeder Baum $G = (V, E)$ mit $|V| \geq 2$ mindestens 2 Blätter.

Satz 1.2.3 *Es sei $G = (V, E)$ ein endlicher Graph mit $|V| = n \geq 1$. Die folgenden Eigenschaften sind äquivalent:*

(1) G ist Baum.

(2) G ist kreisfrei und $|E| = n - 1$.

(3) G ist zusammenhängend und $|E| = n - 1$.

Beweis: Wir führen den Beweis durch vollständige Induktion über $|V|$.
Induktionsanfang:
Für $|V| = 1$ ist die Behauptung offenbar erfüllt.
Im folgenden sei $|V| \geq 2$.
Induktionsannahme:
Die Behauptung sei für Graphen mit n Knoten, $n < m$, erfüllt.
Induktionsschritt:
(1) $\Longrightarrow$ (2): $G = (V, E)$ sei ein Baum mit m Knoten. Es sei $e \in E$. Dann ist wegen der Äquivalenz von (1) und (4) aus Satz 1.2.1 $(V, E \setminus \{e\})$ nicht zusammenhängend und enthält offenbar genau zwei Zusammenhangskomponenten $G_1 = (V_1, E_1)$, $G_2 = (V_2, E_2)$ mit $n_1 = |V_1|, n_2 = |V_2|, n_1 < m, n_2 < m, n_1 + n_2 = m$. G_1, G_2 sind außerdem kreisfrei, also Bäume, für die nach Induktionsannahme $|E_1| = n_1 - 1, |E_2| = n_2 - 1$ gilt. Also ist

$$|E| = |E_1| + |E_2| + 1 = n_1 - 1 + n_2 - 1 + 1 = m - 1.$$

(2) $\Longrightarrow$ (3): Es sei $G = (V, E)$ kreisfrei und habe $|V| - 1$ Kanten, $|V| \geq 2$. Nach Satz 1.2.2 enthält G dann einen Knoten x mit $deg(x) = 1$. Es sei $ux \in E$. Für $G' = (V \setminus \{x\}, E')$ mit $E' = E \setminus \{ux\}$ ist nach Induktionsannahme dann G' zusammenhängend. Also ist auch G zusammenhängend.
(3) $\Longrightarrow$ (1): Es sei $G = (V, E)$ zusammenhängend und $|E| = |V| - 1$. Wäre G nicht kreisfrei, so könnte man in Kreisen von G solange Kanten löschen, bis ein Baum G' entsteht. Dieser ist kreisfrei, also existiert ein Knoten $x \in V$ mit $deg_{G'}(x) = 1$. Für $G' - x$ gilt die Induktionsannahme, d.h. $G' - x$ enthält $|V| - 2$ Kanten, und G' enthält $|V| - 1$ Kanten. Also werden gar keine Kanten gelöscht, und G ist kreisfrei. □

Die Klasse $\mathcal{T}$ aller Bäume läßt sich auf folgende Weise auch rekursiv definieren:

Definition 1.2.2

1. $(\emptyset, \emptyset) \in \mathcal{T}$ *(der* leere *Baum).*
2. *Für jeden Knoten v ist $(\{v\}, \emptyset) \in \mathcal{T}$.*
3. *Ist $T = (V, E) \in \mathcal{T}$ mit $x \notin V, y \in V$, so ist $T' = (V \cup \{x\}, E \cup \{xy\}) \in \mathcal{T}$.*
4. *Keine weiteren Graphen sind in $\mathcal{T}$.*

Selbsttestaufgabe 1.2.1 *Zeigen Sie: $G \in \mathcal{T}$ genau dann, wenn G Baum ist.*

Der bisher betrachtete Begriff des Baumes heißt in der Literatur oftmals auch *freier Baum* im Gegensatz zu den nachfolgend definierten *Wurzelbäumen ("rooted tree")*, bei denen ein Knoten als *Wurzel* ausgezeichnet wird:

Definition 1.2.3 *Ein* Wurzelbaum *$B = (V, E)$ ist ein freier Baum, in dem ein Knoten $w \in V$ als* Wurzel *ausgezeichnet wird.*
Es sei x ein Knoten im Wurzelbaum B mit Wurzel w. Jeder Knoten y auf dem (eindeutig bestimmten) einfachen Weg von w nach x heißt Vorgänger *von x.*
Ist y ein Vorgänger von x und $x \neq y$, so heißt x Nachfolger *von y. Sind y und x durch eine Baumkante verbunden, so heißen sie* unmittelbarer Vorgänger *bzw.* unmittelbarer Nachfolger *(häufig auch als* Vater *und* Söhne *bezeichnet).*
Der Teilbaum mit Wurzel *x ist der durch x und seine Nachfolger in B induzierte Teilbaum.*
Die Tiefe *$depth(B)$ des Baumes B ist*

$$depth(B) = \textit{maximale Länge eines Weges von der Wurzel zu einem Blatt.}$$

Ein geordneter Baum *ist ein Wurzelbaum, in dem für die unmittelbaren Nachfolger jedes Knotens eine Ordnung festgelegt ist.*

Beispiel 1.2.1 *(a) Ein Baum*

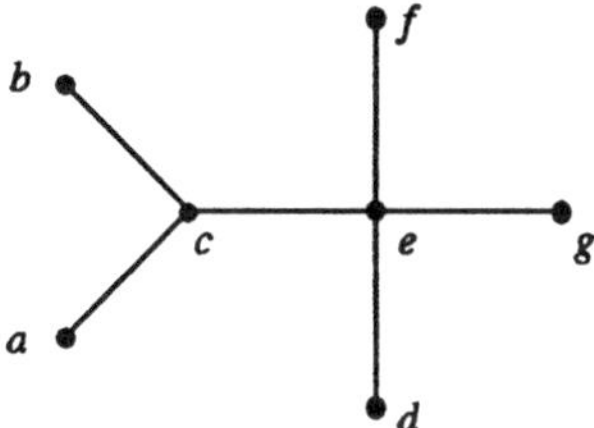

(b) Derselbe Baum mit Wurzel e:
(hier kommt üblicherweise in der Darstellung die Wurzel nach oben)

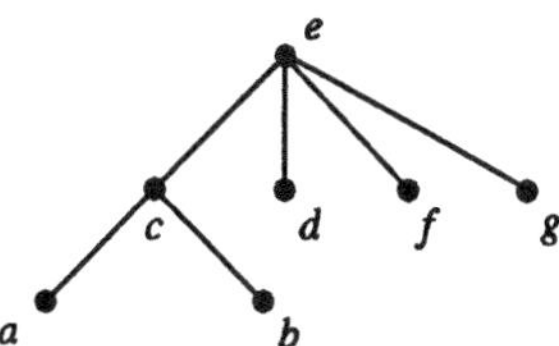

(c) Derselbe Baum mit Richtung von der Wurzel zu den Blättern:

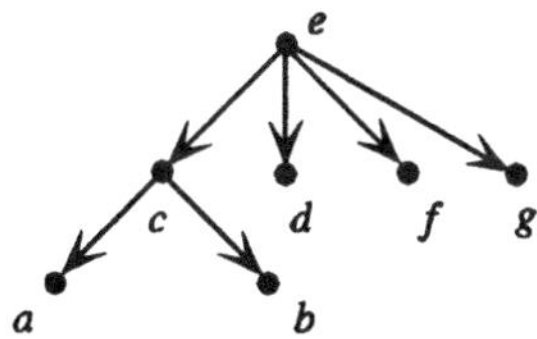

In dieser Darstellung ist die Ordnung (c, d, f, g) für die unmittelbaren Nachfolger von e und (a, b) für die unmittelbaren Nachfolger von c festgelegt. Wir richten im folgenden die Kanten des Baumes stets von der Wurzel zu den Blättern.

In Anwendungen kommen besonders häufig Wurzelbäume vor, bei denen jeder Knoten höchstens zwei unmittelbare Nachfolger hat:

Definition 1.2.4 *Es sei $T = (V, E)$ ein (geordneter) Wurzelbaum mit Wurzel $w \in V$. T heißt* binärer Baum *gdw.*

jeder Knoten hat höchstens zwei unmittelbare Nachfolger.

Diese Bäume lassen sich ebenfalls rekursiv beschreiben:

1. Der leere Baum $B_\varepsilon = (\emptyset, \emptyset)$ ist binärer Baum.

2. Ist x ein Knoten und sind B_1, B_2 binäre Bäume mit den Wurzeln b_1, b_2, in denen x nicht vorkommt (im Fall $B_i = B_\varepsilon$ existiert keine Wurzel), so ist auch der Baum (x, B_1, B_2)

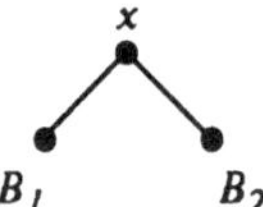

binärer Baum mit Kanten xb_1 (b_1 linker Sohn von x), xb_2 (b_2 rechter Sohn von x) (im Fall, daß b_i nicht existiert, existiert auch die Kante xb_i nicht) und der Wurzel x.

3. Weitere binäre Bäume existieren nicht.

Bei der Beschreibung bzw. beim Durchsuchen binärer Bäume ist häufig eine lineare Anordnung der Knoten wichtig. Hier gibt es einige Standardanordnungen. Eine davon ist die rekursiv definierte *"preorder"*:

Definition 1.2.5

(1) $preorder(B_\varepsilon) = \emptyset$ *- die leere Folge von Knoten.*

(2) $preorder((x, B_1, B_2)) = (x, preorder(B_1), preorder(B_2))$

(Hierbei bedeutet $(x, preorder(B_1), preorder(B_2))$ *die Aneinanderreihung der Knoten im Sinne der Konkatenation von Folgen.)*

Analog definiert man *"inorder"* und *"postorder"* mit demselben Induktionsanfang sowie den Bedingungen

(2′) inorder (B) = (inorder (B_1), x, inorder (B_2)) bzw.

(2″) postorder (B) = (postorder (B_1), postorder (B_2), x) für $B = (x, B_1, B_2)$

(Dabei werden bei preorder, inorder und postorder die inneren Klammern und leeren Mengen weggelassen).

Beispiel 1.2.2 *Ein binärer Baum*

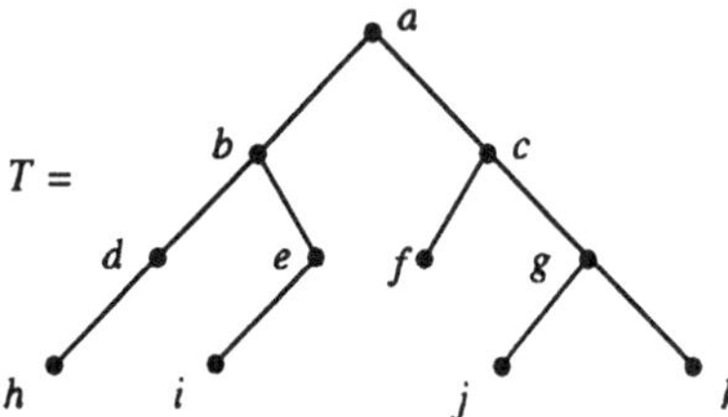

$preorder(T) : (a, b, d, h, e, i, c, f, g, j, k)$.

Selbsttestaufgabe 1.2.2 *Bestimmen Sie die Reihenfolge der Knoten im Beispiel 1.2.2 bei inorder bzw. postorder.*

Definition 1.2.6 *Es sei $G = (V, E)$ ungerichteter schlichter zusammenhängender Graph.*
$H = (V, E')$ heißt Gerüst ("spanning tree") *(in der deutschen Informatik-Literatur häufig* "Spannbaum" *genannt) von G gdw.*

$$E' \subseteq E \text{ und } H \text{ ist Baum.}$$

Beispiel 1.2.3 *Ein Beispielgraph G sowie zwei Gerüste H_1 und H_2 von G:*

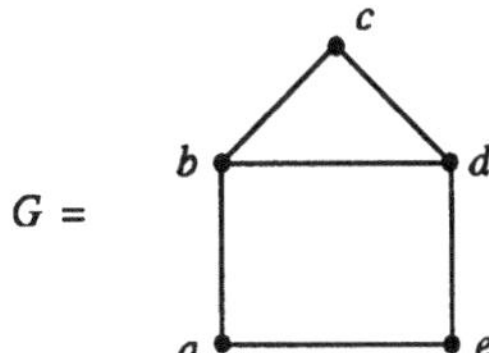

Abbildung 1.4: Das "Haus"

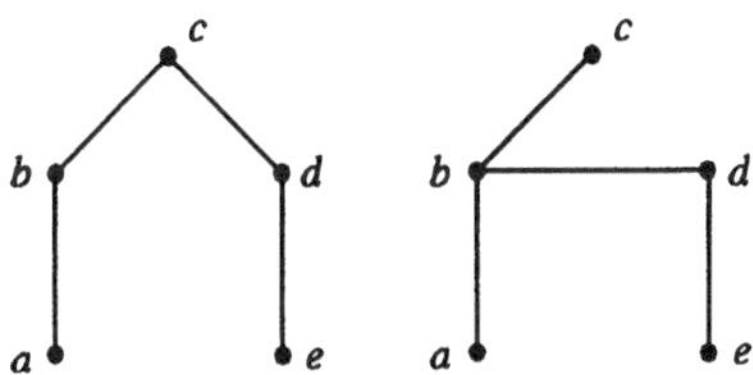

Abbildung 1.5: H_1 und H_2

Wir erwähnen hier noch den folgenden Satz von Cayley (1889):

Satz 1.2.4 *(Cayley) Es gibt n^{n-2} verschiedene Gerüste für den vollständigen Graphen mit n Knoten.*

Im Spezialfall $n = 3$ existieren die folgenden drei Gerüste:

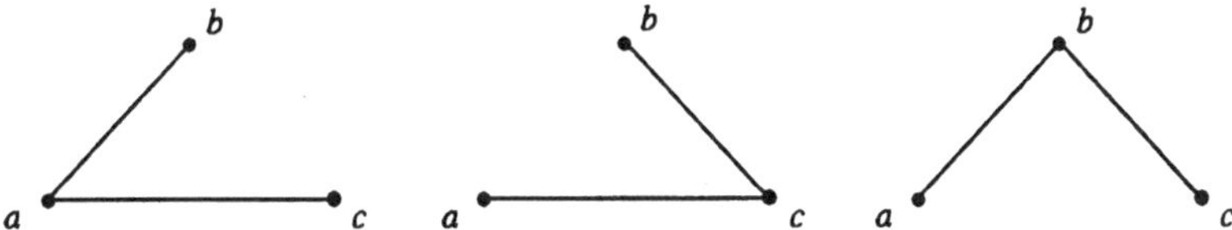

1.3 Darstellung von Graphen im Computer

Wie jede Eingabe eines Algorithmus müssen auch Graphen durch endliche Wörter über einem endlichen Alphabet beschrieben werden, um auf einem Computer eingabefähig zu sein. Ein wichtiges Qualitätskriterium eines Algorithmus ist die jeweilige Laufzeit des Algorithmus, d.h. die Zahl $t_A(w)$ der bis zur Terminierung des Algorithmus auszuführenden *Elementarschritte.* Die Definition eines Elementarschrittes ist natürlich maschinenabhängig und wird üblicherweise durch einen *Maschinenbefehl* gegeben, wobei man idealisierend annimmt, daß alle Maschinenbefehle zu ihrer Ausführung die gleiche Zeit benötigen. In der Komplexitätstheorie, die sich mit der Untersuchung und Klassifizierung des Zeitbedarfs zur Lösung algorithmischer Probleme beschäftigt, werden theoretische Maschinenmodelle wie *RAM* und *Turingmaschinen* verwendet, bei denen diese Voraussetzung erfüllt ist. Ist M eine solche Maschine und w die Eingabe, so ist $time_M(w)$ die Zahl der Takte von M auf w bis zur Terminierung (bzw. ∞, falls M auf w nicht terminiert) und $t_M(n) = \max\{time_M(w) : |w| = n\}$. Ist $t_M(n) \in O(n)$, so spricht man von *Linearzeit*, ist $t_M(n) \in O(n^k)$ für ein $k \in \mathcal{N}$, so spricht man von *Polynomialzeit.*

Hierbei spielt es für die Komplexitätsbewertung von Algorithmen auf Graphen eine wichtige Rolle, wie man die Knoten und Kanten des Graphen konkret darstellt. Zwei der am häufigsten verwendeten Darstellungsarten beschreiben wir im folgenden:

Definition 1.3.1 *$G = (V, E)$ sei schlichter endlicher Graph mit $V = \{v_1, \ldots, v_n\}$, $|V| = n \geq 1$. Dann lassen sich die Kanten von E in einer $n \times n$-Matrix beschreiben. Es sei*

$$a_{ij} = \begin{cases} 1 & \textit{falls } v_i v_j \in E \\ 0 & \textit{sonst} \end{cases}$$

$A = (a_{ij})_{i,j \in \{1,\ldots,n\}}$ heißt die Adjazenzmatrix *von G. Für ungerichtete Graphen ist diese Matrix symmetrisch, d.h. $a_{ij} = a_{ji}$ für alle $i, j \in \{1, \ldots, n\}$.*

Ist die Zahl der Kanten jedoch "wesentlich kleiner" als n^2, so enthält die Matrix sehr viele Nullen (Information über Nichtkanten), deren Angabe unnötigen Platzverlust bedeutet, zumal es für viele Anwendungen darauf ankommt, lineare Laufzeit, d.h. Laufzeit $O(|V| + |E|)$ zu erreichen, eine explizite Angabe der gesamten Matrix jedoch mindestens eine Laufzeit $O(|V|^2)$ bedeutet. Deshalb verzichtet man meist auf die Angabe der Adjazenzmatrix und beschreibt die Kantenmenge durch sogenannte *Adjazenzlisten* oder *Nachbarschaftslisten*, die die Kanten des Graphen enthalten.

Für jeden Knoten $v \in V$ wird die Liste aller zu v inzidenten Kanten (z. B. in Form einer einfach verketteten Liste) und damit die Liste aller zu v benachbarten Knoten angegeben. Um diese Beschreibung zu beherrschen, braucht man zu jedem v die Anfangsadresse der Liste L_v aller zu v inzidenten Kanten, und man braucht außerdem eine Tabelle über die Endknoten der Kanten.

Ist der Graph schlicht, so kann man wie in der nachfolgenden Abbildung 1.6 verfahren. Die Reihenfolge der Nachbarn von v in L_v wird willkürlich gewählt. Jede Kante $\{u, v\}$ kommt nun zweimal vor, nämlich einmal als $u \rightarrow v$ in L_u und zum anderen als $v \rightarrow u$ in L_v.

Diese Beschreibung ist trotzdem i.a. die günstigere. Der Platzbedarf ist $O(|V| + |E|)$,

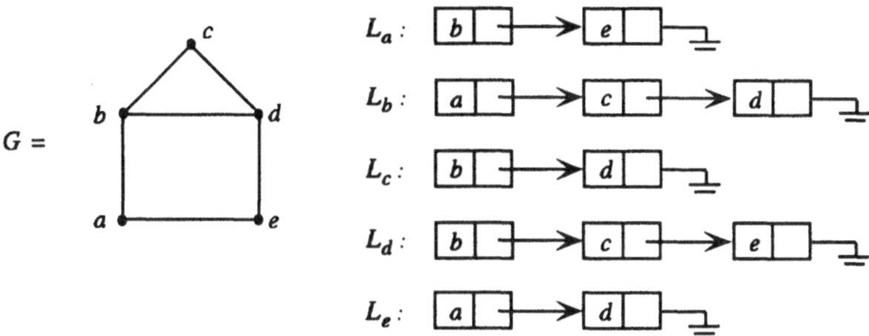

Abbildung 1.6: Das "Haus" und mögliche Adjazenzlisten

falls man annimmt, daß pro Kante bzw. Knoten nur konstanter Speicherbedarf gebraucht wird. Da Graphen beliebig groß werden können, ist dies natürlich nicht ganz korrekt.
Codiert man die Knoten v_i durch bin(i), wobei bin(i) die Binärdarstellung von i ist, so wird zur Speicherung $O((|V| + |E|) \cdot \log(|V| + |E|))$ Platz benötigt. Der zusätzliche *log*-Faktor fällt dabei nicht ins Gewicht. Die Laufzeit eines Linearzeit-Algorithmus bleibt linear, da sich die Laufzeit auf die Länge des Eingabewortes bezieht, und diese ist dann nicht $O(|V| + |E|)$, sondern eben $O((|V| + |E|) \cdot \log(|V| + |E|))$.
Andererseits ist die Annahme konstanten Speicherbedarfs für Knoten nicht ganz unrealistisch. Man braucht selten mehr als 10.000 Knoten, kommt also meistens mit einer Beschreibungslänge von 16 bit pro Knoten und zweimal 16 bit pro Kante aus. ($2^{16} = 65536$). (Reicht dies nicht aus, so erhöht man die Beschreibungslänge nach Bedarf.)

Wir bringen nun noch zwei einfache Beispiele für Linearzeitalgorithmen, die die Adjazenzlistendarstellung ausnutzen.
Zunächst wollen wir einen Algorithmus angeben, der in Linearzeit die Grade aller Knoten eines Graphen bestimmt. Dazu eine Bemerkung zur Beschreibung von Algorithmen hier und im folgenden:
Wir verwenden eine PASCAL-ähnliche Schreibweise, die Mißverständnisse ausschließen soll, welche sich bei rein verbaler Formulierung der Algorithmen leicht einstellen. Häufig ist eine Anweisung für alle Knoten oder Kanten eines Graphen auszuführen: in diesem Fall schreiben wir **for all** ... **do** ... (obwohl dies keine PASCAL-Anweisung ist) zur abkürzenden Beschreibung der entsprechenden Wiederholanweisung.
Für den nachfolgenden Algorithmus wird ein Array $(d(v))_{v \in V}$ eingeführt, das am Ende die Grade enthalten soll.

Algorithmus 1.3.1
Eingabe: *$G = (V, E)$ schlichter ungerichteter Graph in Adjazenzlistendarstellung*
Ausgabe: *Array $(d(v))_{v \in V}$ mit $d(v) = deg(v)$*

(1) **for all** $v \in V$ **do** $d(v) := 0$;

(2) **for all** $v \in V$ **do**
  for all $e \in L_v$ **do** $d(v) := d(v) + 1$;

Offenbar liefert der Algorithmus das Gewünschte und ist in Linearzeit $O(|V| + |E|)$ ausführbar, da pro Kante in L_v nur eine konstante Zahl von Schritten benötigt wird und jede Kante $\{u, v\}$ nur zweimal abgearbeitet wird, nämlich einmal für u in L_u und einmal für v in L_v.

Das zweite Beispiel bezieht sich auf das sukzessive Abpflücken von Blättern eines Baumes. Es sei $G = (V, E)$ ein Baum und $B(G)$ die Menge der Blätter von $G : B(G) = \{v : deg_G(v) = 1\}$ für $|V| \geq 2$.
Im Fall $|V| = 1$ existiert kein Knoten v mit $deg(v) = 1$. In diesem Fall setzen wir $B(V) = V$.
Es sei $G_1 = G$ und $G_{i+1} = G(V \setminus B(G_i))$ für $i \geq 1$. G_{i+1} ist also der Baum, den man erhält, wenn man alle Blätter von G_i löscht .
Wir definieren eine Funktion $r(v)$, die angibt, in welcher Runde v als Blatt gelöscht wird: $r(v) =$ dasjenige $i - 1$ mit $v \in B(G_i)$. Für Blätter v von G gilt also $r(v) = 0$.

Beispiel 1.3.1 *Ein Baum G und die Funktion $r(\cdot)$:*

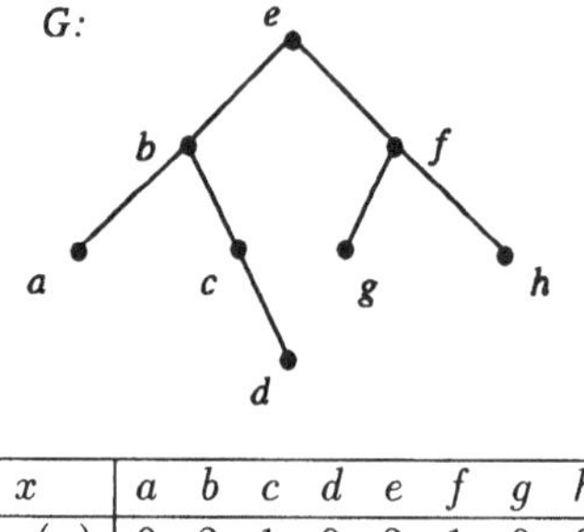

x	a	b	c	d	e	f	g	h
$r(x)$	0	2	1	0	2	1	0	0

Wir wollen nun noch zeigen, daß sich $(r(v))_{v \in V}$ in Linearzeit $O(|V| + |E|)$ bestimmen läßt.

Algorithmus 1.3.2
Eingabe: *Ein Baum* $G = (V, E)$
Ausgabe: $(r(v))_{v \in V}$

(1) $i := 0$;
(2) **for all** $v \in V$ **do** *bestimme* $d(v)$ *mit Hilfe von Algorithmus 1.3.1;*
(3) **while** $V \neq \emptyset$ **do**
  begin
(3.1)   **if** $|V| = 1$ **then** $B := V$ **else** $B := \{v : d(v) = 1\}$;
(3.2) $V := V \setminus B$;

{dies läßt sich z.B. durch Markierung als "gestrichen" bzw. "ungestrichen" in einem array realisieren}
(3.3) **for all** $v \in B$ **do** $r(v) := i;$
(3.4) $i := i + 1;$
(3.5) **for all** $v \in B$ **do** *durchlaufe die Liste* L_v *und setze für* $u \in V \cap L_v$
{d.h. für die noch ungestrichenen Nachbarn von v*}*
$d(u) := d(u) - 1$
end;

Satz 1.3.1 *Der Algorithmus 1.3.2 ist korrekt und arbeitet in linearer Zeit* $O(|V|+|E|)$.

Beweis: *Korrektheit:* Durch vollständige Induktion über i, die Zahl der Iterationen von (3).
Induktionsanfang:
Es sei $i = 1$ nach Ausführung von (3).
Dann ist offenbar B_1 die Menge der Blätter von G, für $v \in B_1$ wird korrekt $r(v) = 0$ gesetzt, und $d(u)$ ist nach Ausführung von (3.5) der Grad des Knotens u im Restgraphen G_1. Wir bezeichnen dabei mit $d_i(v)$ den Wert von $d(v)$ in der i-ten Iteration von (3), analog für die übrigen Parameter des Algorithmus.
Induktionsannahme:
Für $i \leq n$ bestimmt der Algorithmus in der i-ten Iteration die korrekten Werte $r(v)$ der Knoten $v \in B_i$, und $d_i(u)$ ist der Grad des Knotens u im Restgraphen nach Ausführung von (3.5).
Induktionsschritt:
Es sei nun $v \in B_{n+1}$.
1. Fall: $d_{n+1}(v) = 1$: Dann ist $deg_G(v) > 1$ (sonst wäre $v \in B(G)$ gewesen) und $N(v) = \{u_1, \ldots, u_k, w\}$ mit $u_1, \ldots, u_k \in \bigcup_{i \leq n} B(G_i), w \in V(G_{n+1})$.
Also ist $v \in B(G_{n+1})$, und $r(v) = n$ ist der korrekte Wert. In G_{n+2} ist v kein Nachbar von w mehr, also muß $d(w)$ um 1 verringert werden für das Streichen von v, was unter (3.5) geschieht.
2. Fall: $d_{n+1}(v) = 0$: Alle Nachbarn von v wurden bereits gestrichen, also ist $B_{n+1} = \{v\}, V_n = \{v\}, V_{n+1} = \emptyset$. $r(v) = n$ ist der korrekte Wert, und der Algorithmus endet mit dieser Iteration.
Laufzeit: Der Algorithmus arbeitet in Linearzeit: Der Schritt (2) des Algorithmus ist in Zeit $O(|V| + |E|)$ ausführbar.
Dabei wird in einem Array aller Knoten notiert, für welche Knoten $d(v) = 1$ ist. Diese Knoten werden markiert und in V gestrichen. Für diese Knoten v wird L_v durchlaufen – dies geschieht nur einmal, nämlich beim Streichen von v. Später wird L_v nicht mehr benötigt. Für die noch ungestrichenen Nachbarn u von v in L_v wird im Array $(d(u))_{u \in V}$ $d(u)$ um 1 verringert. Also arbeitet der Algorithmus insgesamt in Zeit $O(|V| + |E|)$. □

Wie man für einen gegebenen Graphen in Linearzeit erkennt, ob er zusammenhängend, kreisfrei bzw. Baum ist, wird im Kapitel 3 behandelt.

1.4 Polynomialzeit und NP–Vollständigkeit

Wie bereits in Abschnitt 1.3 angedeutet, werden in der Komplexitätstheorie algorithmische Probleme hinsichtlich ihrer Zeitkomplexität klassifiziert. Dabei werden sogenannte Komplexitätsklassen eingeführt.
P ist die Klasse der auf *deterministischen Turingmaschinen* mit Eingabelänge n in Polynomialzeit n^k lösbaren Probleme. Hierbei sind *deterministische Maschinen* solche, die aus einer gegebenen Situation durch Ausführung eines Maschinenbefehls stets in höchstens eine Nachfolgesituation übergehen können. Im Gegensatz dazu nennt man Maschinen, bei denen es mehr als eine mögliche Nachfolgesituation geben kann, *nichtdeterministische Maschinen.* (Dies ist ein theoretisch nützliches Konzept zur Beschreibung solcher Probleme, die zu ihrer Lösung einen vollständigen Binärbaum von polynomialer Tiefe zu erfordern scheinen. Für reale Maschinen ist Determinismus selbstverständlich wünschenswert.) Es besteht weitgehende Übereinstimmung darüber, daß "effizient lösbare" Probleme in **P** liegen.
NP ist die Klasse der auf nichtdeterministischen Turingmaschinen in Polynomialzeit lösbaren Probleme.
Für eine genauere Einführung dieser Konzepte vgl. z.B. [59], [1], [106], [117], [121]. Es sei hier nur noch erwähnt, daß offenbar $\mathbf{P} \subseteq \mathbf{NP}$ gilt. Die echte Inklusion ist ein offenes Problem - das sogenannte **P–NP**–Problem (ein zentrales Problem der Komplexitätstheorie).
Es seien im folgenden A und B die Beschreibungen algorithmischer Probleme.

Definition 1.4.1 *$A \leq_{pol} B$ gdw.*

> *es existiert eine polynomialzeitberechenbare Funktion f mit der Eigenschaft*
> $\bigwedge_x x \in A \iff f(x) \in B$

A heißt **NP**-*vollständig gdw.*

(1) $A \in \mathbf{NP}$ und

(2) $\bigwedge_{B \in \mathbf{NP}} B \leq_{pol} A$.

Die Relation $A \leq_{pol} B$ ist transitiv, d.h. es gilt:
Aus $A \leq_{pol} B$ und $B \leq_{pol} C$ folgt $A \leq_{pol} C$. Außerdem gilt:

(a) Ist A **NP**-vollständig und $A \in \mathbf{P}$, so ist $\mathbf{P} = \mathbf{NP}$ (was nicht zu erwarten ist).

Demzufolge sind für die Lösung **NP**-vollständiger Probleme keine effizienten Algorithmen zu erwarten.

(b) Ist A **NP**-vollständig, $A \leq_{pol} B$ und $B \in \mathbf{NP}$, so ist auch B **NP**-vollständig.

Um also ein **NP**-vollständiges Problem B als solches nachzuweisen, genügt es, ein geeignetes **NP**-vollständiges Problem A zu finden, für das $A \leq_{pol} B$ gilt. Dies gelingt besonders häufig mit dem nachfolgend definierten Erfüllbarkeitsproblem SAT für konjunktive Normalformen (KNF) aussagenlogischer Ausdrücke. Auch die hier notwendigen Grundbegriffe der Aussagenlogik können nur in aller Kürze erwähnt werden.

Wir definieren zunächst induktiv die Ausdrücke der Aussagenlogik. Es bezeichne $\mathcal{N}$ die Menge der natürlichen Zahlen, d.h. $\mathcal{N} = \{0, 1, 2, \ldots\}$.

Definition 1.4.2 *Die folgenden Zeichenreihen sind* Ausdrücke (Formeln) *der Aussagenlogik:*

1. *Für alle $i \in \mathcal{N}$ ist x_i Ausdruck*
2. *Sind F und G Ausdrücke, so auch $(F \wedge G)$, $(F \vee G)$ und $\neg F$*
3. *Weitere Ausdrücke existieren nicht.*

Teilausdrücke x_i eines Ausdrucks heißen die Variablen *des Ausdrucks.*

Dabei ist $\vee$ das Zeichen für die Aussagenverbindung "oder" (nicht ausschließend), $\wedge$ ist das Zeichen für "und" und $\neg$ das Zeichen für "nicht".

Definition 1.4.3 *Ein aussagenlogischer Ausdruck H mit den Aussagenvariablen $x_1, \ldots, x_n$ ist in* konjunktiver Normalform (KNF) *gdw.*

H hat die Gestalt $H = C_1 \wedge \ldots \wedge C_m$ (C_i sind die sogenannten Klauseln*), wobei für alle $i \in \{1, \ldots, m\}$ $C_i = x_{i_1}^{\alpha_{i_1}} \vee \ldots \vee x_{i_{k_i}}^{\alpha_{i_{k_i}}}$ ist mit den* Literalen, *d.h. negierten oder unnegierten Aussagenvariablen*

$$x_j^{\alpha_j} = \begin{cases} x_j & \text{falls } \alpha_j = 1 \\ \neg x_j & \text{falls } \alpha_j = 0 \end{cases} \quad \text{für die Aussagenvariablen } x_j.$$

Entsprechend der induktiven Definition der Ausdrücke definiert man auch induktiv die Wahrheitswerte von Ausdrücken.

Definition 1.4.4 *Eine Belegung I aller Aussagenvariablen mit Werten aus $\{0, 1\}$ heißt* Interpretation*). (Dabei steht 1 für "wahr" und 0 für "falsch".) Ist dann ein Ausdruck F von der Form $F = (G \vee H)$, so ist $I(F) = \max(I(G), I(H))$. Ist $F = (G \wedge H)$, so ist $I(F) = \min(I(G), I(H))$. Ist $F = \neg G$, so ist $I(F) = 1 \Longleftrightarrow I(G) = 0$.*
Ein Ausdruck H heißt erfüllbar *gdw.*

es existiert eine Interpretation I, die H erfüllt, d.h. $I(H) = 1$.

SAT ist die Menge der erfüllbaren KNF. 3SAT ist die Menge der erfüllbaren KNF mit höchstens 3 Literalen pro Klausel.

Bekannt ist, daß SAT und 3SAT **NP**-vollständig sind (vgl. z.B. *Garey/Johnson* [59]). In [59] ist die Theorie der **NP**-Vollständigkeit ausführlich beschrieben. Wir geben in den folgenden Kapiteln neben polynomialzeitlösbaren Graphenproblemen und effizienten Algorithmen für diese i.a. auch **NP**-vollständige Varianten solcher Probleme an. Häufig ist, rein äußerlich gesehen, der Unterschied zwischen polynomialzeitlösbaren Problemen und **NP**-vollständigen Problemen geringfügig, obwohl ja die **NP**-Vollständigkeit eines Problems bedeutet, daß für dieses Problem im Fall $\mathbf{P} \neq \mathbf{NP}$ kein effizienter Algorithmus existiert. Der Nachweis der **NP**-Vollständigkeit ist von Problem zu Problem von sehr unterschiedlicher Schwierigkeit - es gibt sehr einfache, aber auch recht schwierige **NP**-Vollständigkeitsbeweise, und die Hauptschwierigkeit liegt bei komplizierteren Fällen in der cleveren Wahl einer geeigneten Konstruktion, die dann die gewünschte Reduktion leistet.
Nun noch zwei Beispiele für konkrete Reduktionen von 3SAT:

Definition 1.4.5 *Es sei $G = (V, E)$ schlichter ungerichteter Graph.*
$V' \subseteq V$ heißt Knotenüberdeckung *von G ("vertex cover", Überdeckung aller Kanten durch Knoten) gdw.*

> *es gilt $\bigwedge_{e \in E} e \cap V' \neq \emptyset$ (d.h. V' enthält von jeder Kante aus E mindestens einen Knoten)*

Wir definieren nun folgendes Entscheidungsproblem:

VERTEX COVER $= \{(G, k)$: $G = (V, E)$ ist schlichter ungerichteter Graph und $k \in \mathcal{N}$ und es existiert ein $V' \subseteq V$ mit $|V'| \leq k$ und V' ist Knotenüberdeckung von $G\}$

Satz 1.4.1 VERTEX COVER *ist* **NP***-vollständig.*

Beweis: Daß VERTEX COVER in **NP** liegt, läßt sich leicht zeigen, indem in nichtdeterministischer Polynomialzeit eine Teilmenge $V' \subseteq V$ mit $|V'| \leq k$ "geraten" wird und anschließend in (deterministischer) Polynomialzeit verifiziert wird, ob die geratene Menge V' eine Knotenüberdeckung von G darstellt.
Es existiert genau dann ein erfolgreicher Berechnungsweg, wenn der Graph eine Knotenüberdeckung V' mit $|V'| \leq k$ besitzt.
Wir reduzieren nun 3SAT auf VERTEX COVER: 3SAT $\leq_{pol}$ VERTEX COVER:

Es sei $C = C_1 \wedge \ldots \wedge C_m$ eine KNF mit den Variablen $x_1, \ldots, x_n$ und höchstens 3 Literalen pro Klausel: O.B.d.A. enthalte jede Klausel genau drei Literale - ist dies nicht der Fall, so lassen sich die Klauseln in aussagenlogisch äquivalenter Weise leicht auf diese Zahl erweitern.
Wir konstruieren einen Graphen $G_C = (V_C, E_C)$ wie folgt:

(1) Für jede Variable x_i enthält G_C eine Kante $\{u_i^1, u_i^0\}, E_1 = \{\{u_i^1, u_i^0\} : i \in \{1, \ldots, n\}\}$.

(2) Für jede Klausel C_i enthält der Graph G_C ein Dreieck von Kanten $E_2 = \{\{a_1[i], a_2[i]\}, \{a_2[i], a_3[i]\}, \{a_3[i], a_1[i]\} : i \in \{1, \ldots, m\}\}$

(3) Hat die Klausel C_i die Literale $x_{i_1}^{\alpha_{i_1}}, x_{i_2}^{\alpha_{i_2}}, x_{i_3}^{\alpha_{i_3}}$, so enthält G_C die Kanten $E_3^i = \{\{a_1[i], u_{i_1}^{\alpha_{i_1}}\}, \{a_2[i], u_{i_2}^{\alpha_{i_2}}\}, \{a_3[i], u_{i_3}^{\alpha_{i_3}}\}\}$, $i \in \{1, \ldots, m\}$.

Wir setzen $E_3 = \bigcup_{i=1}^m E_3^i$.
Die nachfolgende Abbildung 1.7 zeigt den Graphen G_C für den Beispielausdruck

$$C = (x_1 \vee \neg x_3 \vee \neg x_4) \wedge (\neg x_1 \vee x_2 \vee \neg x_4).$$

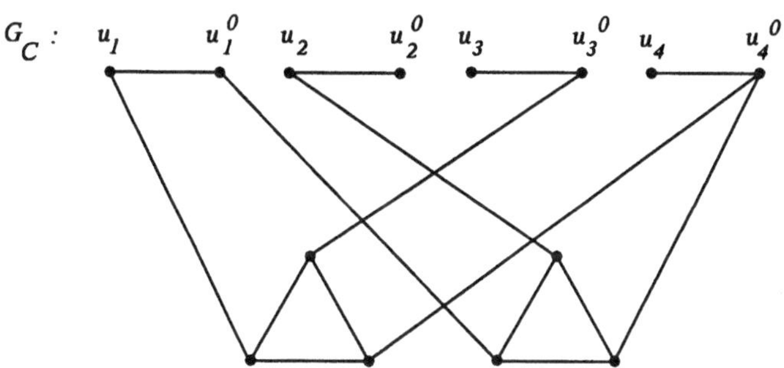

Abbildung 1.7: Der Verbindungsgraph G_C

Behauptung: (*) $C \in$ 3SAT $\Longleftrightarrow (G_C, n + 2m) \in$ VERTEX COVER.

a) Falls V' Knotenüberdeckung von G_C ist, enthält V' von jeder Kante $\{u_i, u_i^0\}$ mindestens einen Knoten, d.h. mindestens n solche Knoten, und von jedem Dreieck $a_1[i], a_2[i], a_3[i]$ mindestens 2 Knoten, d.h. mindestens $2m$ solche Knoten. Die Mindestgröße einer Knotenüberdeckung von G ist also $n + 2m$.

b) Ist nun $C \in$ 3SAT und β eine erfüllende Belegung von C, so wähle bei den Kanten $\{u_i, u_i^0\}$ diejenigen Knoten, die erfüllten Literalen entsprechen. Diese überdecken gewisse Kanten aus E_3 mit. Es sind also nur noch $2m$ Knoten auf den Dreiecken geeignet zu wählen, um alle Kanten zu überdecken.

c) Existiert eine Knotenüberdeckung V' mit $|V'| = n + 2m$, so definiere $\beta(x_i) = 1$ gdw. $u_i^1 \in V'$. Da V' Knotenüberdeckung ist, also die Kanten aus E_3 mit überdeckt, aber aus jedem unter (2) definierten Dreieck nur 2 Knoten enthält, überdeckt ein Knoten aus $V' \cap \bigcup_{i=1}^n \{u_i, u_i^0\}$ jeweils eine Kante von E_3^i mit, d.h. C_i wird bei β erfüllt, $i \in \{1, \ldots, n\}$. Also ist β eine erfüllende Belegung von C. □

Der maximale Grad in dem Graphen G_C der obigen Konstruktion ist im allgemeinen nicht durch eine Konstante beschränkt. Interessant ist, daß eine Modifizierung der Reduktion zu folgendem Ergebnis führt:

Satz 1.4.2 *VERTEX COVER ist sogar* **NP***-vollständig für Graphen G mit Maximalgrad* 3.

Beweis: Der Nachweis, daß das Problem in **NP** ist, geht analog zum Beweis von Satz 1.4.1. Wir modifizieren nun die Reduktion von $3SAT$ wie folgt, um eine Beschränkung des Maximalgrads von G_C auf 3 zu erhalten:

Es sei wieder $C = C_1 \wedge \ldots \wedge C_m, x_1, \ldots, x_n$ die Variablen und $C_i = x_{i_1}^{\alpha_{i_1}} \vee x_{i_2}^{\alpha_{i_2}} \vee x_{i_3}^{\alpha_{i_3}}$.

Für jedes $i, 1 \leq i \leq n$, sei $m(i)$ die Zahl der Vorkommen von x_i (als x_i^1 oder x_i^0) in den Klauseln. Wir numerieren diese Vorkommen mit $1, 2, \ldots, m(i)$ durch.
(1) Für jede Variable x_i enthält G_C einen Teilgraphen $H_i = (V_i, E_i)$, der ein einfacher Kreis mit den Knoten V_i und den Kanten $E_i, |V_i| = |E_i| = 2m(i)$ der in Abbildung 1.8 gezeigten Gestalt ist:

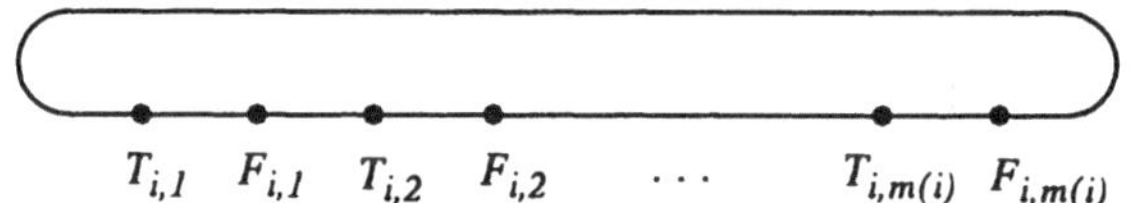

Abbildung 1.8: Die Teilgraphen H_i

(dabei steht T für "True" und F für "False".)

(2) Für jede Klausel C_i enthält G_C ein Dreieck aus den Knoten $a_1[i], a_2[i], a_3[i]$,

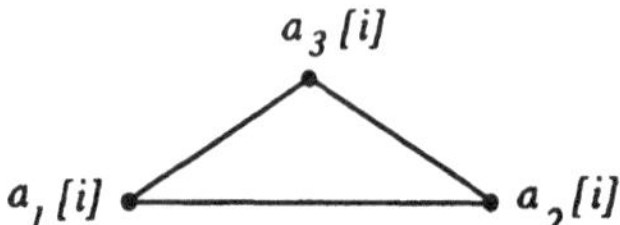

$i \in \{1, \ldots, m\}$. (Kanten E_2 entsprechend wie bei Satz 1.4.1)

(3) Ist $C_i = (x_{i_1}^{\alpha_{i_1}} \vee x_{i_2}^{\alpha_{i_2}} \vee x_{i_3}^{\alpha_{i_3}})$, so enthält G die Kante zwischen $a_1[i]$ und

$$\begin{cases} T_{i_1,j} \text{ falls } \alpha_{i_1} = 1 \text{ und } x_{i_1}^{\alpha_{i_1}} \text{ das } j\text{-te Vorkommen dieser Variablen in } C \text{ ist} \\ F_{i_1,j} \text{ falls } \alpha_{i_1} = 0 \text{ und } x_{i_1}^{\alpha_{i_1}} \text{ das } j\text{-te Vorkommen dieser Variablen in } C \text{ ist.} \end{cases}$$

Entsprechend enthält G_C Kanten zwischen $a_2[i], a_3[i]$ und den zugehörigen Knoten $T_{i_2,j}, F_{i_2,j}, T_{i_3,j}, F_{i_3,j}$. (Kanten E_3^i, E_3 entsprechend wie bei Satz 1.4.1). Offenbar hat jeder Knoten in G_C höchstens Grad 3.
Wir zeigen nun: $C \in$ 3SAT $\Longleftrightarrow (G_C, 5m) \in$ VERTEX COVER.

a) Offenbar ist $\sum_{i=1}^{n} m(i) = 3m$.

Weiterhin ist klar, daß eine Knotenüberdeckung aus jedem unter (1) definierten Teilgraphen H_i mindestens $m(i)$ Knoten enthalten muß. Sind es genau $m(i)$ Knoten, so sind es entweder alle Knoten $T_{i,j}$, $j \in \{1, \ldots, m(i)\}$ oder alle Knoten $F_{i,j}$, $j \in \{1, \ldots, m(i)\}$.

b) Es sei nun β eine erfüllende Belegung von C. Wir wählen dann folgende Knotenüberdeckung: Auf den Kreisen H_i werden die Knoten $T_{i,j}$ gewählt, falls $\beta(x_i) = 1$, und die Knoten $F_{i,j}$ gewählt, falls $\beta(x_i) = 0$ ist.

Da alle Klauseln erfüllt sind, wird zu jedem Dreieck eine Kante aus E_3^i mit überdeckt, also reicht es, 2 geeignete weitere Knoten zu wählen, um eine Knotenüberdeckung zu erhalten. Dies sind zusammen $\sum_{i=1}^{n} m(i) + 2m = 5m$ Knoten.

c) Existiert eine Knotenüberdeckung V' mit $|V'| = 5m$, so werden davon $\sum_{1=i}^{n} m(i) = 3m$ Knoten benötigt, um die Kreise H_i zu überdecken. Da für die m Dreiecke der m Klauseln nur $2m$ Knoten verbleiben, wird zu jedem Dreieck einer Klausel C_i eine Kante aus E_3^i durch die Knoten in H_j, $j \in \{1, \ldots, n\}$, mit überdeckt. Also läßt sich eine erfüllende Belegung β zu C definieren, indem

$$\beta(x_i) = \begin{cases} 1 & \text{falls } V' \text{ die } T_{i,j} \text{ - Knoten in } H_i \text{ überdeckt} \\ 0 & \text{falls } V' \text{ die } F_{i,j} \text{ - Knoten in } H_i \text{ überdeckt} \end{cases}$$

gesetzt wird. □

Es sei INDEPENDENT SET (IS) das folgende Problem

$$\begin{aligned} \text{IS} = \{(G,k) \ : \ & G = (V,E) \text{ ist schlichter ungerichteter Graph und} \\ & k \in \mathcal{N} \text{ und es existiert ein } V' \subseteq V \text{ mit } |V'| \geq k \\ & \text{und } V' \text{ unabhängige Knotenmenge in } G\} \end{aligned}$$

und

$$\begin{aligned} \text{CLIQUE} = \{(G,k) \ : \ & G = (V,E) \text{ ist schlichter ungerichteter Graph und} \\ & k \in \mathcal{N} \text{ und es existiert ein } V' \subseteq V \text{ mit } |V'| \geq k \\ & \text{und } V' \text{ ist Clique in } G\} \end{aligned}$$

Selbsttestaufgabe 1.4.1 *Zeigen Sie: INDEPENDENT SET und CLIQUE sind* **NP**-*vollständig.*
Hinweis: *Nutzen Sie die* **NP**-*Vollständigkeit von VERTEX COVER.*

1.5 Weitere Übungen

Aufgabe 1.5.1

a) Beweisen Sie: Ist $G = (V, E)$ ein Baum mit mindestens drei Knoten, so existiert eine Knotenüberdeckung minimaler Größe von G, die keine Blätter enthält.

b) Gilt das gleiche auch für Wälder statt Bäume ?

c) Gilt das gleiche auch, falls zusätzlich eine Gewichtsfunktion $w : V \to \mathcal{R}$ eingeführt und nach einer Knotenüberdeckung mit minimaler Gewichtssumme gesucht wird ?

d) Geben Sie einen Linearzeitalgorithmus zur Bestimmung einer kleinsten Knotenüberdeckung in einem gegebenem Baum an.

Aufgabe 1.5.2 *Nachfolgend werden rekursiv die k–*Bäume *definiert.*

1. *Eine Clique mit k Knoten ist k-Baum.*

2. *Ist $G = (V, E)$ k-Baum und $x \notin V$ ein neuer Knoten und $V' \subseteq V$ Clique in G mit k Knoten, d.h. $|V'| = k$, so ist $G' = (V \cup \{x\}, E \cup \{ux : u \in V'\})$ k-Baum.*

3. *Weitere k-Bäume existieren nicht.*

a) Zeigen Sie:

- *Die Menge der 1-Bäume ist die Menge der Bäume.*
- *Ist G k-Baum, so ist G k-Clique oder $\omega(G) = k + 1$.*

b) Es sei $G = (V, E)$ k-Baum mit $\omega(G) = k + 1$. Wir bilden folgenden Graphen $\mathcal{C}(G)$: Es sei $\mathcal{C}_G$ die Menge der Cliquen V' von G mit $|V'| = k + 1$ und $F = \{cc' : c, c' \in \mathcal{C}_G \text{ und } |c \cap c'| = k\}$. Ist $\mathcal{C}(G) = (\mathcal{C}_G, F)$ ein Baum ? Wie groß ist $|\mathcal{C}_G|$?

Aufgabe 1.5.3 *Es sei $G = (V, E)$ gerichteter (bzw. ungerichteter) Graph.*
Eine Knotenmenge $V' \subseteq V$ heißt Kreisüberdeckung durch Knoten *("feedback vertex set", f.v.s.) von G gdw.*

$G(V \setminus V')$ enthält keine gerichteten (bzw. ungerichteten) Kreise.

Eine Kantenmenge $E' \subseteq E$ heißt Kreisüberdeckung durch Kanten *("feedback edge set", f.e.s.) von G gdw.*

$G' = (V, E \setminus E')$ enthält keine gerichteten (bzw. ungerichteten) Kreise.

Wir definieren folgende Akzeptierungsprobleme:

$FVS = \{(G,k)$: $G = (V,E)$ *ist schlichter ungerichteter Graph und* $k \in \mathcal{N}$ *und es existiert ein* $V' \subseteq V$ *mit* $|V'| \leq k$ *und* V' *ist f.v.s. von* $G\}$

$FES = \{(G,k)$: $G = (V,E)$ *ist schlichter ungerichteter Graph und* $k \in \mathcal{N}$ *und es existiert ein* $E' \subseteq E$ *mit* $|E'| \geq k$ *und* E' *ist f.e.s von* $G\}$

sowie für gerichtete Graphen die analogen Probleme DIRFVS und DIRFES.

Zeigen Sie:

(a) Die drei Probleme FVS, DIRFVS und DIRFES sind **NP***-vollständig.*

(b) FVS ist auch für paare Graphen mit Maximalgrad 6 **NP***-vollständig.*

1.6 Lösungshinweise zu den Selbsttestaufgaben von Kapitel 1

Selbsttestaufgabe 1.1.1

Die Kante e_8 ist Schlinge. Die Kanten e_4, e_5 sowie e_6, e_7 sind parallele Kanten. $deg(a) = 5, deg(b) = 3, deg(c) = 5, deg(d) = 3$. $\Delta(G) = 5, \delta(G) = 3$.

Selbsttestaufgabe 1.1.2

(a) Es sei R eine Halbordnungsrelation auf V. Für $(x,y) \in R$ schreiben wir auch xRy. Angenommen, (V,R) enthält einen gerichteten Kreis $C = (x_1,\ldots,x_n)$ der Länge $n \geq 2$. Dann ist $x_1\ R\ x_2$, $x_2\ R\ x_3,\ldots,x_{n-1}\ R\ x_n$, $x_n\ R\ x_1$. Weil R eine Halbordnung ist, gilt wegen der Transitivität von R auch $x_1\ R\ x_n$ und ohnehin $x_n\ R\ x_1$, also $x_1 = x_n$ wegen der Antisymmetrie von R. Also ist wegen der Transitivität von R für alle $i \in \{2,\ldots,n-1\}$ $x_i\ R\ x_n$ und damit für alle $i \in \{2,\ldots,n\}$ $x_1 = x_i$. Also hat der Kreis Länge 1. Widerspruch.

(b) Die Kantenmenge eines dag ist, als Relation betrachtet, nicht notwendig reflexiv und auch nicht notwendig transitiv: z.B. ist $a \longrightarrow b \longrightarrow c$ ein dag $G = (V,E)$ mit $V = \{a,b,c\}$, $E = \{(a,b),(b,c)\}$, für den E weder reflexiv noch transitiv ist.

Selbsttestaufgabe 1.1.3

Um zu zeigen, daß R Äquivalenzrelation ist, ist die Reflexivität, Symmetrie und Transitivität der Relation R nachzuweisen.

1. *Reflexivität*: Offenbar ist für alle $v \in V$ $v\ R\ v$ nach Definition von R.

2. *Symmetrie*: Es sei $u\ R\ v$. Dann ist im Fall $u = v$ auch $v\ R\ u$ erfüllt. Ist $u \neq v$, so gilt ebenfalls $v\ R\ u$, da die Wegbedingung in der Definition von R symmetrisch in u und v ist.

3. *Transitivität*: Ist $u\ R\ v$ und $v\ R\ w$, so ist im Fall $u = v = w$ auch $u\ R\ w$, ebenfalls im Fall, daß $u = v$ oder $v = w$ ist.
   Gilt $u \neq v$ und $v \neq w$, so ist im Fall $u = w$ auch $u\ R\ w$, und im Fall $u \neq w$ läßt sich ausnutzen, daß gerichtete Wege P von u nach v und P' von v nach w existieren. Dann ist die Aufeinanderfolge von P und P' ein gerichteter Weg von u nach w. Ebenso zeigt man die Existenz eines gerichteten Weges von w nach u. Also ist $u\ R\ w$ und R somit eine Äquivalenzrelation.
   Die Äquivalenzklassen von R sind nach Definition $\subseteq$-maximale Knotenmengen $V' \subseteq V$, für die gilt: $\bigwedge_{x,y \in V'} x\ R\ y$. Dies sind aber gerade nach Definition die stark zusammenhängenden Komponenten von G.

Selbsttestaufgabe 1.2.1
Offenbar sind alle Graphen aus $\mathcal{T}$ Bäume. Die Umkehrung beweisen wir induktiv: Ist $|V| = 1$, so ist der Baum $G = (V, E)$ in $\mathcal{T}$. Sind alle Bäume mit $n - 1$ Knoten, $n \geq 2$, in $\mathcal{T}$ und hat der Baum G n Knoten, so hat G nach Satz 1.2.2 einen Knoten x mit Grad 1. Also ist $(V \setminus \{x\}, E \setminus \{xy\})$ für den eindeutig bestimmten Nachbarn y von x Baum mit $n - 1$ Knoten und somit in $\mathcal{T}$, und damit ist G in $\mathcal{T}$.

Selbsttestaufgabe 1.2.2

$$inorder(T) = (h, d, b, i, e, a, f, c, j, g, k)$$

$$postorder(T) = (h, d, i, e, b, f, j, k, g, c, a).$$

Selbsttestaufgabe 1.4.1
Zunächst gilt folgende Eigenschaft:

(1) $V' \subseteq V$ ist Knotenüberdeckung genau dann, wenn $V \setminus V'$ unabhängige Knotenmenge ist.

(2) $V' \subseteq V$ ist Clique von $G = (V, E)$ genau dann, wenn V' unabhängige Menge von $\overline{G} = (V, \overline{E})$ ist.

Beweis:

(1) Es sei V' Knotenüberdeckung. Dann ist für alle $\{u, v\} \in E$ $u \in V'$ oder $v \in V'$, d.h. $\{u, v\} \nsubseteq V \setminus V'$. Damit ist $V \setminus V'$ unabhängig. Umgekehrt gilt: ist $V \setminus V'$ unabhängig, so ist für alle Kanten $\{u, v\} \in E$ $u \notin V \setminus V'$ oder $v \notin V \setminus V'$, d.h. V' Knotenüberdeckung.

(2) klar nach Definition. □

Daraus folgt:

(3) G hat eine Knotenüberdeckung der Größe $\leq k \iff G$ hat eine unabhängige Knotenmenge der Größe $\geq n - k$.

(4) G hat eine unabhängige Knotenmenge der Größe $\geq k \iff \overline{G}$ hat eine Clique der Größe $\geq k$.

Daß IS in **NP** liegt, ist klar:
Eine Turingmaschine rät nichtdeterministisch ein $V' \subseteq V$ und prüft (deterministisch) in Zeit $O(|V|^2)$, ob alle Knotenpaare aus V' nicht in E liegen.
Analog zeigt man leicht, daß CLIQUE in **NP** liegt.
Gemäß (3),(4) gilt:

(5) $(G, k) \in$ VERTEX COVER $\iff (G, n - k) \in$ IS.

(6) $(G, k) \in$ IS $\iff (\overline{G}, k) \in$ CLIQUE

Damit sind IS und CLIQUE ebenfalls **NP**-vollständig, IS sogar für Graphen mit Maximalgrad 3.

1.7 Literaturhinweise

Es gibt eine Vielzahl von einführenden Lehrbüchern, die sich mit Graphen und Algorithmen befassen. Für die Graphentheorie seien hier stellvertretend die Bücher von *Aigner* [3], *Wagner* [132], *Sachs* [119] sowie *Berge* [16] genannt. Einige der Graphentheoriebücher haben einen speziellen Gegenstand wie z.B. das Vier-Farben-Problem (*Aigner* [3]) oder Kreise in Graphen (*Walther/Voss* [135], *Voss* [131]).

Außerdem existieren mittlerweile einige Bücher, die speziell Graphen und Algorithmen zum Gegenstand haben, wie z.B. die von *Even* [46], *Mehlhorn* [106], *Tarjan* [126], *Swamy/Thulasiraman* [124], *Walther/Nägler* [134]. Die Bücher von *Mehlhorn* [106] und *Tarjan* [126] betonen die Datenstrukturen, die zur effizienten Ausführung von Graphenalgorithmen führen.
Einige gute Lehrbücher enthalten Kapitel über Graphenalgorithmen, wie z.B. *Aho/Hopcroft/Ullman* [1] oder *Cormen/Leiserson/Rivest* [32], einige behandeln wesentliche Aspekte der Graphenalgorithmen im Rahmen der kombinatorischen Optimierung, wie z.B. *Lawler* [96] und *Papadimitriou/Steiglitz* [116]. *Golumbic* [67] legt den Schwerpunkt auf spezielle, insbesondere perfekte Graphen. *Aho/Hopcroft/Ullman* [1] und *Garey/Johnson* [59] behandeln die zugehörigen Komplexitätsaspekte. Letzteres enthält auch einen umfangreichen Abschnitt zu algorithmischen Graphenproblemen, insbesondere **NP**-vollständigen Varianten.

2 Eulerkreise und Hamiltonkreise

2.1 Ein einfaches Kriterium für die Existenz von Eulerkreisen

In diesem Kapitel werden zwei klassische algorithmische Probleme der Graphentheorie behandelt, und zwar die Suche nach Kreisen, die alle Kanten (Eulerkreise) bzw. alle Knoten (Hamiltonkreise) eines Graphen enthalten. Wir werden sehen, daß diese beiden Aufgaben trotz ihrer äußerlichen Ähnlichkeit grundverschieden sind.
Auf Grund ihrer Allgemeinheit treten sie ebenfalls recht häufig im Zusammenhang mit anderen Problemen der Informatik und diskreten Optimierung auf, so spielen z.B. Eulerkreise eine wichtige Rolle beim Entwurf paralleler Algorithmen, und das Hamiltonkreisproblem ist im Problem des Handlungsreisenden ("traveling–salesman problem") enthalten. Erstmals formuliert wurden beide Aufgaben im Zusammenhang mit Fragen, die eher der Unterhaltungsmathematik zuzurechnen sind. Das bekannte "Königsberger Brückenproblem" stellt folgende Frage: Im Fluß Pregel, der durch Königsberg (seit 1945 Kaliningrad) fließt, befinden sich zwei Inseln, die untereinander und mit den beiden Flußufern wie in der folgenden Abbildung 2.1 durch Brücken verbunden sind.
Frage: Ist ein Rundgang möglich, bei dem man jede Brücke genau einmal passiert und zum Ausgangspunkt zurückkehrt?

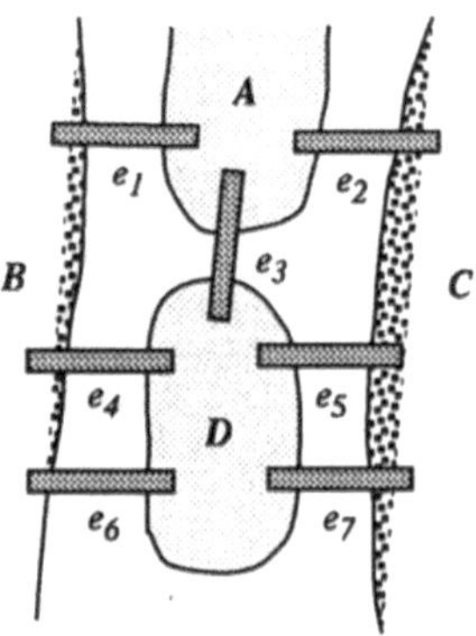

Abbildung 2.1: Das Königsberger Brückenproblem

Diese Frage läßt sich als Graphenproblem auffassen und verallgemeinern und wurde als solches 1736 von *Leonhard Euler* gelöst.

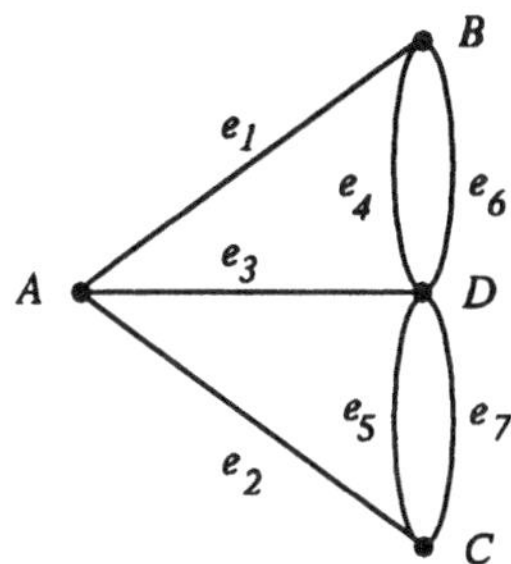

Abbildung 2.2: Eine Graphendarstellung des Königsberger Brückenproblems: $G = (\{A, B, C, D\}, \{e_1, e_2, e_3, e_4, e_5, e_6, e_7\})$

Definition 2.1.1 *Ein* Eulerweg *eines endlichen, ungerichteten, nicht notwendig schlichten Graphen* $G = (V, E, I)$ *mit* $E = \{e_1, e_2, \ldots, e_m\}$ *ist ein Weg* $P = (e_{i_1}, \ldots, e_{i_m})$, *in dem jede Kante aus* E *in* P *genau einmal vorkommt, d.h.* $\{e_{i_1}, \ldots, e_{i_m}\} = E$.
Ein Eulerkreis *von* G *ist ein Eulerweg von* G, *der ein Kreis ist.*

Offenbar hat nicht jeder Graph einen Eulerweg bzw. Eulerkreis, z.B. kreisfreie Graphen haben keine Eulerkreise.
Der folgende Satz von *Euler*, der oftmals auch als der Beginn der Graphentheorie angesehen wird und einen überraschenden algorithmischen Aspekt hat, liefert ein einfaches Kriterium für die Existenz von Eulerwegen bzw. -kreisen.

Satz 2.1.1 *(Euler 1736)*
Ein endlicher, ungerichteter, nicht notwendig schlichter Graph $G = (V, E, I)$ *hat genau dann einen Eulerweg, wenn* G *bis auf isolierte Knoten zusammenhängend und die Zahl* z *der Knoten mit ungeradem Grad* 0 *oder* 2 *ist. Ist dabei* $z = 0$, *so hat* G *einen Eulerkreis und umgekehrt.*

Beweis: 1. "$\Longrightarrow$":
G habe einen Eulerweg P. Dann ist offenbar G bis auf isolierte Knoten zusammenhängend. Außerdem haben die inneren Knoten in P geraden Grad, da sie durch P genauso oft erreicht wie verlassen werden. Ist also P ein Weg mit den Anfangs- und Endknoten a, b und $a \neq b$, so sind a und b die einzigen Knoten mit ungeradem Grad. Ist $a = b$, so ist die Zahl der Knoten mit ungeradem Grad gleich 0, und der Eulerweg P ist sogar Eulerkreis.
2. "$\Longleftarrow$":
Beweis durch vollständige Induktion über die Zahl der Knoten.
Induktionsanfang:

Graphen mit höchstens zwei Knoten:
$z = 2$: Der Graph

mit ungerader Zahl von Kanten zwischen a und b hat offenbar einen Eulerweg, jedoch keinen Eulerkreis.
$z = 0$:
Der leere Graph mit leerer Knotenmenge, jeder Graph mit nur einem Knoten bzw. jeder Graph mit zwei Knoten a, b und gerader Zahl von Kanten zwischen a und b hat offenbar einen Eulerkreis.
Induktionsannahme:
Für Graphen mit höchstens n Knoten gelte die Behauptung.
Induktionsschritt:
Es sei $G = (V, E)$ mit $|V| = n + 1$ und $z = 2$: Für $a, b \in V, a \neq b$ seien $deg(a)$, $deg(b)$ ungerade. Es wird nun zunächst, beginnend mit a, ein Weg P konstruiert, indem zum jeweils erreichten Knoten x eine noch nicht durchlaufene Kante $x \overset{e}{—} y$ hinzugefügt wird, solange eine solche Kante für x existiert. Da $deg(a)$ ungerade ist, enthält P mindestens eine Kante. Außerdem endet P offenbar mit b, da für jeden Knoten x in P mit geradem Grad $deg(x)$ eine weitere Kante $x \overset{e}{—} y$ existiert, über die x wieder verlassen werden kann. Enthält P nun bereits alle Kanten aus E, so ist P Eulerweg. Andernfalls bilden wir folgenden Restgraphen: $G' = (V, E \setminus E_P)$, wobei E_P die Menge der in P enthaltenen Kanten ist. In G' hat b den Grad 0, also zerfällt G' in Zusammenhangskomponenten $C_1, \ldots, C_k$ mit je höchstens n Knoten, in denen jeder Knoten (auch a) geraden Grad hat. Für diese gilt die Induktionsannahme, d.h. die Komponenten $C_1, \ldots, C_k$ enthalten Eulerkreise $E_1, \ldots, E_k$. Nun läßt sich durch Zusammenfügen von P und $E_1, \ldots, E_k$ leicht ein Eulerweg für G konstruieren. Das Zusammenfügen geschieht dabei folgendermaßen:
Ist $P = (e_1, e_2, \ldots, e_j)$ der bisher konstruierte Weg, so ist wegen des Zusammenhangs (bis auf isolierte Knoten) von G aus jeder Zusammenhangskomponente C_i, $i \in \{1, \ldots, k\}$ ein Knoten u_i in P enthalten. Wähle nun für den Eulerkreis E_i von C_i den Knoten u_i als Start- und Endknoten und füge in P bei einer auf u_i endenden Kante E_i ein und setze danach mit P fort:
Ist $P = (e_1, e_2, \ldots, v_i - u_i, u_i - w_i, \ldots, e_m)$ und $E_i = (u_i - r, \ldots, s - u_i)$, so ist $P' = (e_1, e_2, \ldots, v_i - u_i, u_i - r, \ldots, s - u_i, u_i - w_i, \ldots, e_m)$ das Ergebnis der Zusammenfügung von P und E_i.
Ist $z = 0$ und wird, beginnend mit a, auf die gleiche Weise ein Weg konstruiert, so endet dieser notwendig in a. Also führt diese Konstruktion zu G' mit $deg_{G'}(a) = 0$ (statt $deg_{G'}(b) = 0$), und damit ist ebenfalls die Induktionsannahme anwendbar. Mit den gleichen Argumenten wie oben erhält man einen Eulerkreis für G. □

Nun ist klar, daß es im Falle des Königsberger Brückenproblems weder einen Eulerkreis

noch einen Eulerweg geben kann, da $deg(A) = deg(B) = deg(C) = 3$ ist.
Ein anderes Beispiel für eine Unterhaltungsaufgabe, die sicher viele als Kind mal probiert haben, ist das bekannte "Haus vom Nikolaus",

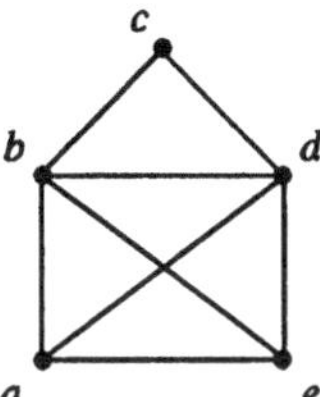

Abbildung 2.3: Das "Haus vom Nikolaus"

das, ohne abzusetzen, gezeichnet werden soll. Dies geht offenbar nur mit a, e als Anfangs- und Endpunkt.

2.2 Ein Linearzeitalgorithmus zur Konstruktion von Eulerkreisen und -wegen

Mit dem Satz von Euler hat man ein einfaches Kriterium, um von einem gegebenen Graphen zu entscheiden, ob er einen Eulerkreis oder -weg besitzt. Der Beweis enthält darüber hinaus das Prinzip eines Algorithmus zur Bestimmung eines Eulerkreises oder -weges, falls ein solcher Kreis oder Weg existiert:
Sind a, b die beiden Knoten mit ungeradem Grad, so bestimme einen Weg P von a aus, der sich nicht verlängern läßt (und damit in b endet). Danach füge mögliche Kreise von x nach x in P ein, wobei x ein Knoten von P ist, bis keine weiteren nicht durchlaufenden Kanten mehr existieren.
Dieser Algorithmus wird nun genauer beschrieben, und es werden Datenstrukturen angegeben, die eine Linearzeitimplementierung des Verfahrens ermöglichen.
Folgende Strukturen eignen sich hierzu:

1. Die Adjazenzlistendarstellung des Graphen. $A(v)$ bezeichne die Adjazenzliste von v.

2. Eine doppelt verkettete Liste $\mathcal{P}$ von Kanten, die den Weg P beschreibt. Anfangs ist $\mathcal{P}$ leer.

3. Eine Tabelle T_V aller Knoten mit folgendem Inhalt:

   a) Eine Marke, ob v schon in $\mathcal{P}$ vorkommt. Anfangs sind alle Knoten v mit "nicht besucht" markiert.

b) Ein Zeiger $Next(v)$ auf die nächste Kante der Adjazenzliste von v, die noch nicht von v aus durchlaufen wurde. Anfangs zeigt $Next(v)$ auf die erste Kante in der Adjazenzliste zu v.

c) Ein Zeiger $E(v)$, der in der Liste $\mathcal{P}$ auf eine Kante zeigt, die von v aus durchlaufen wurde. Anfangs ist $E(v)$ undefiniert.

4. Eine Tabelle T_E aller Kanten, die für jede Kante e ihre zwei Endknoten enthält sowie eine Markierung, ob e schon "benutzt" wurde. Anfangs sind alle Kanten mit "unbenutzt" markiert.

5. Eine Knotenliste L, die anfangs leer ist. Jeder irgendwann neu erreichte Knoten wird in L aufgenommen und erst wieder aus L gestrichen, wenn alle zu ihm inzidenten Kanten durchlaufen wurden.

L enthält insbesondere nicht nur die im ersten Durchlauf (bei Konstruktion von $\mathcal{P}$ nach Punkt (2) des Algorithmus) aufgenommenen Knoten !
Zunächst beschreiben wir folgende Prozedur, die vom Knoten d ausgehend einen Weg bestimmt, der sich nicht verlängern läßt.

Prozedur 2.2.1 $WEG(d, \mathcal{P})$:

```
(1)   v := d; P = ∅;
      repeat
(2)     if v "nicht besucht" then
(3)       begin L := L ∪ {v}; markiere v "besucht" end;
(4)     while (Next(v) nicht letzte Kante in A(v)) and (Next(v) "benutzt") do
          begin
(5)         Next(v) := nächste Kante in A(v);
(6)         if Next(v) "unbenutzt" then
              begin
(7)             e := Next(v);
(8)             Verlängere P mit e;
(9)             if E(v) noch undefiniert then E(v) zeigt auf e in P;
                  {wird beim Einfügen benötigt};
(10)            Markiere in der Kantentabelle T_E die Kante e als "benutzt";
(11)            Bestimme den anderen Endknoten u von v—e—u;
(12)            v := u;
              end
          end
(13)  until Next(v) "benutzt";
```

(Hier ist zu betonen, daß durch die in (10) erfolgte Markierung von e nicht auch $Next(v)$ die gleiche Markierung hat: die Bedingung in (13) ist erst dann erfüllt, wenn in (4) keine unbenutzte Kante mehr gefunden wird.)

Algorithmus 2.2.1 *(EULERWEG(G))*

Eingabe: *Ein ungerichteter, endlicher, nicht notwendig schlichter Graph* $G = (V, E, I)$, $V = \{v_1, \ldots, v_n\}$ *mit* 2 *oder* 0 *Knoten ungeraden Grads. (O.B.d.A. sei* v_1 *von ungeradem Grad, falls* G *Knoten mit ungeradem Grad enthält.)*

Ausgabe: *Ein Eulerweg von* G.

(1) **for all** $v \in V$ **do**
  begin *markiere* v *"nicht besucht"; setze* $E(v)$ *"nicht definiert"* **end**;
  for all $e \in E$ **do** *markiere* e *mit "unbenutzt";*
  $v := v_1; L := \emptyset;$
(2) $WEG(v, \mathcal{P});$
(3) **while** $L \neq \emptyset$ **do**
  begin $\{L$ *enthält die in* $WEG(v, \mathcal{P})$ *besuchten Knoten*$\}$
(4)   *wähle ein* $u \in L; L := L \setminus \{u\};$
(5) $\mathcal{P}'$ *sei neue, anfangs leere, zweifach verkettete Liste von Kanten;*
(6) $WEG(u, \mathcal{P}');$ $\{$*der dabei entstehende Weg kann leer sein*$\}$;
(7)   **if** $\mathcal{P}' \neq \emptyset$ **then** *füge* $\mathcal{P}'$ *in* $\mathcal{P}$ *bei* $E(u)$ *ein;*
  end;

Wir führen hier keinen strengen Beweis der Korrektheit des Algorithmus. Offenbar beschreibt der Algorithmus die im Beweis von Satz 2.1.1 ausgeführte Konstruktion. Für das Erreichen aller Kanten in E ist dabei die Liste L von entscheidender Bedeutung: Wie unter 5. bereits erwähnt, wird jeder irgendwann neu erreichte Knoten v in L aufgenommen und erst wieder aus L gestrichen, wenn alle zu ihm inzidenten Kanten durchlaufen wurden (dies sichert Punkt (6) in Algorithmus 2.2.1). Durch die Wahl der Datenstrukturen wird gesichert, daß die einzelnen Schritte pro Kante in konstanter Zeit ausführbar sind (dazu dienen die verschiedenen Zeiger und ihre Aktualisierung) sowie jedes Vorkommen einer Kante in der Adjazenzlistendarstellung des Graphen genau einmal abgearbeitet wird. Also ist der Zeitaufwand des Algorithmus ein $O(|V| + |E|)$. □

Selbsttestaufgabe 2.2.1 *Führen Sie den Algorithmus 2.2.1 für folgenden Beispielgraphen aus:*

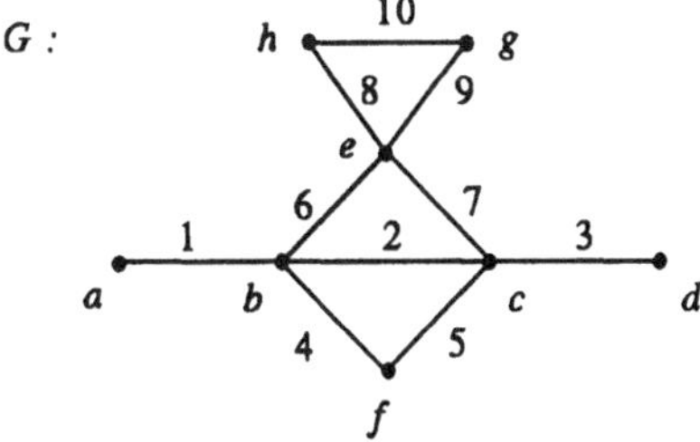

Verwenden Sie dabei folgende Adjazenzlistendarstellung sowie $v_1 = a$:

a	b
b	$c \rightarrow e \rightarrow a \rightarrow f$
c	$d \rightarrow e \rightarrow b \rightarrow f$
d	c
e	$b \rightarrow c \rightarrow h \rightarrow g$
f	$c \rightarrow b$
g	$e \rightarrow h$
h	$e \rightarrow g$

2.3 Hamiltonkreise und –wege

Wir betrachten nun die Aufgabe, in Graphen Kreise zu finden, die jeden Knoten genau einmal durchlaufen. Dies ist eine naheliegende und häufig vorkommende Aufgabe, die u.a. als Spezialfall des bekannten Problems des "Handlungsreisenden" aufgefaßt werden kann, das am Ende dieses Kapitels behandelt wird. Zunächst zur Definition solcher Kreise:

Definition 2.3.1 *Es sei $G = (V, E)$ ein schlichter ungerichteter Graph. Ein einfacher Kreis C in G heißt* Hamiltonkreis *gdw.*

C enthält jeden Knoten von V.

Nach Definition einfacher Kreise enthält C damit jeden Knoten genau einmal. (Der Name geht auf den irischen Mathematiker *Sir William Rowan Hamilton* zurück, der 1857 diesen Begriff im Zusammenhang mit einem Spiel einführte.) Analog lassen sich Hamiltonwege definieren:

Definition 2.3.2 *Es sei G wie in Definition 2.3.1. Ein einfacher Weg P in G heißt* Hamiltonweg *gdw.*

P enthält jeden Knoten von V.

Offenbar enthält nicht jeder Graph Hamiltonwege oder -kreise. Zu gegebenem Graphen ist die Existenz solcher Wege und Kreise jedoch viel schwerer als im Falle von Eulerkreisen bzw. -wegen zu entscheiden. Die Graphentheorie hat sich über mehr als 100 Jahre mit der Suche nach notwendigen und hinreichenden Kriterien für die Existenz von Hamiltonkreisen beschäftigt, ohne jedoch wirklich befriedigende Kriterien gefunden zu haben.
Es gibt allerdings eine Reihe von interessanten hinreichenden Bedingungen für die Existenz von Hamiltonkreisen, die ziemlich allgemein sind. Erfüllt also ein Graph eine dieser Bedingungen, so enthält er einen Hamiltonkreis. Ob die Bedingungen für gegebenen Graphen erfüllt sind, ist leicht überprüfbar, es ist jedoch damit noch nicht gleichzeitig ein Hamiltonkreis gegeben – nur dessen Existenz ist bekannt, falls die Bedingung für den Graphen erfüllt ist.
Dazu folgende vorbereitende Definition:

Definition 2.3.3 *Die Folge natürlicher Zahlen $d_1 \leq d_2 \leq \ldots \leq d_n$ heißt* graphisch *gdw.*

> *es existiert ein Graph $G = (V, E)$ mit $V = \{v_1, \ldots, v_n\}$, so daß für alle $i \in \{1, \ldots, n\}$ $deg(v_i) = d_i$ ist.*
> *In diesem Fall heißt $(d_1, \ldots, d_n)$ die* Gradfolge *von G.*

Für Gradfolgen $S = (d_1, \ldots, d_n), S' = (d'_1, \ldots, d'_n)$ definieren wir noch folgende Schreibweise:
$S \leq S'$ gdw. für alle $i \in \{1, \ldots, n\}$ gilt $d_i \leq d'_i$.

Selbsttestaufgabe 2.3.1 *Zeigen Sie, daß die Folge $(1, 1, 1)$ nicht graphisch ist.*

[67] gibt ein notwendiges und hinreichendes Kriterium von *Erdös* und *Gallai* dafür an, daß eine Zahlenfolge graphisch ist.

Satz 2.3.1 *(Erdös, Gallai) Eine Zahlenfolge $n - 1 \geq d_1 \geq d_2 \geq \ldots \geq d_n \geq 0$ ist graphisch genau dann, wenn gilt:*

(1) $\sum_{i=1}^{n} d_i$ ist gerade

(2) $\sum_{i=1}^{r} d_i \leq r \cdot (r-1) + \sum_{i=r+1}^{n} \min\{r, d_i\}$ für $r \in \{1, 2, \ldots, n-1\}$

Satz 2.3.2 *Es sei $G = (V, E)$ ein ungerichteter schlichter Graph mit $|V| = n \geq 3$ und der Gradfolge $d_1 \leq d_2 \leq \ldots \leq d_n$.*
Dann gilt: Wenn die Gradfolge die folgende Eigenschaft

(1) ist $d_k \leq k < \frac{1}{2}n$, so ist $d_{n-k} \geq n - k$ für alle $k, 1 \leq k \leq \frac{1}{2}n$

hat, so besitzt G einen Hamiltonkreis.

Beweis: Wir bemerken zunächst folgende Eigenschaften: Ist $d_k \leq k$, so gibt es k Knoten, deren Grad höchstens k ist, da $d_1 \leq d_2 \leq \ldots \leq d_k$ ist.
Analog gilt: Ist $d_{n-k} \geq n - k$, so gibt es $k + 1$ Knoten, deren Grad $\geq n - k$ ist, da $d_{n-k} \leq d_{n-k+1} \leq \ldots \leq d_n$ gilt.
Weiterhin gilt:
Ist S eine graphische Folge, die (1) erfüllt, und ist S' eine graphische Folge mit $S \leq S'$, so erfüllt auch S' die Bedingung (1).
Der Beweis des Satzes wird indirekt geführt:
Es sei $G' = (V, E')$ ein ungerichteter schlichter Graph ohne Hamiltonkreis, dessen Gradfolge (1) erfüllt. Dann ist G' aufspannender Teilgraph eines maximalen Graphen $G = (V, E)$ ohne Hamiltonkreis, dessen Gradfolge die von G' majorisiert und damit ebenfalls (1) erfüllt.
Es sei $d_1 \leq \ldots \leq d_n$ die Gradfolge von G, und es seien $u, v \in V, uv \notin E$, nichtbenachbarte Knoten in G (solche Knoten existieren, da jeder vollständige Graph einen Hamiltonkreis besitzt) mit der Eigenschaft, daß die Summe $deg(u) + deg(v) =$

$\max\{deg(x) + deg(y) : x, y \in V, xy \notin E\}$ ist, und es sei o.B.d.A. $deg(u) \leq deg(v)$.
Da G ein maximaler Graph ohne Hamiltonkreis ist, liefert die Hinzunahme der Kante uv zu G einen Hamiltonkreis C. Da G keinen Hamiltonkreis enthält, kommt die Kante uv in C vor.
Wir setzen $C = (u_1, u_2, \ldots, u_n)$ und o.B.d.A. $u = u_1, v = u_n$.

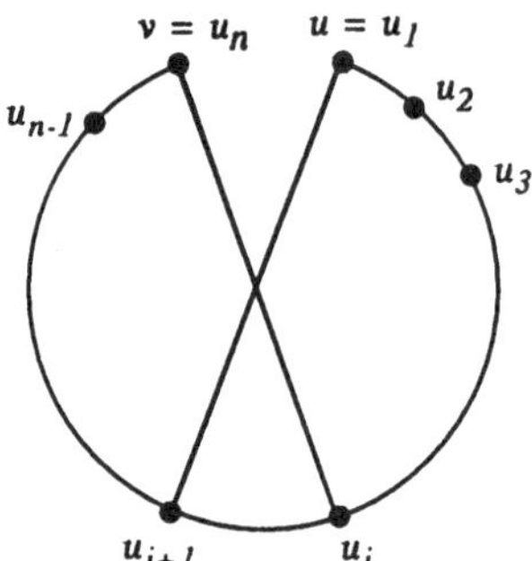

Abbildung 2.4: Der geänderte Hamiltonkreis C'

Falls ein Index $i \in \{2, \ldots, n-2\}$, existiert mit $uu_{i+1} \in E$ und $vu_i \in E$, so ist $C' = (u_1, u_{i+1}, u_{i+2}, \ldots, u_{n-1}, u_n, u_i, u_{i-1}, \ldots, u_1)$ Hamiltonkreis in G. Also existiert kein solches i.
Es sei $S = \{i : u\, u_{i+1} \in E\}$ und $T = \{i : vu_i \in E\}$. Wegen $uv \notin E$ ist $1 \notin T$ und $n-1 \notin S$.
Nach der obigen Überlegung ist auch für $i \in \{2, \ldots, n-2\}$ $i \notin S \cap T$. Also ist $S \cap T = \emptyset$ und $|N(v)| + |N(u)| = deg(v) + deg(u) = |S| + |T| < n$, da $n \notin S \cup T$ und daher $S \cup T \subseteq \{1, \ldots, n-1\}$. Also ist $\deg(u) < \frac{1}{2}n$. Weiterhin gilt: für $j \in S$ ist $u_j v \notin E$. Nach Wahl von u, v ist daher $\deg(u_j) \leq \deg(u)$, denn $\deg(u) + \deg(v)$ war maximal bezüglich solcher Paare.
Damit gibt es mindestens $|S| = \deg(u)$ Knoten, deren Grad $\leq \deg(u)$ ist. Setzt man $k = \deg(u)$, so ist $d_k \leq k < \frac{1}{2}n$ und damit nach Bedingung (1) $d_{n-k} \geq n-k$.
Damit gibt es $k+1$ Knoten, deren Grad mindestens $n-k$ ist. Der Knoten u ist höchstens mit k dieser Knoten benachbart. Es sei w einer dieser Knoten, $\deg(w) \geq n-k$, der nicht mit u benachbart ist.
Also ist $\deg(w) + deg(u) \geq n > \deg(u) + \deg(v)$, und damit ergibt sich ein Widerspruch zur Wahl von u und v. □

Folgerung 2.3.1 *Es sei $G = (V, E)$ ungerichteter schlichter Graph mit $|V| = n \geq 3$ und der Gradfolge $d_1 \leq d_2 \leq \ldots \leq d_n$. Dann gilt:*
Wenn eine der nachfolgenden Bedingungen

(2) Für alle $k, 1 \leq k \leq n$, ist $d_k \geq \frac{1}{2}n$

(3) Für alle $u, v \in V$ mit $u\,v \notin E$ ist $deg(u) + deg(v) \geq n$

(4) Für alle $k, 1 \leq k < \frac{1}{2}n$, ist $d_k > k$

(5) Für alle j, k mit $j < k, d_j \leq j, d_k \leq k-1$, ist $d_j + d_k \geq n$

erfüllt ist, so besitzt G einen Hamiltonkreis.

Beweis: Wir zeigen (2) $\Longrightarrow$ (3) $\Longrightarrow$ (4) $\Longrightarrow$ (5) $\Longrightarrow$ (1). ((1) - die Bedingung aus Satz 2.3.2)
(2) $\Longrightarrow$ (3): klar

(3) $\Longrightarrow$ (4):
Angenommen, aus Bedingung (3) folgt nicht (4):
Dann existiert ein t mit $1 \leq t < \frac{1}{2}n$ und $d_t \leq t$. Angenommen, es existiert ein l mit $l < t$ und $v_l v_t \notin E$. Dann ist nach (3) $\deg(v_l) + \deg(v_t) \geq n$, im Widerspruch zu $d_l + d_t \leq 2d_t < 2 \cdot \frac{1}{2}n = n$. Aus den gleichen Gründen ist für alle $k, l < t$ $v_k v_l \in E$, da im Fall $v_k v_l \notin E$ wegen (3) $\deg(v_k) + \deg(v_l) = d_k + d_l \geq n$ ist im Widerspruch zu $d_k + d_l \leq 2d_t < n$.
Also ist der von $v_1, v_2, \ldots, v_t$ induzierte Teilgraph eine Clique. Wegen $d_t \leq t$ hat jeder Knoten $v_1, \ldots, v_t$ mit höchstens einem Knoten $v_j, j > t$, eine Kante. Wegen $t < \frac{1}{2}n$ existiert also ein $j > t$ mit der Eigenschaft: v_j hat zu keinem Knoten aus $\{v_1, \ldots, v_t\}$ eine Kante. Deshalb ist $d_j \leq n-t-1$. Dann ist aber $d_t + d_j \leq t+n-t-1 \leq n-1 < n$ für nicht benachbarte Knoten v_t, v_j im Widerspruch zu (3).

(4) $\Longrightarrow$ (5):
Angenommen, aus (4) folgt nicht (5):
Dann existiert ein Paar j, k mit $j < k, d_j \leq j, d_k \leq k-1$ und $d_j + d_k < n$. Damit ist $d_j < \frac{1}{2}n$. Wir setzen nun $t = d_j < \frac{1}{2}n$. Dann ist wegen $d_j \leq j$ auch $d_{d_j} \leq d_j$, da die Folge der Grade monoton wachsend ist.
Also ist $d_{d_j} = d_t \leq t \leq \frac{1}{2}n$ im Widerspruch zu (4).

(5) $\Longrightarrow$ (1):
Falls (1) nicht erfüllt wäre, gäbe es ein t mit $d_t \leq t < \frac{1}{2}n$ und $d_{n-t} \leq n-t-1$.
Dann ist jedoch $d_t + d_{n-t} \leq t + n - t - 1 = n - 1$ im Widerspruch zu (5). □

Für weitere Verbesserungen hinreichender Kriterien vgl. z.B. [16].
Daß für die Existenz von Hamiltonkreisen kein ähnlich einfaches Kriterium wie für den Fall der Eulerkreise gefunden wurde, wird durch den nachfolgenden **NP**-Vollständigkeits-Nachweis für das Entscheidungsproblem

$$\text{HAMILTON CYCLE (HC)} = \{G : G = (V, E) \text{ ist schlichter ungerichteter Graph und es existiert ein Hamiltonkreis in } G\}$$

(in der Literatur oft auch HAMILTONIAN CIRCUIT genannt) verständlicher. Dabei ist HC eines der nichttrivialen Beispiele für **NP**-vollständige Graphenprobleme.

Einfachere Beispiele waren VERTEX COVER (Satz 1.4.1) und dasselbe Problem mit Gradbeschränkung 3 (Satz 1.4.2).

Eine wichtige Modifizierung des Problems HC ist

HAMILTON PATH (HP) $=$ $\{G:$ $G = (V, E)$ ist schlichter ungerichteter Graph und es existiert ein Hamiltonweg in $G\}$

Der folgende Beweis für die **NP**-Vollständigkeit von HC ist ziemlich lang, aber sehr instruktiv, was die Konstruktion der Reduktion von 3SAT betrifft.

Satz 2.3.3 *HC ist* **NP**-*vollständig.*

Beweis: a): HC $\in$ **NP**: klar.
b): Es wird eine Reduktion (vgl. [116], [32]) von 3SAT konstruiert: 3SAT $\leq_{pol}$ HC:
Es sei $F = C_1 \wedge \ldots \wedge C_m$ eine KNF mit den Klauseln $C_1, \ldots, C_m$ und den Variablen $x_1, \ldots, x_n$. Es wird folgender Graph $G_F = (V, E)$ konstruiert mit dem Ziel:
F ist erfüllbar genau dann, wenn G_F einen Hamiltonkreis besitzt.
Dazu werden zwei Arten von Teilgraphen eingeführt:
1. $T(u, u', v, v')$ (für die Darstellung der Literale – vgl. Abbildung 2.5).

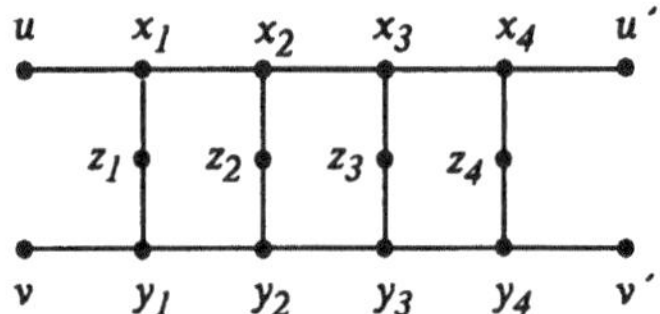

Abbildung 2.5: Der Teilgraph $T(u, u', v, v')$ für die Darstellung der Literale

Dabei haben die Knoten x_i, y_i, z_i, $i \in \{1, \ldots, 4\}$ in G_F nur die in $T(u, u', v, v')$ angegebenen Kanten. Falls also ein Hamiltonkreis existiert, muß dieser auf $T(u, u', v, v')$ einen der beiden in Abbildung 2.6 dargestellten Verläufe haben.

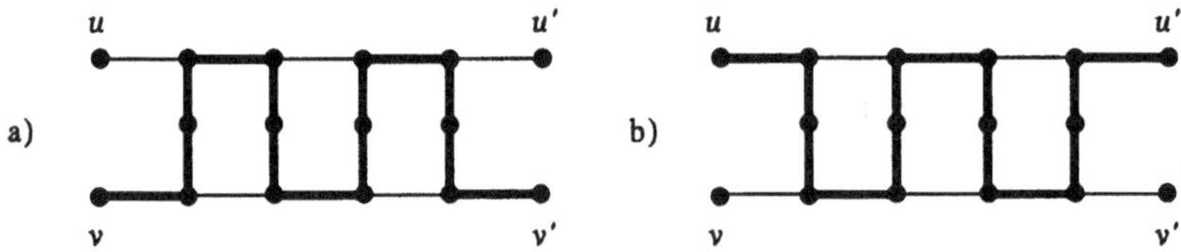

Abbildung 2.6: Zwei mögliche Verläufe eines Hamiltonkreises durch $T(u, u', v, v')$

Der Hamiltonkreis ist fettgedruckt, d.h. der Hamiltonkreis überdeckt in $T(u, u', v, v')$ die Knoten u und u' genau dann, wenn er die Knoten v und v' nicht überdeckt. Dies wird symbolisch in Abbildung 2.7 dargestellt.

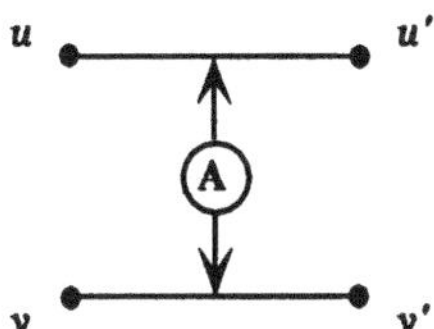

Abbildung 2.7: Symbolische Darstellung von $T(u, u', v, v')$

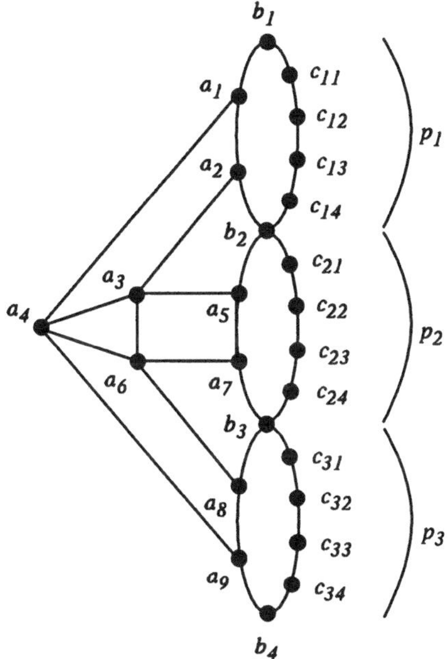

Abbildung 2.8: Der Teilgraph S zur Darstellung von Klauseln.

2. Wir definieren nun den Teilgraphen S (der für die Darstellung von Klauseln benötigt wird). Der in Abbildung 2.8 dargestellte Teilgraph S enthält zwei Arten von Hilfsknoten:
Die Knoten $a_1, \ldots, a_9$ und b_2, b_3 haben in G_F nur die Kanten aus S.
Die jeweils 4 c–Knoten auf den Wegen $p_i = (b_i, c_{i_1}, c_{i_2}, c_{i_3}, c_{i_4}, b_{i+1})$ zwischen b_i und b_{i+1}, $i \in \{1, 2, 3\}$, rechts außen in Abbildung 2.8 sind Bestandteil von Teilgraphen der Form $T(b_i, b_{i+1}, v, v')$ (dies wird noch genauer erklärt).
Zunächst ist folgende Feststellung wichtig:
Ist C Hamiltonkreis, so enthält C nicht alle drei Wege p_1, p_2, p_3 hintereinander, da C sonst die Knoten a_i, $i \in \{1, \ldots, 9\}$ nicht enthalten kann. Andererseits kann C jede echte Teilmenge der Wege $\{p_1, p_2, p_3\}$ enthalten.
Dies wird in den beiden nachfolgenden Abbildungen 2.9, 2.10 deutlich (die Knoten c_{ij}

sind der Einfachheit halber weggelassen).

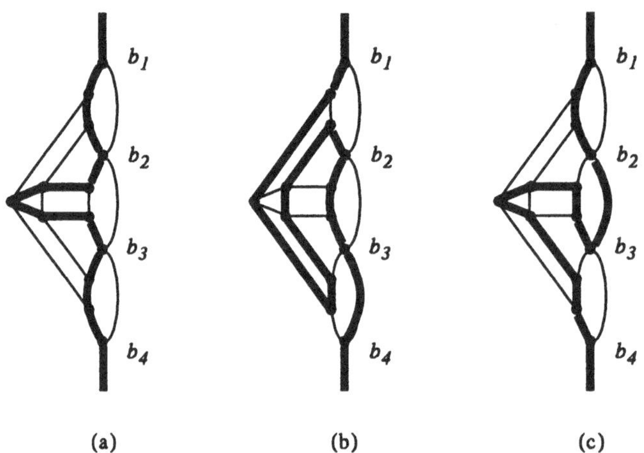

Abbildung 2.9: Mögliche Verläufe eines Hamiltonkreises:

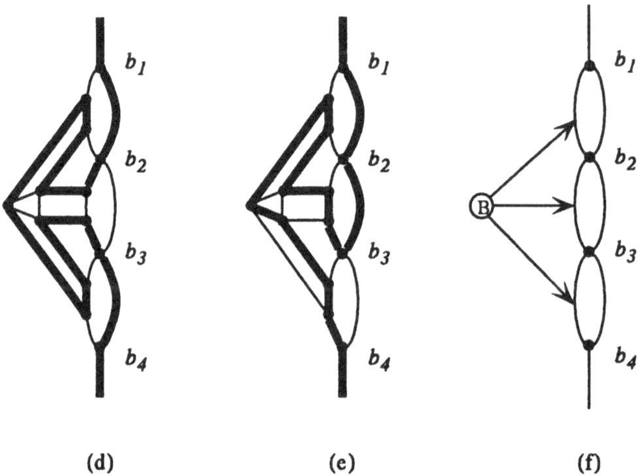

Abbildung 2.10: Mögliche Verläufe eines Hamiltonkreises und symbolische Darstellung

Die Teilabbildungen (a) bis (e) erfassen alle wesentlichen Fälle, (f) ist eine symbolische Darstellung der Teilgraphen. Der gesamte Graph G_F wird nun wie folgt definiert:

(1) Für jede Klausel C_i wird eine Kopie von S in G_F aufgenommen. Dabei wird jeweils der Knoten b_4 der i-ten Kopie mit dem Knoten b_1 der $(i+1)$-ten Kopie durch eine Kante verbunden.

(2) Für jede Variable x_i werden zwei Knoten x_i' und x_i'' in G_F aufgenommen, die durch zwei Wege $e_i, \overline{e}_i$ mit einer geeigneten Zahl von Hilfsknoten verbunden werden (siehe Abbildung 2.11). Die Zahl dieser Hilfsknoten wird noch präzisiert.

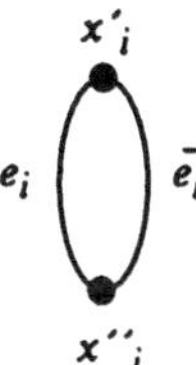

Abbildung 2.11: Der Teilgraph für Variablen x_i

Dabei wird jeweils x_i'' mit x_{i+1}' durch eine Kante verbunden, $i \in \{1, \ldots, n-1\}$. Die Idee dabei ist die folgende:
Wählt der Hamiltonkreis den Weg e_i, so ist der Wahrheitswert von x_i gleich 1 und umgekehrt.

(3) Der Zusammenhang zwischen Klauseln und Literalen wird nun durch folgende Kopien des Teilgraphen T hergestellt:
Ist das j-te Literal der Klausel C_i gleich x_m, so wird ein in Abbildung 2.12 angegebener Teilgraph eingefügt, wobei q auf e_m liegt.

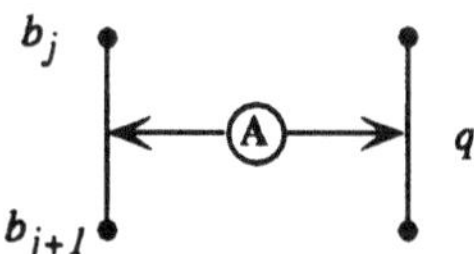

Abbildung 2.12: Teilgraphen T für die Darstellung des Zusammenhangs zwischen Klauseln und Literalen

Ist das j-te Literal von C_i gleich $\overline{x}_m$, so liegt q auf $\overline{e}_m$. Die Struktur von q wird noch genauer erklärt.

(4) Schließlich gibt es eine Kante von b_1 der ersten Kopie von S zu x_1' und eine Kante von b_4 der letzten Kopie von S zu x_n''. Abbildung 2.13 zeigt die Gestalt von G_F an folgendem Beispiel:

$$F = (\neg x_1 \vee x_2 \vee \neg x_3) \wedge (x_1 \vee \neg x_2 \vee x_3) \wedge (x_1 \vee x_2 \vee \neg x_3)$$

(Der dargestellte Hamiltonkreis entspricht der Wahrheitswertbelegung $\overline{x}_1 = x_2 = x_3 = 1$)

Bei Abbildung 2.13 ist klar, daß für jeden Teilgraphen S auf jedem Weg p_i, $i \in \{1, 2, 3\}$, nur eine Kante von Teilgraphen aus Abbildung 2.12 endet. Bei

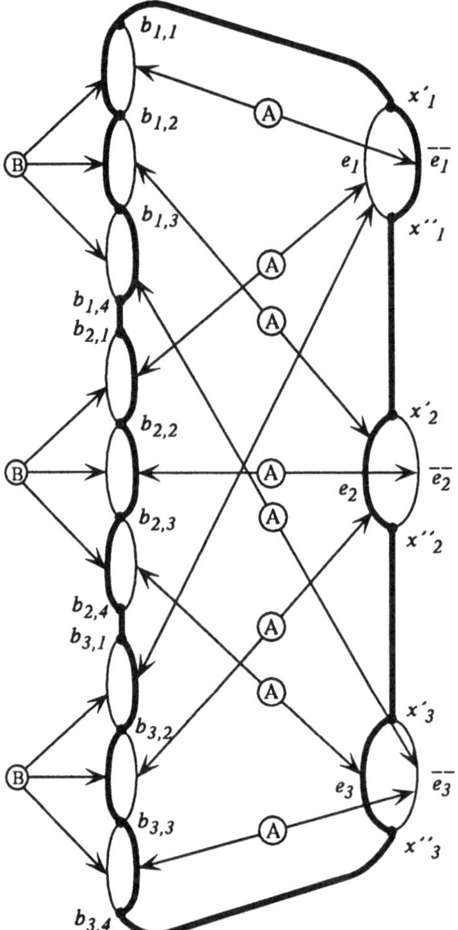

Abbildung 2.13: Ein Beispielgraph G_F für den obigen Ausdruck $F = (\neg x_1 \vee x_2 \vee \neg x_3) \wedge (x_1 \vee \neg x_2 \vee x_3) \wedge (x_1 \vee x_2 \vee \neg x_3)$

den Wegen $e_i, \overline{e}_i$ für die Literale können jedoch mehrere Kanten von Teilgraphen aus Abbildung 2.12 enden. Dies tritt auf, wenn ein Literal in mehreren Klauseln vorkommt (in Abbildung 2.13 der Fall bei e_1).

In diesem Fall werden hintereinander jeweils 4 Hilfsknoten eingeführt, d.h. die rechten Wege des Teilgraphen T werden in einem Weg hintereinandergesetzt, wie dies in Abbildung 2.14 am Beispiel gezeigt wird.

Wir geben nun noch die Beweisidee für den Zusammenhang zwischen F und G_F an:

1. Es sei F erfüllbar und β eine erfüllende Belegung von F. Dann ist der Hamiltonkreis C von folgender Form:

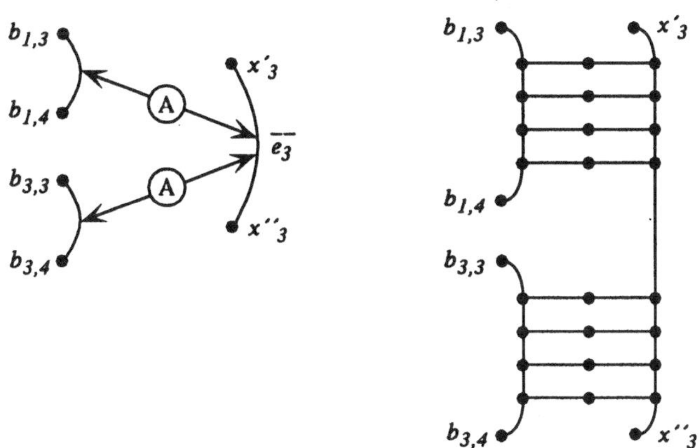

Abbildung 2.14: Detailstruktur der Wege

C verläuft durch e_i, falls $\beta(x_i) = 1$ ist, und durch $\overline{e}_i$, falls $\beta(x_i) = 0$ ist. Jede Klausel enthält ein erfülltes Literal. Wähle C in der Kopie S_j für die Klausel C_j so, daß für die nicht erfüllten Literale l_i von C_j der Kreis C den entsprechenden rechts stehenden Weg p_i, $i \in \{1,2,3\}$ enthält. Da C_j erfüllt ist, enthält C nicht alle drei Wege p_1, p_2, p_3 von S_j.

2. Es sei C ein Hamiltonkreis von G_F. Dann definiere eine Belegung $\beta(x_i)$ durch

$$\beta(x_i) = \begin{cases} 1 & \text{falls } e_i \text{ in } C \text{ ist} \\ 0 & \text{falls } \overline{e}_i \text{ in } C \text{ ist .} \end{cases}$$

Da C Hamiltonkreis ist, muß dann für jede Klausel C_j einer der Wege p_1, p_2, p_3 nicht in C sein. Dessen Knoten werden mit überdeckt in einem Teilgraphen T, dessen rechter Weg in einem der e_i bzw. $\overline{e}_i$ in C enthalten ist, d.h. die Klausel C_j ist durch β erfüllt, und damit ist F erfüllbar. □

Selbsttestaufgabe 2.3.2 *Funktioniert die Reduktion auch mit dem einfacheren Teilgraphen T',*

T' =

u x1 x2 u'
z1 z2
v y1 y2 v'

statt T?

Durch eine einfache Reduktion läßt sich zeigen, daß auch die oben erwähnte Modifikation HP des HC-Problems **NP**-vollständig ist:

Selbsttestaufgabe 2.3.3 *Zeigen Sie: HP ist* **NP**-*vollständig.*

Bemerkung: Auch im Fall gerichteter Graphen sind die Entscheidungsprobleme HC und HP **NP**-vollständig, da sich die ungerichteten Graphen als Spezialfall der gerichteten Graphen auffassen lassen, indem $(u,v) \in E \iff (v,u) \in E$ gesetzt wird.

Wir zeigen nun noch, daß das HC-Problem auch auf zwei speziellen Klassen von Graphen **NP**-vollständig bleibt:

Definition 2.3.4 *Ein Graph $G = (V,E)$ heißt* Splitgraph *gdw.*

> *es existiert eine Zerlegung $V = I \cup C$ in eine unabhängige Menge I und eine Clique C.*

Satz 2.3.4 *Das Problem HC ist für paare Graphen sowie für Splitgraphen* **NP**-*vollständig.*

Beweis: Wir zeigen zunächst:
Das Existenzproblem "Gerichteter Hamiltonkreis in gerichteten Graphen" ist auf HC für paare Graphen polynomialzeitreduzierbar:
Es sei $G = (V,E)$ ein gerichteter Graph. Wir konstruieren für jeden Knoten $v \in V$ einen Weg $a_v - b_v - c_v - d_v$ in $G' = (V', E')$:
$V' = \{a_v, b_v, c_v, d_v : v \in V\}$, $V' \cap V = \emptyset$.
Außerdem ist für jede Kante $(u,v) \in E$ eine Kante $\{d_u, a_v\} \in E'$.
Damit ist G' paar: $\{a_v, c_v : v \in V\}$ und $\{b_v, d_v : v \in V\}$ sind unabhängige Knotenmengen. Außerdem gilt:
Enthält G einen (gerichteten) Hamiltonkreis, so enthält auch G' einen Hamiltonkreis, indem zusätzlich die Wege $a_v - b_v - c_v - d_v$ für jeden Knoten v durchlaufen werden.
Enthält umgekehrt G' einen Hamiltonkreis C, so ist die einzige Möglichkeit, die Knoten $b_v, c_v, v \in V$ zu erfassen, ein Weg $a_v - b_v - c_v - d_v$. Damit bilden die Kanten $\{d_u, a_v\}$ des Hamiltonkreises C einen gerichteten Hamiltonkreis C' in G, indem gesetzt wird:

$$(u,v) \in C' \iff \{d_u, a_v\} \in C.$$

Nun zeigen wir: Das Existenzproblem HC für paare Graphen $B = (X,Y,E)$ mit $|X| = |Y|$ ist auf das Existenzproblem HC für Splitgraphen polynomialzeitreduzierbar:
Ist $B = (X,Y,E)$ ein paarer Graph mit $|X| = |Y|$ und $G' = (X,Y,E')$ mit
$E' = E \cup \{y_i y_j : y_i, y_j \in Y\}$, so ist G' ein Splitgraph.
Offenbar gilt: $B \in HC \iff G' \in HC$, da ein Hamiltonkreis in G' keine Kanten der Form $y_i y_j$ für $y_i, y_j \in Y$ enthalten kann.
Es bleibt noch zu bemerken, daß die im ersten Teil der Reduktion konstruierten paaren Graphen solche sind, für die $|X| = |Y|$ gilt. □

Außerdem bleibt die Aufgabe HC **NP**-vollständig, wenn zusätzliche Kantengewichte eingeführt werden. In diesem Fall wird nicht mehr nach der Existenz eines Hamiltonkreises, sondern nach einem *kürzesten Hamiltonkreis* gefragt, und das Problem heißt dann das *Problem des Handlungsreisenden ("traveling salesman problem"– TSP)*:

Ein Handlungsreisender besucht n Städte, jede genau einmal, und startet und beendet seine Tour in derselben Stadt. Die Entfernung zwischen Stadt v_i und Stadt v_j ist durch c_{ij} gegeben mit $c_{ij} = c_{ji}$.

Gegeben ist also ein vollständiger ungerichteter Graph $G = (V, E)$ mit der Kostenfunktion $c : E \longrightarrow R^+ \cup \{\infty\}$. Die Kosten eines Weges $P = (e_1, \ldots, e_l)$ sind wie üblich $c(P) = \sum_{i=1}^{l} c(e_i)$, wobei $\infty + x = x + \infty = \infty$ gesetzt wird. Dabei reicht es, für die Kosten natürliche statt reelle Zahlen zu verwenden. Außerdem ist ∞ überflüssig.

Definition 2.3.5

$$\begin{aligned} TSP \;=\; \{(G, c, k) :\; & G = (V, E) \textit{ ist vollständiger ungerichteter Graph und} \\ & c : E \longrightarrow \mathcal{N} \textit{ Kostenfunktion und } k \in \mathcal{N} \textit{ und es existiert} \\ & \textit{ein Hamiltonkreis } C = (e_1, \ldots, e_n) \textit{ in } G \textit{ mit } c(C) \leq k\} \end{aligned}$$

Folgerung 2.3.2 *TSP ist* **NP***-vollständig.*

Beweis:

1. $TSP \in$ **NP**: klar.

2. $HC \leq_{pol} TSP$:
   Es sei $G = (V, E)$ Graph und $\hat{G} = (V, \hat{E})$ der vollständige Graph über V. Wir setzen

$$c_{ij} = \begin{cases} 1 & \text{falls } v_i v_j \in E \\ 2 & \text{sonst} \end{cases}$$

   und $k = |V|$. Dann gilt: $G \in HC \iff (\hat{G}, c, |V|) \in TSP$.

□

2.4 Weitere Übungen

Aufgabe 2.4.1 *Leiten Sie in Analogie zu Satz 2.1.1 ein Kriterium für die Existenz gerichteter Eulerkreise bzw. -wege in gerichteten Graphen her.*

Aufgabe 2.4.2

a) Zeigen Sie: Aus der Existenz eines Hamiltonkreises folgt nicht notwendig, daß die Eigenschaft (1) aus Satz 2.3.2 erfüllt ist.

b) Zeigen Sie mit einem direkten Beweis (nicht als Folgerung aus Satz 2.3.2, daß folgender Satz gilt (Teil (3) der Folgerung 2.3.1): Ist $G = (V, E)$ ungerichteter schlichter Graph mit $|V| \geq 3$ und der Eigenschaft

(1) Für alle $v, w \in V$ mit $v \neq w$ und $vw \notin E$ gilt $deg(v) + deg(w) \geq |V|$,

so besitzt G einen Hamiltonkreis.
Hinweis: *Verwenden Sie umgekehrte Induktion über die Zahl der Kanten $|E|$ von G, d.h. Induktionsanfang mit vollständigem Graphen G.)*

2.5 Lösungshinweise zu den Selbsttestaufgaben von Kapitel 2

Selbsttestaufgabe 2.2.1
Start mit $v_1 = a$.
Ausführung von $WEG(a, \mathcal{P})$ liefert als Ergebnis

$$\mathcal{P}_1 : a \overset{1}{—} b \overset{2}{—} c \overset{3}{—} d$$

und $L = \{a, b, c, d\}$.
Wird nun in (4) von Algorithmus 2.2.1 der Knoten a gelöscht und $WEG(a, \mathcal{P})$ ausgeführt (beachte: Algorithmus 2.2.1 legt nicht die Reihenfolge fest, in der die Knoten aus L abgearbeitet werden - man kann also zuerst a in L löschen), so liefert diese Prozedur einen leeren Weg. Danach löschen wir b in L und führen $WEG(b, \mathcal{P})$ aus. Dies führt zu dem Weg

$$\mathcal{P}' : b \overset{6}{—} e \overset{7}{—} c \overset{5}{—} f \overset{4}{—} b$$

und $L = \{c, d, e, f\}$ (beachte, daß e und f in L aufgenommen werden !). Dieser Weg wird in $\mathcal{P}$ eingefügt: der neue Weg ist

$$\mathcal{P}_2 : a \overset{1}{—} b \overset{6}{—} e \overset{7}{—} c \overset{5}{—} f \overset{4}{—} b \overset{2}{—} c \overset{3}{—} d$$

Löschen von c und d in L und Ausführung von $WEG(c, \mathcal{P})$ bzw. von $WEG(d, \mathcal{P})$ führt zu jeweils leeren Wegen.
Löschen von e in L und Ausführung von $WEG(e, \mathcal{P})$ führt zum Weg

$$\mathcal{P}' : e \overset{8}{—} h \overset{10}{—} g \overset{9}{—} e.$$

Einfügen von $\mathcal{P}'$ in $\mathcal{P}$ führt zu

$$\mathcal{P}_3 = a \overset{1}{—} b \overset{6}{—} e \overset{8}{—} h \overset{10}{—} g \overset{9}{—} e \overset{7}{—} c \overset{5}{—} f \overset{4}{—} b \overset{2}{—} c \overset{3}{—} d$$

und $L = \{f, g, h\}$.

Das Löschen der drei restlichen Knoten in L führt zu leeren Wegen $WEG(x, \mathcal{P})$, $x \in \{f, h, g\}$. Danach hält der Algorithmus mit dem Ergebnis $\mathcal{P}_3$.

Selbsttestaufgabe 2.3.1
Es sei $G = (V, E)$ ein Graph mit $V = \{a, b, c\}$. Haben die Knoten a, b, c die Grade $\deg(a) = \deg(b) = \deg(c) = 1$, so ist $N(a) = \{b\}$ oder $N(a) = \{c\}$. Im Fall $N(a) = \{b\}$ ist $N(c) = \emptyset$ – Widerspruch. Analog der andere Fall.

Selbsttestaufgabe 2.3.2
Bei T' gibt es nicht mehr nur zwei Möglichkeiten für einen Hamiltonkreis durch T': auch

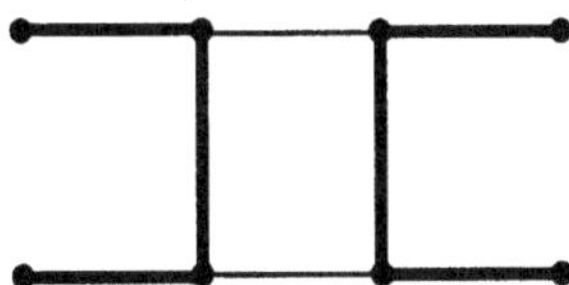

ist denkbar.

Selbsttestaufgabe 2.3.3
Durch Reduktion von HC auf HP:
Es sei $G = (V, E)$ ungerichteter schlichter Graph, $V = \{v_1, \ldots, v_n\}$.
Konstruiere $G' = (V', E')$ mit

$$V' = V \cup \{u, u', w\}, u, u', w \notin V, \; E' = E \cup \{uu', wv_1\} \cup \{uv_i : v_1 v_i \in E\}.$$

Beispiel 2.5.1 *Die folgende Abbildung gibt G' für einen Beispielgraphen G an:*

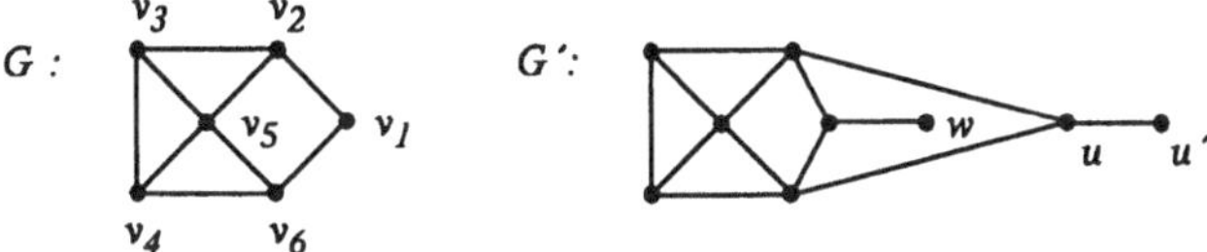

Offenbar gilt: Hat G einen Hamiltonkreis, so hat G' einen Hamiltonweg. Interessanter ist die Umkehrung: Es sei P ein Hamiltonweg in G'. Dann sind u', w die Endknoten von P, da diese Grad 1 haben. Damit ist die Kante $u'u$ in P. Es sei nun die Kante uv in P. Dann verläuft der Rest von P durch die Knoten aus $V \setminus \{u, u', v\}$ genau einmal. Da auch $v_1 v \in E$ ist, existiert damit ein Hamiltonkreis in G, falls $V > 2$ ist.

2.6 Literaturhinweise

Eulerkreise sind ein Klassiker der Graphentheorie. Die algorithmischen Aspekte sind z.B. in *Even* [46] beschrieben.

Der Abschnitt über Hamiltonkreise stützt sich ebenfalls auf klassische Ergebnisse der Graphentheorie. Die hinreichenden Kriterien sind z.B. in *Berge* [16] beschrieben und gehen u.a. auf Resultate von *Dirac, Ore, Bondy, Chvatal, Erdös* zurück. Eine weitgehende Verallgemeinerung dieser hinreichenden Kriterien findet sich in [120].

Der Beweis für die **NP**-Vollständigkeit des Problems HC ist z.B. in [116], [32] angegeben. Zum Verhalten des Problems HC auf speziellen Graphenklassen gibt es eine Vielzahl von Arbeiten, deren Angabe hier ebenfalls zu weit führen würde. Unter anderem sind dazu in den letzten Jahren mehrere Dissertationen entstanden, z.B. die von *Damaschke* [35] und *Nicolai* [111].

Zum Problem TSP gibt es eine umfangreiche Literatur. Der Sammelband [97] liefert einen umfassenden und aktuellen Überblick zu diesem Thema.

3 Durchsuchen von Graphen – Knotenreihenfolgen von Graphen

3.1 Tiefensuche (DFS) auf ungerichteten Graphen

Wir betrachten zunächst ungerichtete, endliche, schlichte Graphen.
Das vollständige Durchsuchen von Graphen entlang der Kanten des Graphen, wobei alle Knoten erreicht werden und für sie eine Reihenfolge des Erreichens definiert wird, ist eine sehr grundlegende Aufgabe, die in vielen Graphenalgorithmen als Teilaufgabe vorkommt.
Dabei kommt es im allgemeinen nicht darauf an, daß die Kanten oder Knoten einen Kreis bilden, wie das in Kapitel 2 gefordert wird, sondern es müssen lediglich alle Kanten und Knoten erreicht werden.
Zwei besonders häufig verwendete Standardprinzipien sind *Tiefensuche ("Depth–First Search"*, DFS) – eine Verallgemeinerung des preorder–Durchlaufprinzips für binäre Bäume (vgl. Definition 1.2.4) – und *Breitensuche ("Breadth–First Search"*, BFS).
Beiden Verfahren gemeinsam ist, daß beim Durchsuchen eines Graphen G für jede Zusammenhangskomponente Z von G aus der Kantenmenge E von G ein Gerüst für Z ausgewählt wird. Dabei erhalten die so ausgewählten Kanten eine Richtung vom zuerst erreichten Knoten zum später erreichten Knoten der jeweiligen Kante. Zunächst beschreiben wir das Verfahren Tiefensuche.
Der Graph $G = (V, E)$ sei durch seine Adjazenzlisten beschrieben, von deren Reihenfolge natürlich die Reihenfolge beim Durchsuchen von G wesentlich abhängt.
Eine Liste L mit direktem Zugriff zeigt die noch nicht erreichten Knoten an, genauer gesagt: L enthält alle Knoten, und ein Zeiger z in L zeigt auf den ersten durch die Suche noch nicht erreichten Knoten in L, solange noch ein solcher Knoten existiert.
Die Knoten $v \in V$ erhalten in der Reihenfolge ihres Erreichens jeweils eine DFS–Nummer $t(v)$. Die Unterscheidung zwischen *"erreicht"* und *"unerreicht"* läßt sich also leicht definieren, indem $t(v)$ mit $t(v) = \infty$ für alle $v \in V$ initialisiert wird, d.h. v ist zu Beginn "unerreicht", und anschließend jeder erreichte Knoten v eine Nummer $t(v)$ aus $\{1, 2, \ldots, n\}$ erhält.
Wir beschreiben nun zuerst die Prozedur, die nach dem Erreichen von v abläuft:

Prozedur 3.1.1 *(DFSEARCH(v))*

(1) $i := i + 1$; $t(v) := i$; $\{v$ *ist "erreicht" und erhält die DFS–Nummer* $i\}$

```
(2)   while es existiert w ∈ N(v) mit t(w) = ∞ do
        begin
(3)       N(v) := N(v) \ {w}; {Markierung in Adjazenzliste von v}
(4)       B := B ∪ {(v,w)}; {damit ist auch stets t(v) < t(w) für (v,w) ∈ B}
(5)       DFSEARCH(w);
        end;
```

Entsprechend der Wirkungsweise sich selbst rekursiv aufrufender Prozeduren gilt also: DFSEARCH(v) ist genau dann beendet, wenn für alle $w \in N(v)$, für die beim Erreichen von v $t(w) = \infty$ war, DFSEARCH(w) beendet ist.
Der gesamte Algorithmus DFS lautet wie folgt:

Algorithmus 3.1.1 DFS für ungerichtete Graphen

Eingabe: *Ein ungerichteter Graph $G = (V, E)$, der durch seine Adjazenzlisten beschrieben ist.*

Ausgabe: *Eine Menge B von gerichteten Kanten mit der Eigenschaft, daß der B zugrundeliegende ungerichtete Graph für jede Zusammenhangskomponente von G ein Gerüst liefert, sowie eine Numerierung $(t(v))_{v \in V}$, die die Durchlaufreihenfolge durch V bei DFS angibt.*

```
(1)  B := ∅; i := 0; L := V;
(2)  for all v ∈ L do t(v) := ∞;
(3)  while es existiert v ∈ L mit t(v) = ∞ do DFSEARCH(v);
```

Eine Programmiersprache wie PASCAL, die das Sprachelement Rekursion enthält, erlaubt die direkte Programmierung dieses rekursiven Algorithmus. In Sprachen ohne dieses Sprachelement läßt sich der Algorithmus durch explizite Angabe eines Kellerspeichers K ("stack") implementieren: Wenn DFSEARCH(v) eröffnet wird, so wird v in K aufgenommen. Wenn DFSEARCH(v) beendet wird, so wird v in K gestrichen. DFSEARCH(v) ist beendet, wenn alle durch DFSEARCH(v) rekursiv aufgerufenen Prozeduren DFSEARCH(w) beendet sind, d.h. v ist wieder das top - Element in K.

Es sei nun $v \in V$ ein Knoten, für den DFSEARCH(v) aufgerufen wird. Dieser Aufruf veranlaßt eine Reihe weiterer Aufrufe DFSEARCH(w), die wir in einem gerichteten Baum $T(v)$ (dem *Rekursionsbaum*) wie folgt beschreiben:

Definition 3.1.1 *Es sei*

$$V(v) = \{v\} \cup \{w : DFSEARCH(w) \text{ wird nach Eröffnung und vor Beendigung von } DFSEARCH(v) \text{ aufgerufen}\}$$

(die Knotenmenge des Rekursionsbaumes mit Wurzel v), sowie

$$R(v) = \{(u,w) : u, w \in V(v) \text{ und } w \in N(u) \text{ und } DFSEARCH(w) \text{ wird in Zeile (5) von Prozedur } DFSEARCH(u) \text{ aufgerufen}\}$$

(die Menge der Kanten des Rekursionsbaumes mit Wurzel v – man beachte, daß gilt: $(u, w) \in B \iff (u, w) \in R(v)$, d.h. die Kanten des Rekursionsbaums $R(v)$ sind gerade die Kanten in B) sowie

$$T(v) = (V(v), R(v)).$$

Die Kanten aus B heißen im weiteren gerichtete Baumkanten.

Beispiel 3.1.1 *Es sei $G = (V, E)$ folgender Beispielgraph*

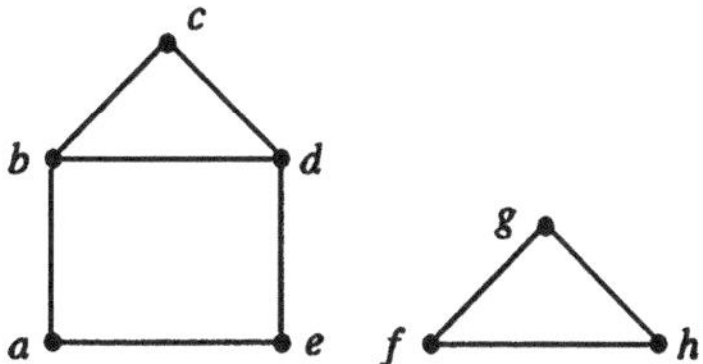

mit den Adjazenzlisten

a	$b \to e$
b	$a \to c \to d$
c	$b \to d$
d	$b \to c \to e$
e	$a \to d$
f	$g \to h$
g	$f \to h$
h	$f \to g$

Wir wählen als Reihenfolge von V in L die Folge (a, b, c, d, e, f, g, h).
Damit beginnt der Algorithmus mit DFSEARCH(a). Von a aus wird zuerst DFSEARCH(b) aufgerufen, wenn man weiterhin voraussetzt, daß die Auswahl desjenigen $w \in N(v)$, für das Zeile (2) bis (5) von Prozedur DFSEARCH(v) aufgerufen wird, sich jeweils nach der Reihenfolge der Adjazenzliste von v richtet. DFSEARCH(b) seinerseits bewirkt zuerst den Aufruf von DFSEARCH(c) usw.
Es entsteht folgender gerichtete Baum $T(a)$:

$$a \to b \to c \to d \to e$$

Ändert man die Reihenfolge der Adjazenzlisten zu

a	$b \to e$
b	$d \to c \to a$
c	$b \to d$
d	$e \to c \to b$
e	$a \to d$

so ergibt sich folgender andere Baum $T(a)$:

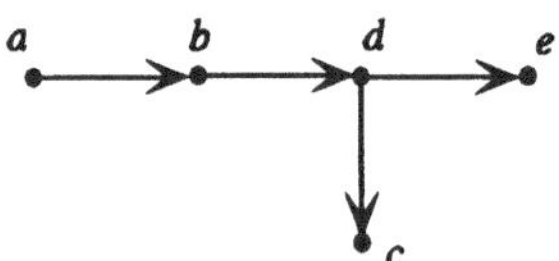

Eines haben beide Bäume gemeinsam: der $T(a)$ zugrundeliegende ungerichtete Baum ist Gerüst der Zusammenhangskomponente von G, die a enthält. Dies gilt allgemein:

Lemma 3.1.1 *Der $T(v)$ zugrundeliegende ungerichtete Graph bildet ein Gerüst auf dem von $V(v)$ in G induzierten Teilgraphen $G(V(v))$.*

Beweis: Induktiv über die Größe von $V(v)$.
Induktionsanfang:
Es sei $|V(v)| = 1$, d.h. $V(v) = \{v\}$. Dann ist $R(v) = \emptyset$, und damit gilt die Behauptung.
Induktionsannahme:
Für $|V(v)| \leq n$ gelte die Behauptung.
Induktionsschritt:
Es sei $|V(v)| = n + 1$. Dann ist $N(v) \neq \emptyset, N(v) = \{w_1, \ldots, w_k\}$. Nach Induktionsannahme gilt für $V(w_i)$, $i \in \{1, \ldots, k\}$, die Behauptung. $T(v)$ enthält zusätzlich mindestens eine der Kanten $v \longrightarrow w_i$, $i \in \{1, \ldots, k\}$, und zwar genau diejenigen in $R(v)$ enthaltenen Kanten dieser Art. Diese sind als ungerichtete Kanten in E. Also ist der $T(v)$ zugrundeliegende ungerichtete Graph zusammenhängend und kreisfrei und enthält nur Kanten aus E sowie genau die Knoten aus $V(v)$. Damit gilt die Behauptung. □

Lemma 3.1.2 *Es sei Z eine Zusammenhangskomponente von G und v derjenige Knoten in Z mit $t(v) = min\{t(u) : u \in Z\}$.*
Dann gilt: $Z = V(v)$ (d.h. die Nachfolger von v im Rekursionsbaum von DFSEARCH(v) liefern genau die Zusammenhangskomponente von G, in der v enthalten ist).

Beweis: Weil $V(v)$ den Knoten v enthält und in G einen zusammenhängenden Teilgraphen induziert, ist $V(v) \subseteq Z$.
Angenommen, $V(v) \subset Z$. Wegen des Zusammenhangs von Z existieren dann $u \in V(v), w \in Z \setminus V(v)$ mit $\{u, w\} \in E$. Damit ist $w \in N(u)$ und wird in Zeile (2) von Prozedur DFSEARCH(u) nicht abgearbeitet - Widerspruch. Also ist $V(v) = Z$. □

Daraus folgt die Korrektheit des Algorithmus 3.1.1.

Satz 3.1.1 *Algorithmus 3.1.1 ist korrekt und in $O(|V| + |E|)$ Schritten ausführbar.*

Beweis: Die Korrektheit des Algorithmus ergibt sich unmittelbar aus Lemma 3.1.1 und Lemma 3.1.2.
Zur Zeitschranke ist zu bemerken, daß (1) und (2) von Algorithmus 3.1.1 in Zeit $O(|V|)$

ausführbar sind. Danach wird für jeden Knoten v DFSEARCH(v) ausgeführt, wobei in (2) von DFSEARCH(v) jede Kante in der Adjazenzliste von v einmal abgearbeitet wird (d.h. jede Kante $\{u, w\} \in E$ wird zweimal abgearbeitet – einmal in der Adjazenzliste von u und einmal in der von w).
Also ist der Gesamtaufwand durch $O(|V| + |E|)$ beschränkt, wenn man voraussetzt, daß die Nummern $t(v)$ in einer Liste L mit direktem Zugriff ("array") geführt werden und ein Zeiger z in L mitgeführt wird, der jeweils auf den ersten noch existierenden Knoten v mit $t(v) = \infty$ zeigt. □

Definition 3.1.2 *Es sei $G = (V, E)$ ungerichteter Graph und (V, B) ein durch DFS auf G entstandener Wald.*
$\{u, v\} \in E$ heißt ungerichtete Baumkante *(oder kürzer:* Baumkante*) gdw.*

> *$(u, v) \in B$ oder $(v, u) \in B$. (Die gerichteten Baumkanten sind in Definition 3.1.1 angegeben.)*

(u, v) heißt gerichtete Rückwärtskante *gdw.*

> *(v, u) ist keine gerichtete Baumkante und $\{u, v\} \in E$ und u ist Nachfolger von v in B.*

$\{u, v\} \in E$ heißt ungerichtete Rückwärtskante *(oder kürzer:* Rückwärtskante*) gdw.*

> *(u, v) oder (v, u) ist gerichtete Rückwärtskante.*

$\{u, v\} \in E$ heißt Querkante *gdw.*

> *$\{u, v\}$ ist keine Baumkante und u ist kein Nachfolger von v in B und v ist kein Nachfolger von u in B (d.h. $\{u, v\}$ keine Rückwärtskante).*

Offenbar kann eine Kante $\{u, v\} \in E$ nicht gleichzeitig Baum– und Rückwärtskante sein.
Das folgende Lemma besagt, daß bei Anwendung von DFS auf G keine Querkanten existieren. Die Kantenmenge E von G wird also in Baumkanten und Rückwärtskanten zerlegt.

Lemma 3.1.3 *Es sei $\{u, v\} \in E$ und $t(u) < t(v)$. Dann ist v Nachfolger von u in B. In diesem Fall ist $\{u, v\}$ eine Rückwärtskante von v zu u, falls nicht $\{u, v\}$ Baumkante ist.*

Beweis: Wegen $\{u, v\} \in E$ liegen u und v in einer gemeinsamen Zusammenhangskomponente. Angenommen, v sei kein Nachfolger von u in B. Dann ist v Nachfolger eines Vorgängers von u in B. Wegen $t(u) < t(v)$ wird DFSEARCH(v) also erst eröffnet, wenn die Prozedur DFSEARCH(u) bereits abgeschlossen ist, dies geschieht jedoch erst, wenn alle Kanten von u aus durchlaufen sind – Widerspruch. □

In einem weiteren Beispiel soll noch einmal die Wirkungsweise von DFS für Bäume verdeutlicht werden.

Beispiel 3.1.2 *Ein Beispielgraph*

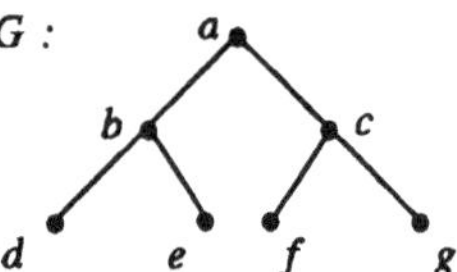

mit folgenden Adjazenzlisten:

a	$b \rightarrow c$
b	$d \rightarrow e \rightarrow a$
c	$f \rightarrow g \rightarrow a$
d	b
e	b
f	c
g	c

Abbildung 3.1 zeigt die Entwicklung des Baumes B und des Kellers K bei der Wahl von a als erstem Knoten.

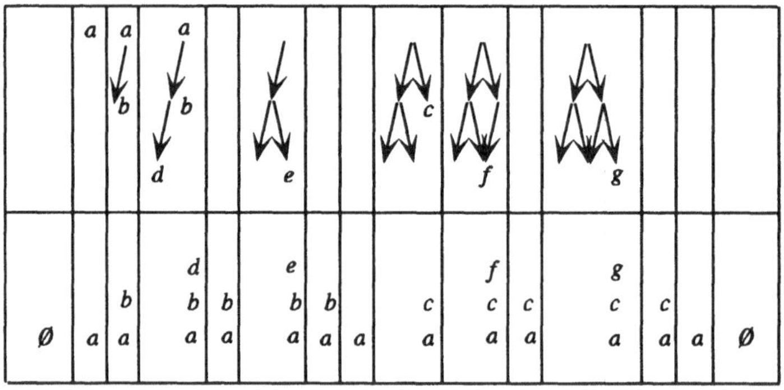

			d		e				f		g			
		b	b	b	b	b		c	c	c	c	c		
$\emptyset$	a	a	a	a	a	a	a	a	a	a	a	a	a	$\emptyset$

Abbildung 3.1: Die zeitliche Entwicklung des DFS-Baumes

Beachten Sie, daß die DFS-Reihenfolge der Knoten in G

v	a	b	c	d	e	f	g
$t(v)$	1	2	5	3	4	6	7

d.h. also die Reihenfolge (a, b, d, e, c, f, g) genau die preorder-Reihenfolge des Baumes G mit Anfangsknoten (Wurzel) a ist: Die DFS-Reihenfolge binärer Bäume ist offenbar gleich der preorder-Reihenfolge, wenn man die Reihenfolge der Knoten in der Anordnung des binären Baumes genauso wie in der Nachbarschaftslistendarstellung wählt. Außerdem entstehen bei Wahl eines anderen Anfangsknotens i.a. andere DFS-Bäume. Abbildung 3.2 zeigt das Ergebnis bei Wahl von d als Anfangsknoten.

Selbsttestaufgabe 3.1.1 *Wenden Sie den DFS-Algorithmus 3.1.1 an, um zu entscheiden, ob ein gegebener ungerichteter Graph $G = (V, E)$ kreisfrei bzw. Baum ist.*

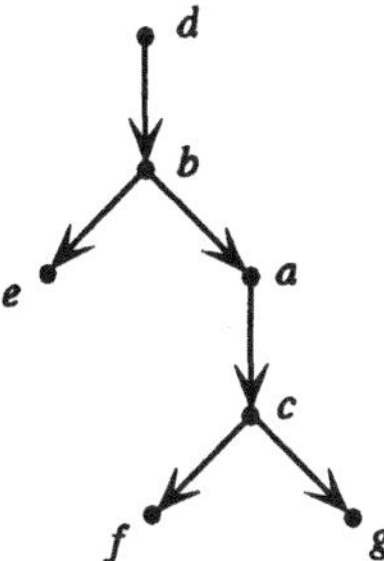

Abbildung 3.2: Der DFS–Baum mit Anfangsknoten d

3.2 Zweifach zusammenhängende Komponenten

Im folgenden beschreiben wir eine nichttriviale Anwendung von DFS, nämlich die Bestimmung der Artikulationspunkte und zweifach zusammenhängenden Komponenten eines Graphen.

Definition 3.2.1 *Es sei $G = (V, E)$ endlicher schlichter ungerichteter Graph. Ein Knoten $v \in E$ heißt* Artikulationspunkt *in G gdw.*

> *die Zahl der Zusammenhangskomponenten von $G(V \setminus \{v\})$ ist größer als die Zahl der Zusammenhangskomponenten von G.*

Beispiel 3.2.1 *Abbildung 3.3 zeigt einen Graphen mit einem Artikulationspunkt:*

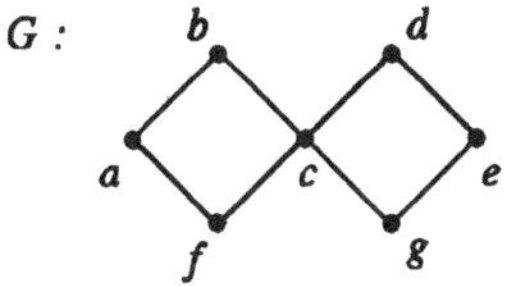

Abbildung 3.3: In G ist c Artikulationspunkt.

Definition 3.2.2 *$G = (V, E)$ heißt* zweifach zusammenhängend *gdw.*

> *G ist zusammenhängend und enthält keine Artikulationspunkte.*

Ein induzierter Teilgraph $H = (V', E')$ in G heißt zweifach zusammenhängende Komponente *in G gdw.*

> *V' induziert bezüglich Mengeninklusion $\subseteq$ in G einen maximalen zweifach zusammenhängenden Teilgraphen.*

Beispiel 3.2.2 *Abbildung 3.4 zeigt die zweifach zusammenhängenden Komponenten des Graphen aus Abbildung 3.3.*

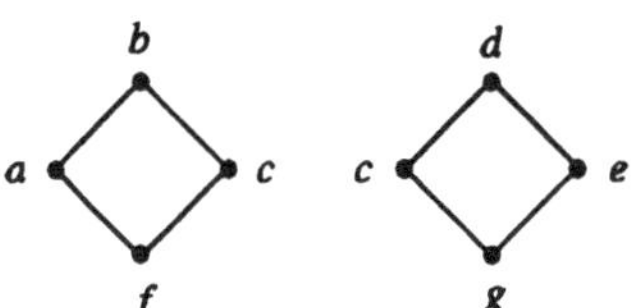

Abbildung 3.4: Zweifach zusammenhängende Komponenten

Lemma 3.2.1 *Es seien die Graphen $G_1 = (V_1, E_1)$, ..., $G_k = (V_k, E_k)$ die zweifach zusammenhängenden Komponenten von G. Dann gilt:*

(1) Jede Kante und jeder einfache Kreis von G liegen ganz in einer zweifach zusammenhängenden Komponente von G.

(2) Für alle $i \neq j$ ist $|V_i \cap V_j| \leq 1$.

(3) Ist für $i \neq j$ $V_i \cap V_j = \{x\}$, so ist x Artikulationspunkt in G.

Beweis: Zu (1): Jede Kante und jeder einfache Kreis induzieren einen zweifach zusammenhängenden Teilgraphen. Also gilt (1).
Zu (2): Angenommen, $\{x, y\} \subseteq V_i \cap V_j$ für $i \neq j$ und $x \neq y$. Dann ist $V_i \cup V_j$ nicht zweifach zusammenhängend, enthält also einen Artikulationspunkt b, der o.B.d.A. in V_j liege.

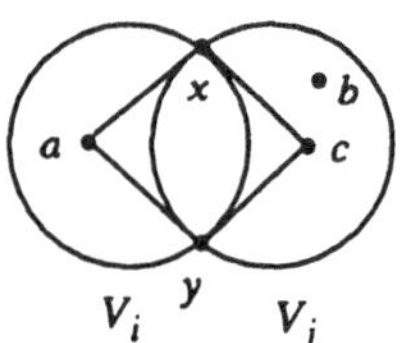

Also existieren $a, c \in V_i \cup V_j$, so daß alle Wege zwischen a und c den Knoten b enthalten. Es sei o.B.d.A. $a \in V_i, c \in V_j$.
Ist $b \notin \{x, y\}$, so existiert ein Weg von x nach c nicht über b und damit ein Weg von a nach c ohne b. Also ist $b \in \{x, y\}$. Ist jedoch o.B.d.A. $b = x$, so existiert ein Weg von y nach c nicht über b und ein Weg von a nach y nicht über b - Widerspruch.
Also ist $|V_i \cap V_j| \leq 1$.
Zu (3): Angenommen, $V_i \cap V_j = \{x\}$. Wegen $V_i \neq V_j$ und $V_i, V_j \neq \emptyset$ existieren Knoten $a \in V_i$, $b \in V_j$ mit $ax \in E$, $bx \in E$.
Ist x kein Artikulationspunkt, so existiert ein Weg von a nach b nicht über x.

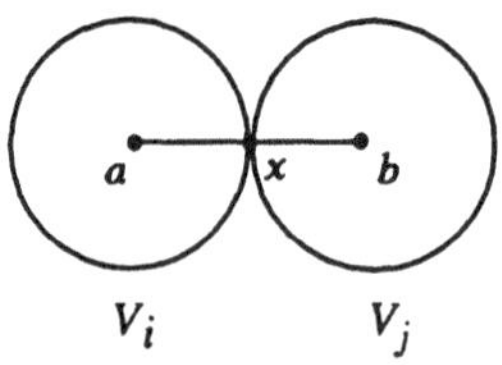

Damit existiert ein einfacher Kreis, der a, x, b enthält und nicht ganz in einer zweifach zusammenhängenden Komponente liegt – Widerspruch. □

Selbsttestaufgabe 3.2.1 *Es sei a ein Artikulationspunkt des zusammenhängenden Graphen G, und $V_1, \ldots, V_k$ seien die Zusammenhangskomponenten von $G(V \setminus \{a\})$. Zeigen Sie:*

(a) *Jede zweifach zusammenhängende Komponente von G ist ganz in einer der Mengen $V_1 \cup \{a\}, \ldots, V_k \cup \{a\}$ enthalten.*

(b) *Die Artikulationspunkte von $G(V_i \cup \{a\})$, $i \in \{1, \ldots, k\}$ sind auch Artikulationspunkte von G.*

(c) *Die Artikulationspunkte von $G(V_i)$ sind nicht notwendig Artikulationspunkte von G.*

Definition 3.2.3 *Es sei $\tilde{G} = (\tilde{V}, \tilde{E})$ der folgende Graph zu $G = (V, E)$:*
Sind $v_1, \ldots, v_j$ die Artikulationspunkte von G und $(V_1, E_1), \ldots, (V_k, E_k)$ die zweifach zusammenhängenden Komponenten von G, so ist
$\tilde{V} = \{v_1, \ldots, v_j, V_1, \ldots, V_k\}$ und $V_i v_l \in \tilde{E}$ gdw. $v_l \in V_i$, $l \in \{1, \ldots, j\}$, $i \in \{1, \ldots, k\}$.

Beispiel 3.2.3 *Der Graph aus Abbildung 3.5 enthält die Artikulationspunkte a, b, c.*

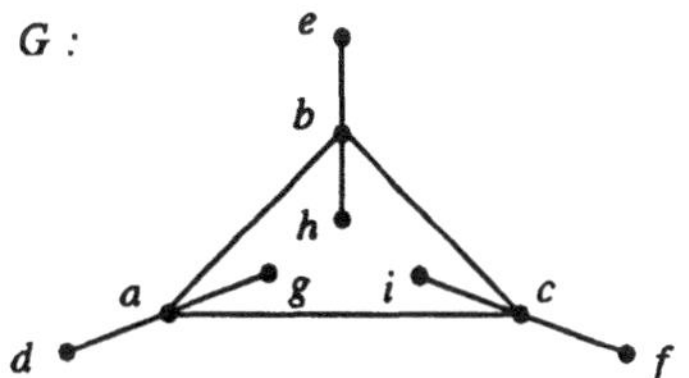

Abbildung 3.5: Ein Beispielgraph mit drei Artikulationspunkten

Abbildung 3.6 gibt die zugehörigen zweifach zusammenhängenden Komponenten an.

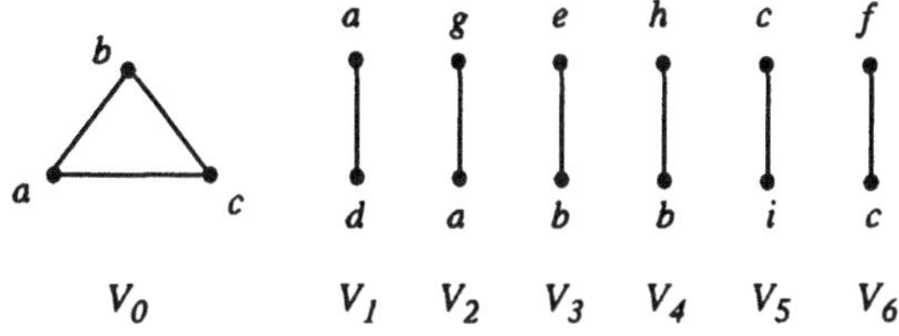

Abbildung 3.6: Die zweifach zusammenhängenden Komponenten

Abbildung 3.7 zeigt den Baum $\tilde{G}$ aus Artikulationspunkten und zweifach zusammenhängenden Komponenten.

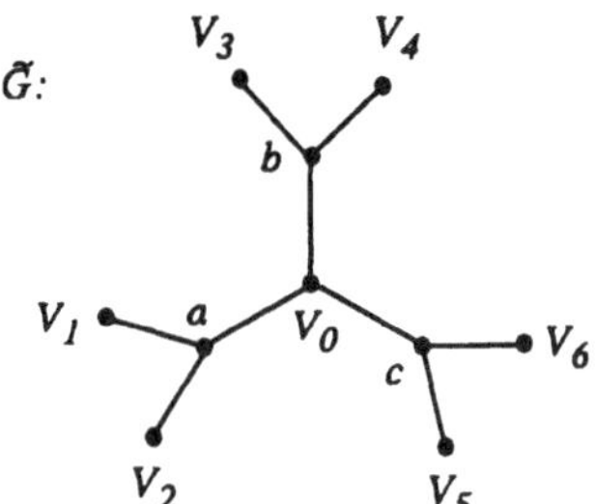

Abbildung 3.7: Die Baumstruktur der Artikulationspunkte und zweifach zusammenhängenden Komponenten.

Lemma 3.2.2 *Für zusammenhängende Graphen $G = (V, E)$ ist $\tilde{G}$ ein Baum.*

Beweis: Durch vollständige Induktion über die Anzahl $a(G)$ der Artikulationspunkte von G.
Induktionsanfang:
$a(G) = 0$: Dann ist G die einzige zweifach zusammenhängende Komponente von G und somit $\tilde{G} = (\{V\}, \emptyset)$ Baum.
$a(G) = 1$: Es sei a der Artikulationspunkt von G. Sind $(V_1, E_1), \ldots, (V_k, E_k)$ die Zusammenhangskomponenten von $G - a$, so sind $G(V_1 \cup \{a\}), \ldots, G(V_k \cup \{a\}$ die zweifach zusammenhängenden Komponenten von G (dies folgt aus Selbsttestaufgabe 3.2.1). Also ist $\tilde{G}$ ein Stern: Es existieren nur die Kanten aV_i, $i \in \{1, \ldots, k\}$.
Induktionsannahme:
Für Graphen G' mit $a(G') \leq m$ sei die Behauptung erfüllt.
Induktionsschritt:
Es sei $a(G) = m + 1$, und v_1 sei Artikulationspunkt von G. Es seien $V_1, \ldots, V_k$ die Zusammenhangskomponenten von $G(V \setminus \{v_1\})$.
Damit haben die induzierten Teilgraphen $G(V_1 \cup \{v_1\}), \ldots, G(V_k \cup \{v_1\})$ jeweils höchstens m Artikulationspunkte (vgl. Selbsttestaufgabe 3.2.1). Außerdem sind die zweifach zusammenhängenden Komponenten von $G(V_i \cup \{v_1\})$ auch zweifach zusammenhängende Komponenten von G, $i \in \{1, \ldots, k\}$, und umgekehrt.
Nach Induktionsannahme sind die Graphen $\tilde{G}(V_i \cup \{v_1\})$ Bäume B_i.
Nach Lemma 3.2.1, (2) und (3) kann der Knoten v_1 für jeden Baum B_i jeweils in höchstens einer zweifach zusammenhängenden Komponente von B enthalten sein, und in einer ist es auch enthalten. Also ist $\tilde{G}$ von der Gestalt

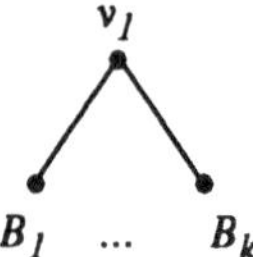

und damit wieder ein Baum. □

Wir definieren nun eine Hilfsfunktion, mit deren Hilfe sich Artikulationspunkte mit DFS bestimmen lassen:

Definition 3.2.4 *Für $v \in V$ ist*

$$L(v) = \min\{t(u) : u \in V \text{ und } u \text{ ist erreichbar aus } v \text{ durch einen (evtl. leeren) Weg in } B, \text{ gefolgt von höchstens einer gerichteten Rückwärtskante } \}$$

Offenbar ist $L(v) \leq t(v)$.

Beispiel 3.2.4 *Wir betrachten folgenden Beispielgraphen:*

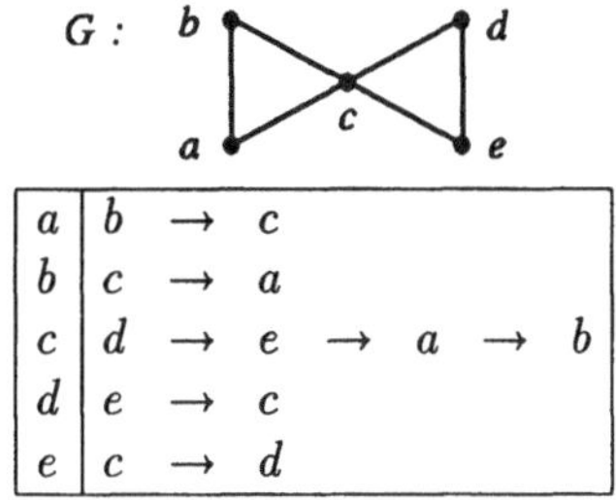

a	$b \rightarrow c$
b	$c \rightarrow a$
c	$d \rightarrow e \rightarrow a \rightarrow b$
d	$e \rightarrow c$
e	$c \rightarrow d$

Startknoten a. R sei die Menge der gerichteten Rückwärtskanten.

a) Mit Startknoten a ergibt sich der in Abbildung 3.8 gezeigte DFS-Baum. $R = \{(e,c),(c,a)\}$ ist die Menge der gerichteten Rückwärtskanten.

Die Funktion $L(v)$ in Abbildung 3.8 ergibt sich wie folgt:

x	a	b	c	d	e
$L(x)$	1	1	1	3	3

b) Mit Startknoten c ergibt sich der in Abbildung 3.9 gezeigte DFS-Baum. $R = \{(b,c),(e,c)\}$ ist die Menge der gerichteten Rückwärtskanten.

In Abbildung 3.9 gilt $L(v) = 1$ für alle $v \in \{a,b,c,d,e\}$.

Lemma 3.2.3 *Ist (V,B) ein DFS-Baum von $G = (V,E)$, so ist die Wurzel r von (V,B) genau dann Artikulationspunkt von G, wenn $outdeg(r) \geq 2$ in (V,B) gilt.*

Beweis: 1. "$\Longrightarrow$": Ist die Wurzel r ein Artikulationspunkt von G, und $V \setminus \{r\}$ zerfällt in die Zusammenhangskomponenten $V_1, \ldots, V_k$, $k \geq 2$, so gehen alle Wege zwischen V_1 und V_2 über r. Ist also $v \in V_1$ und $r \rightarrow v \in B$, so hat v keine Nachfolger aus V_2. Also muß eine weitere Kante von r aus existieren.
2. "$\Longleftarrow$": Hat die Wurzel r zwei Kanten $r \rightarrow v_1$, $r \rightarrow v_2$ in B, so kann nach Lemma 3.1.3 bei Wegnahme von r kein Weg zwischen v_1, v_2 existieren, also ist r Artikulationspunkt.
□

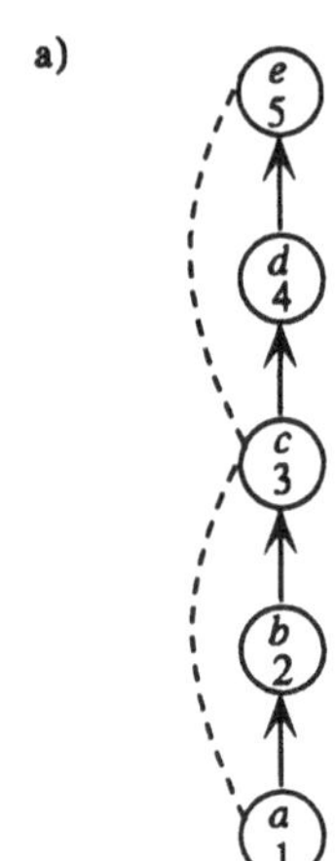

Abbildung 3.8: Der DFS–Baum mit Startknoten a

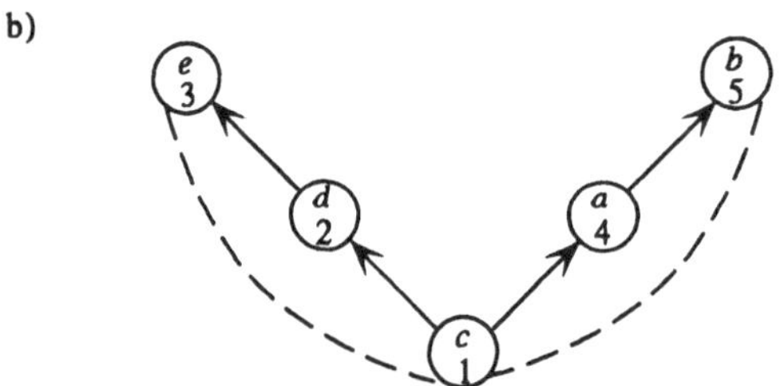

Abbildung 3.9: Der DFS–Baum mit Startknoten c

Lemma 3.2.4 *Ist $(t(v))_{v \in V}$ eine DFS-Numerierung von $G = (V, E)$ und $u \in V$ ein Knoten mit $t(u) > 1$ (d.h. u nicht Wurzel des DFS-Baumes B), so ist u genau dann Artikulationspunkt von G, wenn eine Kante $u \rightarrow v$ in B existiert mit $L(v) \geq t(u)$.*

Beweis: 1. "$\Longleftarrow$": Es sei r die Wurzel von B und S die Menge der Knoten auf dem Weg von r zu u, $u \notin S$, $r \in S$. Weiterhin bezeichne $S_B(v)$ die Knoten des Teilbaumes von B mit Wurzel v, $v \in S_B(v)$.
Nach Lemma 3.1.3 existieren von $S_B(v)$ aus nur solche Rückwärtskanten zu Knoten außerhalb $S_B(v)$, die zu $S \cup \{u\}$ führen.
Da jedoch $L(v) \geq t(u)$ ist, geht jeder Weg in G zwischen r und v über u.
2. "$\Longrightarrow$": Es sei u ein Artikulationspunkt mit $t(u) > 1$. Damit zerfällt $G(V \setminus \{u\})$ in die Zusammenhangskomponenten $V_1, \ldots, V_k$, $k \geq 2$.
Es sei r die Wurzel von B, o.B.d.A. $r \in V_1$. Zwei Knoten a, b liegen genau dann in ein und demselben V_i, wenn es einen Weg zwischen a und b gibt, der u nicht enthält. Also liegen alle Knoten des Weges von r zu u in V_1, ausgenommen u selbst.

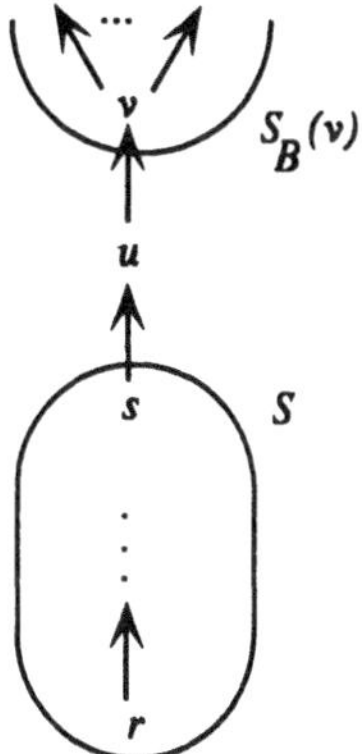

Abbildung 3.10: Darstellung der Mengen S und $S_B(v)$

Es seien $x_1, \ldots, x_k$ die unmittelbaren Nachfolger von u in $B : (u, x_1), \ldots, (u, x_k) \in B$. Solche x_i gibt es, da sonst $V_2, \ldots, V_k = \emptyset$ ist. O.B.d.A. sei $x_1 \in V_2$.
Alle Nachfolger von x_1 liegen auch in V_2: $S_B(x_1) \subseteq V_2$. Rückwärtskanten von Knoten aus $S_B(x_1)$ laufen nach Lemma 3.1.3 nur zu Vorgängern dieser Knoten. Führt also eine Rückwärtskante von Knoten $x \in S_B(x_1)$ aus $S_B(x_1)$ heraus, dann zu $S \cup \{u\}$, u ist jedoch Artikulationspunkt, d.h. alle Wege zwischen V_2 und V_1 laufen über u. Also ist $L(x_1) \geq t(u)$. □

Man kann nun relativ leicht zeigen, daß mit einer Variante von DFS eine Bestimmung der Artikulationspunkte (mit Hilfe von Lemma 3.2.3 und 3.2.4) sowie der zweifach zusammenhängenden Komponenten möglich ist, und einen entsprechenden Linearzeitalgorithmus formulieren. Dieser Zugang ist von *Hopcroft* und *Tarjan* noch wesentlich ausgebaut worden und hat zu einem Linearzeitalgorithmus zur Erkennung der Planarität von Graphen geführt (vgl. z.B. [1], [46]). Zur Erkennung der Planarität von Graphen vgl. z.B. auch [112].

3.3 DFS für gerichtete Graphen – stark zusammenhängende Komponenten

Das Suchprinzip DFS bedeutet, daß die Suche von einem Knoten aus jeweils zuerst "in die Tiefe" erfolgt, solange das im Graphen möglich ist. Auch für gerichtete Graphen kann man dieses Prinzip aufrechterhalten, jedoch wird der Algorithmus für gerichtete Graphen etwas komplizierter, und auch die Kantenmenge wird jetzt nicht mehr nur in Baumkanten und Rückwärtskanten unterteilt, sondern es gibt 4 Arten von Kanten.
Außerdem wird nicht mehr nur eine Numerierung t der Knoten definiert, sondern es entstehen zwei Numerierungen, die jeweils angeben, wann ein Knoten erreicht und wann seine Bearbeitung abgeschlossen wurde.

Prozedur 3.3.1 *(DFSEARCH(v))*

(1) **for all** w *mit* $(v, w) \in E$ **do**
(2) **if** $t(w) = \infty$ **then**
  begin
(3) $T := T \cup \{(v, w)\}$ { *Baumkante* (v, w)}
(4) $C_1 := C_1 + 1; t(w) := C_1$; {$w$ *ist erreicht*}
(5)   *DFSEARCH*(w);
(6) $C_2 := C_2 + 1; f(w) := C_2$ {w *ist abgeschlossen*}
  end
 else
  begin
(7)   **if** $v \rightarrow_T{}^* w$ **then** $F := F \cup \{(v, w)\}$;
   {$\rightarrow_T{}^*$ *ist reflexive und transitive Hülle der binären Relation* $\rightarrow_T$}
(8)   **if** $w \rightarrow_T{}^* v$ **then** $B := B \cup \{(v, w)\}$
(9)   **else** $C := C \cup \{(v, w)\}$
  end;

Algorithmus 3.3.1 DFS für gerichtete Graphen

Eingabe: *Ein gerichteter Graph* $G = (V, E)$
Ausgabe: *Eine Zerlegung von* E *in Baumkanten* T, *Vorwärtskanten* F, *Rückwärtskanten* B *und Querkanten* C *sowie Numerierungen* $t(v), f(v)$ *aller Knoten* $v \in V$.

(1) **for all** $v \in V$ **do**
 begin
  $t(v) := \infty; f(v) := \infty$
 end;
(2) $T := \emptyset; F := \emptyset; B := \emptyset; C := \emptyset$;
(3) $C_1 := 0; C_2 := 0$;
(4) **while** *es existiert* $v \in V$ *mit* $t(v) = \infty$ **do**
  begin
(5) $C_1 := C_1 + 1; t(v) := C_1$;
(6)   *DFSEARCH*(v);
(7) $C_2 := C_2 + 1; f(v) := C_2$
  end;

Wir gehen hier nicht weiter auf die Eigenschaften von DFS auf gerichteten Graphen ein. Eine ausführliche Beschreibung findet sich z.B. in [106], [46], [32].

Selbsttestaufgabe 3.3.1 *Führen Sie Algorithmus 3.3.1 am Beispiel der Abbildung 3.11 mit dem Startknoten a aus. (Dabei wähle man in der Adjazenzliste von a die Reihenfolge* $d \rightarrow c \rightarrow e$*)*

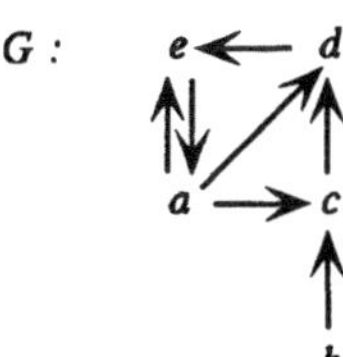

Abbildung 3.11: Ein Beispielgraph für DFS auf gerichteten Graphen

Die vielleicht wichtigste Anwendung von DFS für gerichtete Graphen ist die Bestimmung der stark zusammenhängenden Komponenten eines gerichteten Graphen.

Satz 3.3.1 *Mit Hilfe von DFS lassen sich die stark zusammenhängenden Komponenten eines gerichteten Graphen in Linearzeit bestimmen.*

Wir verzichten hier auf den Beweis dieses Satzes. Der Beweis hat einige Gemeinsamkeiten mit der Bestimmung zweifach zusammenhängender Komponenten für ungerichtete Graphen.

3.4 Breitensuche (BFS)

Anders als bei Tiefensuche geht man bei Breitensuche von einem schon erreichten Knoten nicht sofort weiter in die "Tiefe", sondern bearbeitet zunächst alle Nachbarn eines erreichten Knoten.

Dazu wird eine Warteschlange W eingerichtet, die alle Nachbarn eines gerade erreichten Knotens v aufnimmt. Wie üblich erfolgt das Löschen eines Knotens und das Hinzufügen eines Knotens in W an verschiedenen Enden der Liste W. Ähnlich wie bei Tiefensuche wird eine Menge B von (gerichteten) Kanten definiert, die für jede Zusammenhangskomponente von G ein Gerüst liefert, und es wird eine Liste L definiert, die die aktuellen Werte der Numerierung $b(v), v \in V$, sowie einen Zeiger für Knoten v mit $b(v) = \infty$ enthält. Ein Knoten w wird als "erreicht" markiert, wenn er in W aufgenommen wird. Für den jeweils ersten Knoten v der Warteschlange W wird folgende Prozedur ausgeführt:

Prozedur 3.4.1 *(BFSEARCH(v))*

(1) $i := i + 1; b(v) := i;$
(2) **for all** $w \in N(v)$ *mit: w ist noch nicht "erreicht"* **do**
begin
(3) $N(v) := N(v) \setminus \{w\};$
(4) $B := B \cup \{(v, w)\};$
(5) $W := W \cup \{w\};$ *markiere w als "erreicht"*
end;

Algorithmus 3.4.1 BFS

Eingabe: *Ein ungerichteter Graph $G = (V, E)$, der durch seine Adjazenzlisten beschrieben ist.*

Ausgabe: *Eine Menge B von gerichteten Kanten mit der Eigenschaft, daß der B zugrundeliegende ungerichtete Graph für jede Zusammenhangskomponente von G ein Gerüst liefert, sowie eine Numerierung $(b(v))_{v \in V}$, die die Durchlaufreihenfolge (Reihenfolge in W) durch V angibt.*

(1) $B := \emptyset; i := 0; W := \emptyset; L := V;$
(2) **for all** $v \in L$ **do**
  begin
   $b(v) := \infty;$
   markiere $v \in L$ *als "nicht erreicht"*
  end;
(3) **while** ($W = \emptyset$ *und es existiert ein* $v \in L$ *mit* $b(v) = \infty$) **do**
  begin
(4) $W := W \cup \{v\}$; *markiere* v *als "erreicht";*
(5)   **while** $W \neq \emptyset$ **do**
    begin
(6)   *wähle ersten Knoten* v *in* W;
(7) $W := W \setminus \{v\};$
(8)   BFSEARCH(v)
    end
  end;

Der Algorithmus beendet seine Arbeit, wenn W leer ist und kein Knoten v mit $b(v) = \infty$ mehr existiert.
Die Vergabe der Nummer $b(v)$ kann auch bei Aufnahme von v in W erfolgen – in diesem Fall ist die zusätzliche Markierung der Knoten als "erreicht" überflüssig, als Kriterium dafür dient $b(v) < \infty$.

Satz 3.4.1 *Der Algorithmus BFS ist korrekt und in $O(|V| + |E|)$ Schritten ausführbar.*

Der Beweis geht analog zum Beweis von Satz 3.1.1.

Beispiel 3.4.1 *Es sei G der "Haus"-Graph aus Abbildung 3.12 mit den Adjazenzlisten*

a	b	$\rightarrow$	e		
b	a	$\rightarrow$	c	$\rightarrow$	d
c	b	$\rightarrow$	d		
d	b	$\rightarrow$	c	$\rightarrow$	e
e	a	$\rightarrow$	d		

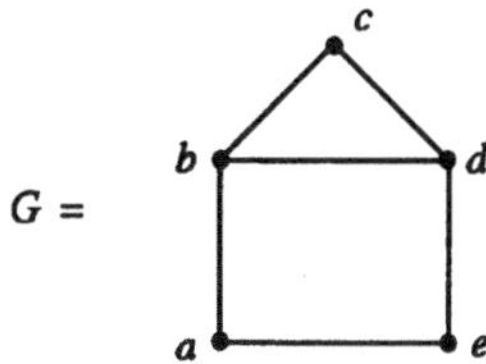

Abbildung 3.12: Das "Haus"

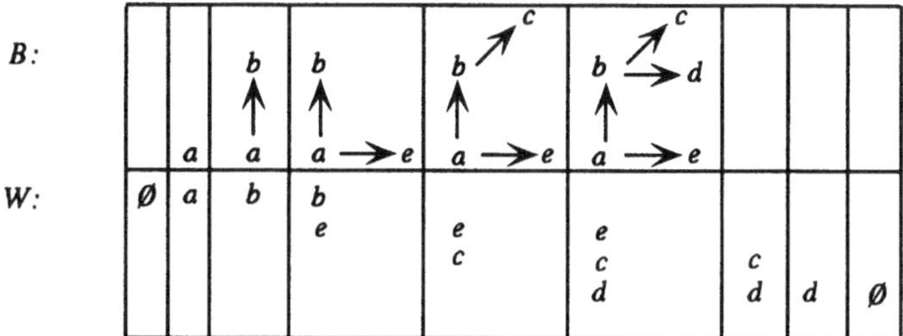

Abbildung 3.13: Die Entwicklung des BFS–Baumes

Abbildung 3.13 gibt die Entwicklung des Baumes B und der Warteschlange W bei Wahl von a als erstem Knoten an.
Die BFS–Numerierung b(v):

v	a	b	c	d	e
$b(v)$	1	2	4	5	3

Selbsttestaufgabe 3.4.1 *Zeigen Sie:*

a) Ist v_1 der Startknoten von BFS auf einem Graphen $G = (V, E)$, so lassen sich mit BFS in Linearzeit die Distanzen $dist(v_1, v)$ (vgl. Definition 1.1.7) für $v \in V$ berechnen, und zwar gilt für die durch BFS definierten Schichten L_i mit $L_0 = \{v_1\}$ und $L_i = \{u : \text{es existiert ein } v \in L_{i-1} \text{ mit } (v, u) \in B\}$, $i \geq 1$:
$dist(v_1, u) = k \iff u \in L_k$.

b) Für Kanten $\{r, s\} \in E$, die nicht Baumkanten sind (d.h. weder $(r, s) \in B$ noch $(s, r) \in B$) ist entweder $r, s \in L_i$ für ein $i \geq 1$ oder $r \in L_i, s \in L_{i+1}$ bzw. $s \in L_i$, $r \in L_{i+1}$ für ein $i \geq 1$, d.h. Kanten $\{r, s\}$, die nicht Baumkanten sind, verlaufen entweder in einer Schicht oder zwischen benachbarten Schichten.

3.5 Topologisches Sortieren

Mit dem vollständigen Durchsuchen von Graphen durch DFS bzw. BFS ist jeweils eine bestimmte Knotenreihenfolge, d.h. eine lineare Anordnung der Knotenmenge verbunden. Auch andere Probleme lassen sich über Knotenreihenfolgen definieren. So ist z.B.

das in Kapitel 2 behandelte Hamiltonkreisproblem die Frage, ob es eine Knotenreihenfolge mit der Eigenschaft gibt, daß die Knoten in dieser Reihenfolge einen einfachen Kreis bilden.
In anderen Fällen kommt es darauf an, "Abpflückordnungen" für Graphen zu finden, bei denen jeweils ein Knoten mit einer bestimmten Eigenschaft entfernt wird, bis der Restgraph leer ist.

Definition 3.5.1 *Die Knotenreihenfolge* $(v_1, \ldots, v_n)$ *des Graphen* $G = (V, E)$ *heißt* Abpflückordnung *bzgl. der Knoteneigenschaft* $\mathcal{P}$ *gdw.*

> *für alle* $i \in \{1, \ldots, n\}$ *gilt: Der Knoten* v_i *hat im Restgraphen* $G_i = G(\{v_i, \ldots, v_n\})$ *die Eigenschaft* $\mathcal{P}$.

Ein Beispiel dafür kennen wir bereits: Für Bäume läßt sich als Eigenschaft $\mathcal{P}$ die Eigenschaft "v_i ist Blatt in G_i" wählen. Ein weiteres wichtiges Beispiel ist das sogenannte Problem des *topologischen Sortierens*:

Definition 3.5.2 *E sei* $G = (V, E)$ *ein endlicher dag mit* $V = \{v_1, \ldots, v_n\}$.
Eine Knotenreihenfolge $L = (v_{i_1}, \ldots, v_{i_n})$ *aller Knoten aus* V *heißt* topologische Ordnung von G *gdw.*

> *für alle Kanten* $(v_{i_j}, v_{i_k}) \in E$ *gilt* $i_j < i_k$, *d.h.* v_{i_j} *ist links von* v_{i_k} *in* L.

Das heißt: In der Reihenfolge $(v_{i_1}, \ldots, v_{i_n})$ *verlaufen Kanten nur von links nach rechts.*

Beispiel 3.5.1 *Für den Beispielgraphen G aus Abbildung 3.14 ist* (f, d, e, c, a, b) *eine topologische Ordnung, die Reihenfolge* (a, b, c, d, e, f) *ist keine.*

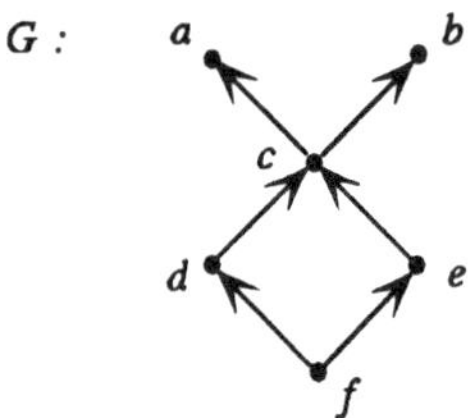

Abbildung 3.14: Ein Beispielgraph

Definition 3.5.3 *Es sei* $P = (V, <_P)$ *eine Halbordnung auf* $V = \{v_1, \ldots, v_n\}$. *Dann heißt*

$$\vec{G_P} = (V, \vec{E_P}) \text{ mit } (x, y) \in \vec{E_P} \iff x <_P y$$

der gerichtete Vergleichbarkeitsgraph *zu* P *bzw.*

$$G_P = (V, E_P) \text{ mit } \{x, y\} \in E \iff (x <_P y \text{ oder } y <_P x)$$

der ungerichtete Vergleichbarkeitsgraph *zu* P.
Die Anordnung $L = (v_{i_1}, \ldots, v_{i_n})$ *von* V *heißt* lineare Ausdehnung von P *gdw.*

für alle $x, y \in V$ gilt: ist $x <_P y$, so auch x links von y in L.

Selbsttestaufgabe 3.5.1 *Beweisen Sie:*

a) $\vec{G_P}$ ist dag.

b) L ist genau dann lineare Ausdehnung von P, wenn L topologische Ordnung von $\vec{G_P}$ ist.

Die Notwendigkeit, die Knoten eines dag in topologischer Ordnung anzuordnen, tritt bei Modellen für folgende Probleme auf:
$V = \{v_1, \ldots, v_n\}$ sei eine Menge von Arbeitsgängen bei der Herstellung eines Produktes, und $(v_i, v_j) \in E$ genau dann, wenn der Arbeitsgang v_j erst nach Beendigung des Arbeitsganges v_i begonnen werden kann.
Gesucht ist eine mögliche Hintereinanderausführung aller Arbeitsgänge.

Lemma 3.5.1 *Jeder dag $G = (V, E)$ enthält einen Knoten v mit $indeg(v) = 0$.*

Beweis: Angenommen, für alle $v \in V$ ist $indeg(v) > 0$, d.h. es existiert ein $u \in V$ mit $(u, v) \in E$.
Da $|V|$ endlich ist, enthält jede Folge $u_1, \ldots, u_{n+1}, u_i \in V$, $i \in \{1, \ldots, n+1\}$, einen Knoten doppelt. Wir bilden nun eine solche Folge, indem wir, mit einem $v_1 \in V$ beginnend, jeweils zu v_i einen Vorgänger v_{i+1} mit $(v_{i+1}, v_i) \in E$ wählen. Nach spätestens $n + 1$ Schritten hat sich ein Knoten wiederholt, d.h. es existiert ein gerichteter Kreis in G - Widerspruch. □

Dasselbe Argument gilt natürlich auch für outdeg(v), $v \in V$.
Wir geben nun einen Algorithmus an, der in Linearzeit eine topologische Ordnung bestimmt.

Algorithmus 3.5.1 Topologisches Sortieren

Eingabe: *Ein dag $G = (V, E)$, beschrieben durch seine Adjazenzlisten*
Ausgabe: *Eine topologische Ordnung von G, gegeben durch eine Numerierung $(topnum(v))_{v \in V}$*

```
Berechne (indeg(v))_{v∈V} {indem die Adjazenzlisten von G durchlaufen werden};
C := 0; Q := ∅; {Q ist eine "queue" }
for all v ∈ V do
  if indeg(v) = 0 then Q := Q ∪ {v};
repeat
  Q := Q \ {v};
  C := C + 1; topnum(v) := C;
  for all (v, w) ∈ E do
    begin
```

```
        indeg(w) := indeg(w) - 1;
        if indeg(w) = 0 then Q := Q ∪ {w}
      end;
until Q = ∅;
```

Satz 3.5.1 *Algorithmus 3.5.1 liefert in Zeit $O(|V| + |E|)$ eine topologische Ordnung $V = (v_1, \ldots, v_n)$, wobei v_i derjenige Knoten v mit $topnum(v) = i$ ist.*

Selbsttestaufgabe 3.5.2

a) Führen Sie Algorithmus 3.5.1 am Beispiel 3.5.1 aus.
Verwenden Sie dabei folgende Adjazenzlisten:

a	
b	
c	$a \rightarrow b$
d	c
e	c
f	$d \rightarrow e$

b) Beweisen Sie induktiv die Korrektheit von Algorithmus 3.5.1.

Ein interessanter Spezialfall von dags sind (transitive) Turniere:

Definition 3.5.4 *Ein gerichteter Graph $G = (V, E)$ heißt* Turnier *gdw.*

G ist vollständiger Graph, d.h. für alle $u, v \in V$ ist $(u, v) \in E$ oder $(v, u) \in E$.

Ist außerdem E transitiv, so heißt G transitives Turnier.

Ein Turnier ist Modell folgender Situation: Gegeben sind n Spieler (bzw. Mannschaften) $v_1, \ldots, v_n$, die Spiele jeder gegen jeden austragen, wobei der Ausgang eines Spieles v_i gegen v_j nur mit dem Sieg von v_i oder v_j ausgehen kann – Unentschieden kommt nicht vor. Der Spielausgang wird als gerichtete Kante in E notiert. Ist E transitiv, so stellt E sogar eine Halbordnung dar, die mit topologischem Sortieren zu einer linearen Reihenfolge nach der Spielstärke führt.

3.6 Weitere Übungen

Aufgabe 3.6.1 *Es sei $G = (V, E)$ ein endlicher schlichter ungerichteter Graph. Zeigen Sie unter Benutzung von DFS, daß die folgenden Behauptungen (1) und (2) gelten:*

(1) G ist paar (vgl. Definition 1.1.5) genau dann, wenn G keine Kreise ungerader Länge enthält.

(2) Die Frage, ob ein gegebener Graph paar ist, kann in Linearzeit $O(|V| + |E|)$ entschieden werden.

(3) Läßt sich die unter (2) formulierte Entscheidung auch unter Benutzung von BFS in Linearzeit ausführen?

Aufgabe 3.6.2 *Es sei $G = (V, E)$ ein gerichteter Graph und $G_{SCC} = (V_{SCC}, E_{SCC})$ mit $V_{SCC} = \{C_1, \ldots, C_k\}$ die Menge der stark zusammenhängenden Komponenten von G und $(C_i, C_j) \in E_{SCC}$ gdw. ein $u \in C_i$ und ein $v \in C_j$ existieren mit $(u, v) \in E$.*
Zeigen Sie:

(a) G_{SCC} ist ein dag (vgl. Definition 1.1.11)

(b) $(G^*)_{SCC} = (G_{SCC})^*$

Aufgabe 3.6.3 *Es sei $G = (V, E)$ ein endlicher schlichter ungerichteter Graph und*

$$g(G) = \begin{cases} \textit{kürzeste Kreislänge in } G, & \textit{falls } G \textit{ einen Kreis enthält} \\ 0 & \textit{sonst} \end{cases}$$

(1) Geben Sie mit Hilfe von BFS ein Verfahren an, das $g(G)$ in Zeit $O(|V| \cdot |E|)$ bestimmt.

(2) Konstruieren Sie einen Beispielgraphen, bei dem bezüglich einer DFS-Zerlegung der Kantenmenge E in Baum- und Rückwärtskanten ein kürzester Kreis existiert, der nur aus Rückwärtskanten besteht.

(3) Es sei G zusätzlich kubisch, d.h. für alle $v \in V$ ist $deg(v) = 3$. Zeigen Sie mit Hilfe von BFS: Dann ist $g(G) \leq 2log_2 n + 1$.

(Hinweis: *Bei (1) ist es wichtig, BFS für jeden Knoten als Startknoten einmal auszuführen, d.h. BFS wird $|V|$-mal ausgeführt.)*

3.7 Lösungshinweise zu den Selbsttestaufgaben von Kapitel 3

Selbsttestaufgabe 3.1.1
Behauptung:
Ein Graph $G = (V, E)$ enthält genau dann einen Kreis, wenn nicht alle Kanten $\{u, v\} \in E$ als (u, v) oder (v, u) in B aufgenommen werden (d.h. es existiert eine Rückwärtskante).
Beweis: 1. "$\Longrightarrow$":
G enthalte einen Kreis C. Da der B zugrundeliegende ungerichtete Graph B' kreisfrei ist, können nicht alle Kanten von C in B' vorkommen.

2. "$\Longleftarrow$":
Ist $\{u,v\} \in E$ eine Kante, für die weder $(u,v) \in B$ noch $(v,u) \in B$ gilt, so existiert wegen Satz 3.1.1 ein Weg P in B', der u und v verbindet. Zusammen mit $\{u,v\}$ bildet P einen Kreis. Nach Lemma 3.1.3 ist dann $\{u,v\}$ Rückwärtskante. □

Damit ist die Frage, ob G einen Kreis enthält, in Linearzeit $O(|V| + |E|)$ mit DFS entscheidbar. Weiterhin gilt: G ist Baum $\Longleftrightarrow$ G ist kreisfrei und zusammenhängend. G ist zusammenhängend $\Longleftrightarrow$ DFS benötigt auf G nur eine Kellerphase, d.h. der Keller ist erst am Ende der Ausführung des Algorithmus wieder leer.

Selbsttestaufgabe 3.2.1

(a) Angenommen, $C \subseteq V$ ist eine zweifach zusammenhängende Menge und es existieren $x,y \in C$ sowie i,j mit $i \neq j$ und $x \in V_i, y \in V_j$. Jeder Weg zwischen x und y enthält den Knoten a. Da C als zusammenhängend vorausgesetzt ist, ist also $a \in C$. $C \setminus \{a\}$ enthält jedoch keinen Weg zwischen x und y – also ist a Artikulationspunkt von C, C ist jedoch zweifach zusammenhängend – Widerspruch.

(b) Es sei b Artikulationspunkt in $G(V_1 \cup \{a\})$. Also existieren $x,y \in (V_1 \cup \{a\}) \setminus \{b\}$, so daß kein Weg zwischen x und y in $G((V_1 \cup \{a\}) \setminus \{b\})$ existiert.
Angenommen, b ist kein Artikulationspunkt in G, d.h. es existiert ein Weg zwischen x und y in $G - b$. Dieser enthält notwendig einen Knoten $z \neq b$ in $V \setminus (V_1 \cup \{a\})$. Wege zwischen x und y über z enthalten notwendig a, d.h. jeder Weg zwischen x und y über z hat ein Anfangsstück von x nach a ganz in $(V_1 \cup \{a\}) \setminus \{b\}$ und ein Endstück von a nach y ganz in $(V_1 \cup \{a\}) \setminus \{b\}$. Also existiert auch ein Weg zwischen x und y in $(V_1 \cup \{a\}) \setminus \{b\}$ – Widerspruch.

(c) In Beispiel 3.2.1 ist c Artikulationspunkt, und $V_1 = \{a,b,f\}$ enthält den Artikulationspunkt a, der kein Artikulationspunkt von G ist.

Selbsttestaufgabe 3.3.1
Das Ergebnis der Anwendung von DFS auf den Beispielgraphen aus Abbildung 3.11 ist in Abbildung 3.15 angegeben.
Dabei steht in der Doppelnumerierung der Knoten v die erste Nummer für $t(v)$ und die zweite Nummer für $f(v)$.

Selbsttestaufgabe 3.4.1

a) Die Behauptung $dist(v_1,v) = k \Longleftrightarrow v \in L_k$ läßt sich leicht induktiv beweisen:
Induktionsanfang:
$k = 0$. Für diesen Fall ist die Behauptung klar.
Induktionsannahme:
Für $k \leq n$ sei die Behauptung erfüllt.
Induktionsschritt:
Es sei $k = n + 1$:

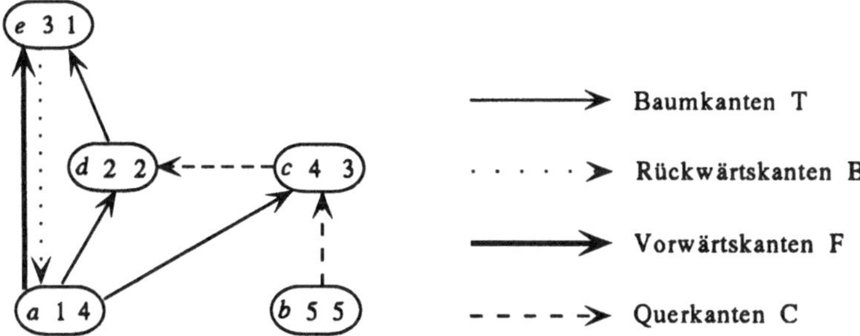

Abbildung 3.15: Ergebnis von DFS

1. "$\Leftarrow$": Ist $v \in L_{k+1}$, so existiert ein $u \in L_k$ mit $(u,v) \in B$. Also ist $dist(v_1,u) = k$ und $\{u,v\} \in E$, daher $dist(v_1,v) \leq k+1$. Angenommen, $dist(v_1,v) = k' < k+1$. Dann ist nach Induktionsannahme $v \in L_{k'}$ - Widerspruch.

2. "$\Longrightarrow$": Ist $dist(v_1,v) = k+1$, so existiert ein kürzester Weg v_1—...—u—v mit $k+1$ Kanten und $dist(v_1,u) = k$, also nach Induktionsannahme $u \in L_k$ und $v \notin L_{k'}$ für $k' \leq k$. Also ist $v \in L_{k+1}$.

b) Angenommen, $\{u,v\} \in E$ ist nicht Baumkante und $u \in L_i, v \in L_j, i+1 < j$. Dann ist $b(u) < b(v)$. Wegen $v \in L_j$ existiert ein $r \in L_{j-1}$ mit $(r,v) \in B$, d.h. zu Beginn der Ausführung von BFSEARCH(r) gilt noch $b(v) = \infty$. Dann ist aber auch zu Beginn von BFSEARCH(u) noch $b(v) = \infty$ und damit $(u,v) \in B, v \in L_{i+1}$ - Widerspruch.

Selbsttestaufgabe 3.5.1

a) Es sei $P = (V, <_P)$ eine Halbordnung auf V und $\vec{G_P}$ der gerichtete Vergleichbarkeitsgraph zu P.
Angenommen, $\vec{G_P}$ enthält einen (gerichteten) Kreis $(v_1, \ldots, v_k)$, $k > 1$. Dann ist $v_1 <_P v_2 <_P \ldots <_P v_k <_P v_1$, und wegen der Antisymmetrie und Transitivität der Halbordnungsrelation $<_P$ gilt $v_1 = v_2 = \ldots = v_k$ - Widerspruch. Also enthält G keine Kreise.

b) Ist L eine lineare Ausdehnung von $(V, <_P)$, so gilt für alle Kanten $(x,y) \in \vec{E_P}$: Der Knoten x ist links von y in L. Also ist L auch topologische Ordnung von $\vec{G_P}$. Die Umkehrung geht analog.

Selbsttestaufgabe 3.5.2

a) Die Ausführung von Algorithmus 3.5.1, (1) liefert folgende Eingangsvalenzen:

v	a	b	c	d	e	f
$indeg(v)$	1	1	2	1	1	0

Als erster Knoten wird also f in Q gespeichert (Ausführung von (3), (4)). Danach liefert die Wegnahme von f in (6) und die Verringerung von $indeg(d)$, $indeg(e)$ unter (9) eine Aufnahme von d, e in Q usw. Es ergibt sich folgende Numerierung der Knoten:

v	a	b	c	d	e	f
$topnum(v)$	5	6	4	2	3	1

d.h. die erhaltene topologische Ordnung von G ist (f, d, e, c, a, b).

b) Der Korrektheitsbeweis erfolgt induktiv über die Zahl n der Knoten des Graphen:
Induktionsanfang:
$n = 1$, $V = \{v\}$. Offensichtlich liefert der Algorithmus das richtige Ergebnis.
Induktionsannahme:
Für $n - 1$ Knoten sei das Ergebnis korrekt.
Induktionsschritt:
$V = \{v_1, \ldots, v_n\}$.
Da G dag ist, existieren Knoten v mit $indeg(v) = 0$. Nach Ausführung von (4) ist also Q nichtleer. Es sei v_1 der erste Knoten in Q.
In der ersten Ausführung der Schleife (5)–(11) wird also v_1 in (6) gelöscht und erhält in (7) die Nummer $topnum(v_1) = 1$. Danach wird unter (9)–(10) für alle Nachbarn w von v_1 der Wert $indeg(w)$ aktualisiert. Der nun verbleibende Restgraph $G(V \setminus \{v_1\})$ ist ein dag mit $n-1$ Knoten und wird nach Induktionsannahme korrekt abgearbeitet.

3.8 Literaturhinweise

Tiefensuche und Breitensuche sind klassische Verfahren auf Graphen. Wie im Kapitel bereits erwähnt, werden sie in [1], [46], [106], [32] ausführlich behandelt. In [81] und anderen Arbeiten von *Hopcroft* und *Tarjan* wurde DFS systematisch zum Entwurf effizienter Algorithmen, insbesondere zur Erkennung der Planarität von Graphen in Linearzeit, ausgenutzt.

Topologisches Sortieren kommt in *Knuth* [92] vor und ist eine naheliegende Verallgemeinerung von entsprechenden Fragen für Halbordnungen: Die *lineare Ausdehnung* ("linear extension") einer Halbordnung entspricht gerade einer topologisch sortierten Reihenfolge des zugehörigen dag.

4 Minimalgerüste, greedy–Algorithmus und Matroide

4.1 Minimalgerüste

Im folgenden seien alle Graphen endlich, ungerichtet und schlicht.
Für einen zusammenhängenden Graphen $G = (V, E)$ ist ein Gerüst offenbar mit DFS oder BFS in Linearzeit bestimmbar. In vielen Anwendungen kommt jedoch eine *Kosten–* oder *Gewichtsfunktion* (die Wörter "Kosten" und "Gewicht" werden im folgenden synonym verwendet) für die Kanten hinzu, die z.B. als die Länge der Kanten interpretiert werden kann, und die Aufgabe besteht darin, ein Gerüst mit minimalem Gesamtgewicht zu bestimmen.
Bei Gewichtsfunktionen wird im folgenden immer angenommen, daß die Werte rational sind, damit die endliche Darstellbarkeit gesichert ist. Es bezeichne $\mathcal{R}$ die Menge der rationalen Zahlen.

Definition 4.1.1 *$G = (V, E)$ sei ein zusammenhängender Graph mit einer Kantengewichtsfunktion $c : E \rightarrow \mathcal{R}$.*
Das Gewicht $c(F)$ *einer Kantenmenge $F \subseteq E$ ist definiert als die Summe der Gewichte der Kanten aus F:*

$$c(F) = \textstyle\sum_{e \in F} c(e).$$

Das Gewicht $c(H)$ eines Gerüsts *$H = (V, F)$ von G ist definiert als das Gewicht der Kantenmenge F von H:*

$$c(H) = c(F).$$

Ein Gerüst $H = (V, F)$ von G heißt Minimalgerüst ("minimum spanning tree") *von (G, c) (bzw. kürzer: von G) gdw.*

$c(H) = \min\{c(I) : I$ *Gerüst von G* $\}$, *d.h. H hat minimales Gewicht unter allen Gerüsten von G.*

Beispiel 4.1.1 *Ein Beispielgraph G und ein Minimalgerüst G' von G*

Zur Bestimmung eines Minimalgerüsts gibt es mehrere Algorithmen, die zum Teil mehrmals und unabhängig voneinander gefunden wurden. Das Grundprinzip beruht immer auf folgender Eigenschaft:

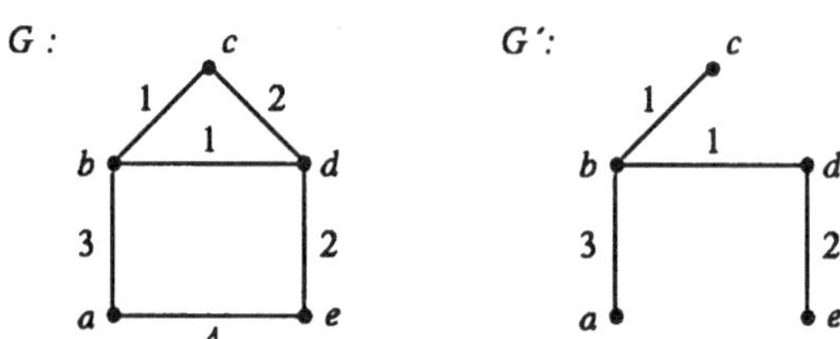

Abbildung 4.1: Ein Minimalgerüst G' eines Graphen G

Lemma 4.1.1 *$G = (V, E)$ sei ein zusammenhängender ungerichteter endlicher Graph mit Kostenfunktion $c : E \to \mathcal{R}$. Es sei $U \subseteq V$ und $e_0 \in E$ eine Kante zwischen U und $V \setminus U$ mit minimalem Gewicht:*

$$c(e_0) = \min\{c(e) : e \in E \wedge e \cap U \neq \emptyset \wedge e \cap (V \setminus U) \neq \emptyset\}.$$

Dann existiert ein Minimalgerüst T, das die Kante e_0 enthält.

Beweis: Es sei T_0 ein Minimalgerüst von G. Falls T_0 die Kante e_0 nicht enthält, so füge e_0 zu T_0 hinzu. Wegen der Gerüsteigenschaft von T_0 entsteht damit genau ein Kreis. Dieser Kreis enthält mindestens e_0 und eine weitere Kante $e_1 = \{u_1, v_1\}$ mit $u_1 \in U, v_1 \in V \setminus U$. Außerdem ist $c(e_0) \leq c(e_1)$. Bildet man nun $(T_0 \cup \{e_0\}) \setminus \{e_1\}$, so ist dies ein Gerüst von G, das ebenfalls Minimalgerüst ist. □

Algorithmus 4.1.1 (Jarnik, Prim, Dijkstra)

Eingabe: *Ein endlicher ungerichteter zusammenhängender Graph $G = (V, E)$ mit $V = \{1, \ldots, n\}$ und eine Kostenfunktion $c : E \to \mathcal{R}$ mit $c(i, j) = \infty \iff \{i, j\} \notin E$.*

Ausgabe: *Ein Minimalgerüst von G.*

(1) $t := 1; B := \emptyset; U := \{1\};$
    for all $i, j \in V, i \neq j$, **do** $d(i, j) := c(i, j)$; {*Kostenfunktion c der Eingabe*}
    while $U \neq V$ **do**
      begin
(2)   *bestimme einen Knoten* $u \in V \setminus U$ *mit* $d(t, u) = \min\{d(t, v) : v \in V \setminus U\}$;
        bestimme eine Kante $e := \{x, u\} \in E$ *mit* $c(e) = d(t, u)$ *und* $x \in U$;
          {*da G zusammenhängend ist, ist $d(t, u)$ endlich*}
(3) $B := B \cup \{e\}$;
(4) $U := U \cup \{u\}$;
(5)   **if** $U \neq V$ **then**
(6)   **for all** $v \in V \setminus U$ **do** $d(t, v) := \min\{d(t, v), d(u, v)\}$;
          {*dies ist der Abstand von v zum nächstgelegenen Knoten aus U*}
          {*dabei steht t als "Meta–Knoten" für ganz U*}
      end;

Selbsttestaufgabe 4.1.1 *Führen Sie Algorithmus 4.1.1 am Beispiel 4.1.1 aus. Wählen Sie dabei eine Numerierung der Knoten in alphabetischer Reihenfolge.*

Bemerkung:
In Schritt (2) wird stets eine Kante zwischen U und $V \setminus U$ minimaler Länge bestimmt und diese dann in (3) in den Baum aufgenommen.

Satz 4.1.1 *Algorithmus 4.1.1 ist korrekt und in $O(|V|^2)$ Schritten ausführbar.*

Beweis: Wir zeigen induktiv folgende Behauptung:

(∗) Nach jeder Ausführung von (6) gibt $d(t,v)$ für alle $v \in V \setminus U$ den Abstand zu einem nächstgelegenen Knoten $u \in U$ an (d.h. $d(t,v)$ ist der minimale Abstand von v zu einem Knoten aus U).

Induktionsanfang:
Erste Ausführung von (6):
Die Initialisierung von $d(i,j)$ ist $c(i,j)$ (vgl. (1)).
Durch Ausführung von (2) bis (4) wird $U = \{1,u\}$ für ein u mit $d(1,u) = \min\{d(1,v) : v \in V \setminus \{1\}\}$ gesetzt.
In (6) wird für alle $v \in V \setminus \{1,u\}$ $d(t,v) = \min\{d(t,v), d(u,v)\}$ gesetzt, d.h. danach ist für alle $v \in V \setminus \{1,u\}$ der Wert $d(t,v)$ gleich dem Abstand zu $t = 1$ ($d(t,v)$ ist das Minimum) oder zu u ($d(u,v)$ ist das Minimum).
Induktionsschritt:
Es sei (∗) nach der k-ten Ausführung von (6) erfüllt, und $d_k(t,v)$ bezeichne den aktuellen Wert von $d(t,v)$ nach der k-ten Ausführung von (6). U_k bezeichne U nach der k-ten Ausführung von (4), u_{k+1} bezeichne den bei der $(k+1)$-ten Ausführung von (2) gewählten Knoten, d.h. $U_{k+1} = U_k \cup \{u_{k+1}\}$, und e_k bezeichne die bei der $(k+1)$-ten Ausführung von (2) gewählte Kante.
Dann ist offensichtlich für alle $v \in V \setminus U_{k+1}$ der Abstand zu einem nächstgelegenen Knoten aus U_{k+1} das Minimum des Abstands zu einem nächstgelegenen Knoten aus U_k (das ist nach Induktionsvoraussetzung $d_k(t,v)$) und des Abstands zu u_{k+1} (das ist $d(u_{k+1}, v)$). Damit ist (∗) bewiesen.

Die in (2) gewählte Kante e_k ist offenbar für jedes $k \in \{1,\ldots,n-1\}$ eine Kante zwischen U_{k-1} und $V \setminus U_{k-1}$ mit minimalem Gewicht. Also existiert jeweils nach Lemma 4.1.1 ein Minimalgerüst, das die in (2) gewählte Kante e_k, $k \in \{1,\ldots,n-1\}$, enthält. Also kann o.B.d.A. e_k in B aufgenommen werden. Induktiv läßt sich nun leicht zeigen, daß B ein Minimalgerüst auf G liefert.
Die vom Zeitaufwand her dominierenden Schritte sind (2) und (6). (2) erfordert höchstens $n-1$ Vergleiche pro Ausführung und wird höchstens $(n-1)$-mal ausgeführt, ebenso (6). Also ist der Gesamtaufwand höchstens $O(n^2)$ Schritte. □

Es gibt jedoch schnellere Implementierungen dieses Algorithmus: Durch Verwendung raffinierterer Datenstrukturen – sogenannter *Fibonacci-heaps* – kommt man zu einer

Zeitschranke $O(n \cdot \log n + m)$ (vgl. [126]). In [56] wird durch Verwendung sogenannter *AF–heaps*, die aus Fibonacci–heaps abgeleitet sind, sogar gezeigt, daß Minimalgerüste in Linearzeit $O(|V| + |E|)$ bestimmt werden können.

Eine zweite Variante nutzt aus, daß sich die Gewichte der Kanten in $O(m \cdot \log m) = O(m \cdot \log n)$ Schritten ($m = |E|$) der Größe nach sortieren lassen und man Zeit spart, wenn man für kleines m diese Kantenreihenfolge nutzt; dabei entstehen zunächst evtl. mehrere disjunkte Teilgerüste, und Kanten werden nur dann hinzugenommen, wenn sie bisher disjunkte Teilgerüste miteinander verbinden.

Algorithmus 4.1.2 (Kruskal)
Eingabe *und* **Ausgabe**: *Wie bei Algorithmus 4.1.1*

(1) $B := \emptyset; MS := \emptyset$; {*MS bezeichnet das Mengensystem der Knotenmengen der Teilgerüste*}
(2) **for all** $v \in V$ **do** $MS := MS \cup \{\{v\}\}$; {*Hinzufügen von* $\{v\}$ *zu* MS}
(3) **while** $|MS| > 1$ **do**
    begin
(4)   *Wähle eine Kante* $\{v, w\}$ *minimaler Länge und streiche diese in der Liste der Kanten;*
(5)   **if** v *und* w *gehören zu verschiedenen Mengen* W_1, W_2 *in* MS **then**
        begin
(6) $MS := (MS \setminus \{W_1, W_2\}) \cup \{W_1 \cup W_2\}$;
            {*damit nimmt* $|MS|$ *um 1 ab*}
(7) $B := B \cup \{v, w\}$
        end
    end;

Satz 4.1.2 *Algorithmus 4.1.2 ist korrekt und in* $O(|E| \cdot \log |V|)$ *Schritten ausführbar.*

Beweis: Es sei $m = |E|$ und $n = |V|$. Die Korrektheit des Algorithmus läßt sich induktiv durch wiederholte Anwendung von Lemma 4.1.1 zeigen.
Zum Zeitaufwand:
Zunächst werden die Kantengewichte der Größe nach sortiert. Dies geht in $O(m \cdot \log m) = O(m \cdot \log n)$ Schritten. Damit ist (4) stets mit konstantem Aufwand ausführbar.
Weiterhin müssen m Schritte ausgeführt werden, in denen jeweils getestet wird, ob die gewählte Kante zu verschiedenen Mengen in MS gehört, und wenn ja, muß die Vereinigung beider Mengen gebildet werden.
In [1] ist beschrieben, wie dies alles in insgesamt $O(m \cdot \log m)$ Schritten geht (es geht sogar erheblich schneller – vgl. [1]). □

Das Verfahren von *Kruskal* ist also ebenfalls ein schnelles Verfahren.

Eine dritte Variante eignet sich besonders zur parallelen Ausführung:
Der Algorithmus beginnt mit einem Wald, bei dem jeder Baum aus einem isolierten Knoten besteht. In einer Iteration bestimmt der Algorithmus simultan für jeden Baum des Waldes die kürzeste Kante, die einen Knoten des Baumes mit einem anderen Baum verbindet.
Alle diese Kanten werden zu einem zu konstruierenden Minimalgerüst hinzugefügt, wobei gesichert werden muß, daß keine Zyklen entstehen. Dieser Prozeß wird fortgesetzt, bis nur noch ein Baum - ein Minimalgerüst - vorhanden ist. Da sich bei jeder Iteration (bis auf Spezialfälle am Ende) die Zahl der Bäume des Waldes halbiert, braucht der Algorithmus höchstens $c \cdot \log n$ Iterationen.
Die Zyklenfreiheit wird im Falle der Existenz von Kanten gleichen Gewichts durch die Numerierung der Knoten gesichert, wobei bei Kanten gleichen Gewichts diejenige Kante gewählt wird, die zum kleinsten Knoten führt.

Wir definieren folgende *lexikographische Ordnung* für Kanten (Zur Erinnerung: Die Knotenmenge V ist jetzt die Menge $\{1, \ldots, n\}$):

Definition 4.1.2 *Es seien* $\{p, q\}, \{r, s\} \in E$ *mit* $p < q, r < s$. *Dann ist* $\{p, q\} < \{r, s\}$ *gdw.*

$p < r$ *oder* ($p = r$ *und* $q < s$).

Algorithmus 4.1.3 (Boruvka, Sollin)
Eingabe *und* **Ausgabe**: *Wie beim Algorithmus 4.1.1*

(1) $B := \emptyset; z := 0; MS := \emptyset;$
{*MS hat dieselbe Bedeutung wie beim Algorithmus 4.1.2*}
(2) **for all** $v \in \{1, \ldots, n\}$ **do** $MS := MS \cup \{\{v\}\}$;
(3) **while** $z < n - 1$ **do**
begin
(4) *Wähle simultan für jeden Teilbaum* $T_i = (V_i, B_i)$ *mit* $V_i \in MS$
eine Kante minimaler Länge von T_i *zu einem anderen Teilbaum* T_j;
if *es gibt mehrere Kanten gleicher Länge von* T_j *aus* **then**
(5) *wähle die im Sinne der lexikographischen Ordnung kleinste Kante von* T_j;
(6) *Füge die simultan gewählten Kanten zu B hinzu;*
Bilde die entsprechenden Vereinigungsmengen in MS analog zu (5),(6) in Algorithmus 4.1.2;
(7) $z := z +$ *Zahl der simultan gewählten Kanten;*
end;

Die Korrektheit ergibt sich wie folgt:
Man sieht leicht, daß B am Ende eine zusammenhängende Kantenmenge liefert, die zu jedem $v \in V$ eine zu v inzidente Kante enthält. Daß B keine Kreise enthält, wird durch (5) gesichert.
Daß B minimales Gewicht hat, läßt sich induktiv durch wiederholte Anwendung von

Lemma 4.1.1 zeigen.
Die Zeitschranke $O(m \cdot \log n)$ ergibt sich aus dem Sortieraufwand für die Kantenfolge und der Zahl $\log n$ der Iterationen.

4.2 Greedy–Algorithmus und Matroide

Die drei Algorithmen 4.1.1, 4.1.2 und 4.1.3 sind Beispiele für das Lösen einer Optimierungsaufgabe durch lokale Auswahl eines jeweils besten Elements (einer jeweils kürzesten Kante) unter Beachtung von Nebenbedingungen.
Daß man auf diese Weise ein Optimum erhält, ist für beliebige Optimierungsaufgaben i.a. durchaus nicht typisch und beruht auf einer allgemeinen Eigenschaft, die durch *Matroide* – eine Verallgemeinerung linear unabhängiger Mengen in Vektorräumen – erfaßt wird. Man bezeichnet das Vorgehen der Algorithmen in Abschnitt 4.1 als *"greedy–Methode"* ("greedy" = gefräßig, raffgierig).
Eine allgemeine Formulierung des greedy–Algorithmus lautet folgendermaßen:

Algorithmus 4.2.1 (greedy–Algorithmus)

Eingabe: *Eine endliche Menge* E *und eine Kostenfunktion* $c : E \rightarrow \mathcal{R}$ *sowie ein Mengensystem* $J \subseteq \mathfrak{P}(E)$ *mit* $\emptyset \in J$.
Ausgabe: I {*eine Menge aus* J}

begin
  $I := \emptyset$;
  while $E \neq \emptyset$ **do**
    begin
      wähle ein $e \in E$ *mit* $c(e) = \max\{c(e') : e' \in E\}$;
      $E := E \setminus \{e\}$;
      if $I \cup \{e\} \in J$ **then** $I := I \cup \{e\}$
    end
end;

Es sei $c(I) = \sum_{e \in E} c(e)$. $\mathcal{R}_0^+$ bezeichne die positiven rationalen Zahlen einschließlich der Null.

Definition 4.2.1 *Der greedy–Algorithmus heißt* optimal *gdw.*

$$c(I) = \max\{c(I') : I' \in J\} \text{ für } \textbf{jede} \text{ Kostenfunktion } c : E \rightarrow \mathcal{R}_0^+.$$

Definition 4.2.2 *Es sei* E *eine endliche Menge und* $J \subseteq \mathfrak{P}(E)$. $M = (E, J)$ *heißt* Matroid *gdw.*

$J \neq \emptyset$ *und es gelten die folgenden zwei Bedingungen:*

(1) Für alle $A \in J, B \subseteq A$ *gilt* $B \in J$ *(d.h.* J *ist nach unten* $\subseteq$ *– abgeschlossen)*

(2) *Ist* $A \subseteq E$ *(Beachte: Hier wird nicht* $A \in J$ *verlangt !) und* $I, I' \in J$ *mit* $I \subseteq A, I' \subseteq A$ *und es existiert kein* $I'' \in J$ *mit* $I \subset I'' \subseteq A$, $I'' \neq I$, *und es existiert kein* $I'' \in J$ *mit* $I' \subset I'' \subseteq A$, $I'' \neq I'$ *(d.h.* I, I' *sind* $\subseteq$ *-maximal in A bzgl. J), so ist* $|I| = |I'|$ *(d.h. I und* I' *haben dieselbe Zahl von Elementen).*

Beispiel 4.2.1

(a) J = *Menge der linear unabhängigen Mengen in einem (endlichdimensionalen) Vektorraum E über einem endlichen Körper:*
Dann ist (1) offensichtlich erfüllt und (2) erfüllt, da Basen in Vektorräumen gleiche Größe haben.

(b) *Es sei* $G = (V, E)$ *zusammenhängender ungerichteter Graph und* $J = \{E' : E' \subseteq E \wedge E'$ *enthält keinen Kreis*$\}$:
J ist Matroid, da folgendes gilt: Es seien $I, I' \in J$ *und* $I, I' \subseteq A$ *sind* $\subseteq$*-maximale Kantenmengen.*
Die Kantenmenge A definiere die Zusammenhangskomponenten $V_1, \ldots, V_k$. *Dann sind die Einschränkungen von* I, I' *auf* V_i, $i \in \{1, \ldots, k\}$ *jeweils Gerüste auf* V_i. *Diese haben jedoch jeweils* $|V_i| - 1$ *Kanten, also ist* $|I| = |I'|$.

Selbsttestaufgabe 4.2.1 *Es sei TSP das in Definition 2.3.5 definierte Problem des Handlungsreisenden. Zeigen Sie:*

> *Der für die Anwendung des greedy–Algorithmus zur Lösung von TSP zu wählende Lösungsraum J liefert i.a. kein Matroid.*

Satz 4.2.1 *Es sei E eine endliche Menge und* $J \subseteq \mathfrak{P}(E)$ *ein Mengensystem mit der Eigenschaft: J ist nach unten* $\subseteq$*-abgeschlossen (Eigenschaft (1) aus Definition 4.2.2) und* $J \neq \emptyset$.
Die folgenden Eigenschaften sind äquivalent:

(1) *Der greedy–Algorithmus ist optimal.*

(2) *Sind* $I_p, I_{p+1} \in J$ *mit* $|I_p| = p$ *und* $|I_{p+1}| = p + 1$, *so existiert ein Element* $e \in I_{p+1} \setminus I_p$ *mit* $I_p \cup \{e\} \in J$ *(e - ein Austauschelement).*

(3) (E, J) *ist Matroid.*

Beweis: (1) $\Longrightarrow$ (2):
Angenommen, (2) wäre nicht erfüllt, d.h. es existieren $I_p, I_{p+1} \in J$ mit der Eigenschaft: $|I_p| = p, |I_{p+1}| = p + 1$, und für kein $e \in I_{p+1} \setminus I_p$ ist $I_p \cup \{e\} \in J$. Wir betrachten dann folgende Kostenfunktion auf E:

$$c(e) = \begin{cases} p+2 & \text{für} \quad e \in I_p \\ p+1 & \text{für} \quad e \in I_{p+1} \setminus I_p \\ 0 & \text{für} \quad e \notin I_p \cup I_{p+1} \end{cases}$$

Dann ist $c(I_p) = p(p+2) = p^2 + 2p$ und $c(I_{p+1}) \geq (p+1)(p+1) = p^2 + 2p + 1$. Damit ist also I_p nicht optimal.
Im obigen Fall wählt der greedy-Algorithmus zuerst alle Elemente aus I_p, weil diese maximales Gewicht haben. Danach kann wegen der Annahme, daß (2) nicht erfüllt ist, der greedy-Algorithmus das Gesamtgewicht nicht mehr erhöhen, da für weitere Elemente x $I_p \cup \{x\} \notin J$ oder $c(x) = 0$ ist. Dies ist ein Widerspruch zur Optimalität des greedy-Algorithmus.

(2) $\Longrightarrow$ (3):
$I \in J, I' \in J$ seien zwei in A $\subseteq$-maximale Mengen.
Angenommen, $|I| < |I'|$. Dann lassen wir $|I'| - |I| - 1 \geq 0$ Elemente aus I' weg - das Resultat sei I''. Offenbar ist $I'' \in J$ und $|I''| = |I| + 1$. Nach (2) existiert dann ein $e \in I'' \setminus I$ mit $I \cup \{e\} \in J$ - ein Widerspruch dazu, daß $I \in J$ $\subseteq$-maximal in A war.

(3) $\Longrightarrow$ (1):
Angenommen, der greedy-Algorithmus ist nicht optimal für J und die Kostenfunktion $c : E \to \mathcal{R}_0^+$, d.h. der greedy-Algorithmus liefert als Ausgabe $I = \{e_1, \ldots, e_i\}$, wobei ein $I' = \{e'_1, \ldots, e'_k\}$ existiert, $I' \in J$, mit $c(I') > c(I)$.
Offenbar liefert der greedy-Algorithmus eine $\subseteq$-maximale Menge I aus J. Außerdem läßt sich o.B.d.A. voraussetzen, daß auch I' eine $\subseteq$-maximale Menge aus J ist. Also ist wegen (3) $|I| = |I'|$ erfüllt. Es sei $|I| = |I'| = k$, $I = \{e_1, \ldots, e_k\}$, $I' = \{e'_1, \ldots, e'_k\}$. Wir nehmen an, daß die Elemente von I bzw. I' nach fallendem Gewicht geordnet sind: $c(e_1) \geq c(e_2) \geq \ldots \geq c(e_k)$ und $c(e'_1) \geq c(e'_2) \geq \ldots \geq c(e'_k)$.

Behauptung: Es gilt $c(e_i) \geq c(e'_i)$ für alle $i \in \{1, \ldots, k\}$.
Beweis der Behauptung: (induktiv).
Induktionsanfang:
$i = 1$. Offenbar ist $c(e_1) \geq c(e'_1)$, da der greedy-Algorithmus immer ein Element mit größtem Gewicht wählt.
Induktionsannahme:
Es gelte $c(e_i) \geq c(e'_i)$, $i \in \{1, \ldots, l-1\}$ für ein $l \in \{2, \ldots, k\}$.
Induktionsschritt:
Zu zeigen ist: $c(e_l) \geq c(e'_l)$.
Wir nehmen an, daß $c(e_l) < c(e'_l)$ gilt, und setzen

$$A := \{e : e \in E \text{ und } c(e) \geq c(e'_l)\}.$$

Dann ist $A \subseteq E$ und

(∗) $\{e_1, \ldots, e_{l-1}\}$ $\subseteq$-maximal in A:

Annahme: Es existiert ein $e \in E$ mit $\{e_1, \ldots, e_{l-1}, e\} \subseteq A$ und $\{e_1, \ldots, e_{l-1}, e\} \in J$. Dann folgt $c(e) \leq c(e_l)$, da der greedy-Algorithmus immer ein Element mit größtem Gewicht wählt. Nach der ersten Annahme gilt außerdem $c(e_l) < c(e'_l)$, also ist $c(e) < c(e'_l)$ - Widerspruch zu $e \in A$. Damit ist die Behauptung (∗) erfüllt. Weiterhin gilt:

$\{e'_1, \ldots, e'_l\} \subseteq A$ und $\{e'_1, \ldots, e'_l\} \in J$. Da sich $\{e'_1, \ldots, e'_l\}$ zu einer $\subseteq$-maximalen Menge in A erweitern läßt, folgt mit $(*)$ wegen der Matroideigenschaft von (E, J): $l - 1 \geq l$, ein Widerspruch. □

Selbsttestaufgabe 4.2.2 *Zeigen Sie: Der greedy–Algorithmus ist i.a. nicht optimal, wenn man auch negative Gewichte $c(e), e \in E$ zuläßt.*

Bei der Bestimmung von Minimalgerüsten geht es um eine Minimum–Bildung statt Maximum–Bildung wie bei dem greedy–Algorithmus. Dies läßt sich jedoch leicht durch Umformulieren erreichen, indem statt der Kostenfunktion $c(e), e \in E$, die Kostenfunktion $c'(e) = c_{\max} - c(e)$ verwendet wird, wobei $c_{\max} = \max\{c(e) : e \in E\}$ ist.

Selbsttestaufgabe 4.2.3

a) Eigenschaft (2) aus Satz 4.2.1 läßt sich wie folgt verallgemeinern:
Ist $I, I' \in J$ und $|I| + n = |I'|$, so existieren $y_1, \ldots, y_n \in I'$ mit $I \cup \{y_1, \ldots, y_n\} \in J$.

b) Es sei $M = (E, J)$ Matroid und $A \subseteq B \subseteq E$.
Dann gibt es $\subseteq$-maximale Mengen $I \subseteq A, I \in J, I' \subseteq B, I' \in J$, mit $I \subseteq I'$.

4.3 Weitere Matroideigenschaften

Im Zusammenhang mit diskreten Optimierungsaufgaben spielen Matroide allgemein eine wichtige Rolle. Wir erwähnen daher noch einige weitere Eigenschaften und Charakterisierungen von Matroiden. Die Analogie zur linearen Algebra wird dabei noch deutlicher als nur am Beispiel der linear unabhängigen Mengen (Beispiel 4.2.1 (a)).

Definition 4.3.1 *Es sei $M = (E, J)$ Matroid. Für $A \subseteq E$ ist*

$$rang_M(A) = \max\{|X| : X \subseteq A \wedge X \in J\}$$

die Rangfunktion *von M. (Wir schreiben im folgenden rang statt $rang_M$.)*

Satz 4.3.1 *Für $A, B \subseteq E$ und $x, y \in E$ gilt:*

(1) $0 \leq rang(A) \leq |A|$

(2) $A \in J$ *genau dann, wenn* $rang(A) = |A|$

(3) Ist $A \subseteq B$, so gilt $rang(A) \leq rang(B)$ *("Monotonie")*

(4) $rang(A) \leq rang(A \cup \{x\}) \leq rang(A) + 1$

(5) $rang(A) + rang(B) \geq rang(A \cup B) + rang(A \cap B)$ *("Submodularität")*

(6) Ist $rang(A \cup \{y\}) = rang(A \cup \{x\}) = rang(A)$, so ist $rang(A \cup \{x, y\}) = rang(A)$

Beweis: (1), (2), (3), (4) folgen unmittelbar aus der Definition 4.3.1.
Zu (5): Es sei X eine $\subseteq$–maximale Menge aus J, die in $A \cap B$ enthalten ist. Dann existiert eine $\subseteq$–maximale Menge $Y \in J$ in $A \cup B$, die X umfaßt:

$$Y \supseteq X, Y \subseteq A \cup B, Y \in J.$$

Es sei $Y = X \cup V \cup W$ mit $V \subseteq A \setminus B, W \subseteq B \setminus A$.

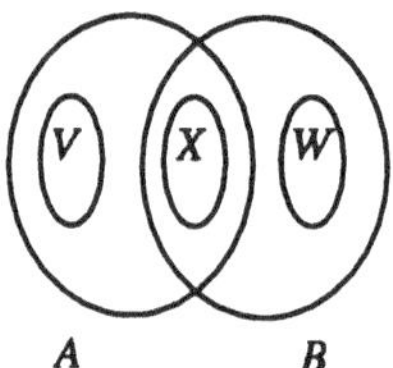

Abbildung 4.2: Die Mengen A, B, V, X, W

Wegen $X \cup V \subseteq Y, X \cup W \subseteq Y$ ist dann auch $X \cup V \in J, X \cup W \in J$. Also ist

$$rang(A) \geq |X \cup V|, rang(B) \geq |X \cup W|.$$

Folglich ist

$$\begin{aligned} rang(A) + rang(B) &\geq |X \cup V| + |X \cup W| \\ &= 2|X| + |V| + |W| \\ &= |X| + (|X| + |V| + |W|) \\ &= rang(A \cap B) + rang(A \cup B) \end{aligned}$$

Zu (6):

$$\begin{aligned} rang(A) + rang(A) &= rang(A \cup \{x\}) + rang(A \cup \{y\}) \\ &\geq_{(5)} rang(A \cup \{x\} \cup A \cup \{y\}) + rang((A \cup \{x\}) \cap (A \cup \{y\})) \\ &= rang(A \cup \{x, y\}) + rang(A). \end{aligned}$$

Also ist $rang(A \cup \{x, y\}) = rang(A)$ - eine Folgerung aus den Eigenschaften (3) und (5). □

Interessant ist, daß die obigen Eigenschaften auch charakteristisch für Matroide sind:

Satz 4.3.2 *Gelten für eine Funktion* $r : \mathfrak{P}(E) \to \mathcal{N}$ *die Eigenschaften (1), (3), (5) aus Satz 4.3.1, so definiert* $J = \{A : r(A) = |A|\}$ *ein Matroid.*

Beweis:

1. $J \neq \emptyset$, da für $\emptyset$ $r(\emptyset) \leq |\emptyset| = 0$ gilt, d.h. $r(\emptyset) = 0 = |\emptyset|$ und damit $\emptyset \in J$.

2. Es sei $A \in J$ und $B \subseteq A$. Nach den Eigenschaften (3) und (5) von Satz 4.3.1 gilt

$$\begin{aligned} r(B) + r(A \setminus B) &\geq r(A) + r(B \cap (A \setminus B)) \\ &= |A| + 0. \end{aligned}$$

Wegen $r(B) \leq |B|, r(A \setminus B) \leq |A \setminus B|$ ist daher $r(B) = |B|$ (und $r(A \setminus B) = |A \setminus B|$), und damit gilt $B \in J$.

3. Es seien $I, I' \in J$ und $|I| + 1 = |I'|$.
Wir zeigen: Dann existiert ein $y \in I' \setminus I$ mit $I \cup \{y\} \in J$. (Nach Satz 4.2.1 reicht es, dies zu zeigen, um nachzuweisen, daß (E, J) Matroid ist.)
Bekannt ist: $r(I) = |I| \leq r(I \cup \{y\}) \leq |I| + 1$.
Angenommen, für alle $y \in I'$ sei $r(I \cup \{y\}) = r(I)$. Wir benötigen diese Annahme nur für $y \in I' \setminus I$.

Behauptung $(*)$:
Ist für alle $y \in I' \setminus I$ $r(I \cup \{y\}) = r(I)$, so ist auch $r(I \cup I') = r(I)$.
(Dies führt dann wegen $|I| + 1 = |I'| = r(I') \leq r(I \cup I') = r(I) = |I|$ zum Widerspruch.)

Wir zeigen nun induktiv die Behauptung $(*)$:
Es sei $I' \setminus I = \{y_1, \ldots, y_k\}$.

1. $k = 1$: Dann ist die Behauptung $(*)$ offenbar erfüllt.

2. Es sei die Behauptung für k erfüllt.

Nach Eigenschaft (5) aus Satz 4.3.1 gilt:

$$\underbrace{r(I \cup \{y_1\} \cup \ldots \cup \{y_k\})}_{= r(I)} + \underbrace{r(I \cup \{y_{k+1}\})}_{= r(I)} \geq r(I \cup \{y_1\} \cup \ldots \cup \{y_{k+1}\}) + r(I).$$

Also ist $r(I \cup \{y\} \cup \ldots \cup \{y_{k+1}) = r(I)$.
Damit gilt Behauptung $(*)$. Aus ihr erhält man einen Widerspruch zur Annahme, daß kein Austauschelement $y \in I' \setminus I$ mit $r(I \cup \{y\}) = |I| + 1$ existiert. Also ist (2) aus Satz 4.2.1 erfüllt, und damit definiert $J = \{A : r(A) = |A|\}$ ein Matroid. □

Es existieren weitere Charakterisierungen von Matroiden, von denen wir nur noch diejenige über den Hüllenoperator eines Matroids erwähnen. Bekanntlich ist ein Hüllenoperator wie folgt definiert:

Definition 4.3.2 *Es sei E eine (nicht notwendig endliche) Menge und $\sigma : \mathfrak{P}(E) \to \mathfrak{P}(E)$ eine Funktion der Potenzmenge von E in sich.*
σ heißt Hüllenoperator auf E *gdw.*

(1) Für alle $A \subseteq E$ gilt $A \subseteq \sigma(A)$.

(2) Für alle $A, B \subseteq E$ mit $A \subseteq B$ gilt $\sigma(A) \subseteq \sigma(B)$.

(3) Für alle $A \subseteq E$ gilt $\sigma(\sigma(A)) = \sigma(A)$.

Hüllenoperatoren spielen in vielen verschiedenen Gebieten der Informatik und Mathematik eine wichtige Rolle. Auch Matroide definieren Hüllenoperatoren.

Definition 4.3.3 *Es sei $M = (E, J)$ ein Matroid. Dann ist für $x \in E$ und $A \subseteq E$ $x \sim A$ gdw.*

$$rang_M(A) = rang_M(A \cup \{x\}).$$

Außerdem sei

$$\sigma_M(A) = \{x : x \in E \wedge x \sim A\}.$$

Selbsttestaufgabe 4.3.1 *Zeigen Sie, daß σ_M die Eigenschaften (1) und (2) eines Hüllenoperators erfüllt.*

Der Nachweis der Eigenschaft (3) aus Definition 4.3.2 ist etwas aufwendiger und wird über folgende Hilfsaussagen bewiesen:

Lemma 4.3.1

1) Für $X \subseteq A$ mit $rang(X) = rang(A)$ gilt $\sigma_M(X) = \sigma_M(A)$.

2) Für $A \subseteq E$ ist $rang(A) = rang(\sigma_M(A))$.

Beweis: Wir schreiben abkürzend wieder σ statt σ_M.

1. Es gilt $\sigma(X) \subseteq \sigma(A)$ wegen Eigenschaft (2) des Hüllenoperators.
   Wir zeigen nun $\sigma(A) \subseteq \sigma(X)$:
   Es sei $x \in \sigma(A)$, d.h. $x \sim A$, d.h. $rang(A) = rang(A \cup \{x\})$.
   Dann ist $rang(X) = rang(A) = rang(A \cup \{x\}) \geq rang(X \cup \{x\})$.
   Andererseits gilt stets $rang(X) \leq rang(X \cup \{x\})$. Also ist $rang(X) = rang(X \cup \{x\})$ und damit $x \in \sigma(X)$. Also ist $\sigma(A) \subseteq \sigma(X)$.

2. Wir führen den Beweis induktiv über die Anzahl der Elemente in $\sigma(A) \setminus A = \{x_1, \ldots, x_k\}, k \geq 0$ (analog zum Beweis von Behauptung (*) im Beweis von Satz 4.3.2).

   a) $k = 0$: In diesem Fall ist $\sigma(A) = A$ und damit die Behauptung erfüllt.

   b) Es gelte die Behauptung für Mengen $A' \subseteq E$ mit $|\sigma(A') \setminus A'| \leq k$, und es sei $\sigma(A) \setminus A = \{x_1, \ldots, x_{k+1}\}$. Dann gilt, da M Matroid ist,

$$\begin{aligned} rang(A) + rang(A) &= rang(A \cup \{x_1, \ldots, x_k\}) + rang(A \cup \{x_{k+1}\}) \\ &\geq rang(A \cup \{x_1, \ldots, x_{k+1}\}) + rang(A). \end{aligned}$$

   Also ist $rang(A \cup \{x_1, \ldots, x_{k+1}\}) = rang(\sigma(A)) = rang(A)$. □

Folgerung 4.3.1 *σ_M erfüllt die Eigenschaft (3) eines Hüllenoperators.*

Beweis: Wir setzen in Lemma 4.3.1, 1) für X die Menge A und für A die Menge $\sigma(A)$ ein. Dann gilt wegen 2) von Lemma 4.3.1 $rang(A) = rang(\sigma(A))$, also erfüllen A und $\sigma(A)$ die Voraussetzungen von 1), Lemma 4.3.1, und damit gilt $\sigma(A) = \sigma(\sigma(A))$. □

Nachdem gezeigt ist, daß Matroide durch

$$\sigma(A) = \{x : rang(A) = rang(A \cup \{x\})\}$$

Hüllenoperatoren definieren, ist es natürlich eine interessante Frage, ob sich diejenigen Hüllenoperatoren einfach charakterisieren lassen, die auf diese Weise aus Matroiden entstehen. Dies ist tatsächlich möglich – wir werden zeigen:
Ein Hüllenoperator $\sigma : \mathfrak{P}(E) \to \mathfrak{P}(E)$ ist genau dann Hüllenoperator eines Matroids, wenn gilt:

(4) $\bigwedge_{x,y \in E} \bigwedge_{X \subseteq E} y \notin \sigma(X) \wedge y \in \sigma(X \cup \{x\}) \Longrightarrow x \in \sigma(X \cup \{y\})$

Dabei definiert ein Hüllenoperator σ mit Eigenschaft (4) das Mengensystem J_σ wie folgt:

Definition 4.3.4 *Es sei $\sigma : \mathfrak{P}(E) \to \mathfrak{P}(E)$ Hüllenoperator mit Eigenschaft (4). Eine Teilmenge A, $A \subseteq E$, heißt* σ-unabhängig *gdw.*

für alle $x \in A$ ist $x \notin \sigma(A \setminus \{x\})$.

Dann ist

$$J_\sigma = \{A : A \subseteq E \text{ und } A \text{ ist } \sigma\text{-unabhängig}\}.$$

Um die angestrebte Äquivalenz zeigen zu können, benötigen wir noch einige Hilfsaussagen.

Lemma 4.3.2 *Es sei σ Hüllenoperator mit Eigenschaft (4).*

1) *Ist $A \subseteq E$ und X eine maximale σ-unabhängige Teilmenge von A, so ist $\sigma(X) = \sigma(A)$.*

2) *Ist X σ-unabhängig und $Y \subset X$, so ist $\sigma(Y) \subset \sigma(X)$.*

3) *Es seien $A \subseteq E$ und X, Y maximale σ-unabhängige Teilmengen von A. Dann ist $|X| = |Y|$.*

Beweis: Zu 1): Wegen $X \subseteq A$ gilt auch $\sigma(X) \subseteq \sigma(A)$. Wir zeigen nun, daß auch $\sigma(A) \subseteq \sigma(X)$ gilt. Dazu reicht es zu zeigen, daß $A \subseteq \sigma(X)$ gilt, da σ als Hüllenoperator vorausgesetzt wird.
Angenommen, $A \not\subseteq \sigma(X)$. Es sei $y \in A$ und $y \notin \sigma(X)$.
Behauptung: Dann ist auch $X \cup \{y\}$ σ-unabhängig.
Es sei $X = \{x_1, \ldots, x_k\}$.

1. $y \notin \sigma(X)$: klar.

2. $x_i \notin \sigma(X \cup \{y\} \setminus \{x_i\})$:

Angenommen, $x_i \in \sigma(X \cup \{y\} \setminus \{x_i\})$. Dann gilt: $x_i \notin \sigma(X \setminus \{x_i\})$ wegen der σ–Unabhängigkeit von X. Nach Eigenschaft (4) von σ gilt dann:
Aus $x_i \notin \sigma(X \setminus \{x_i\})$ und $x_i \in \sigma((X \setminus \{x_i\}) \cup \{y\})$ folgt mit (4):
$y \in \sigma(X \setminus \{x_i\} \cup \{x_i\})$ d.h. $y \in \sigma(X)$ – Widerspruch.
Also ist auch 2. erfüllt für alle $x_i \in X$. Damit ist $X \cup \{y\}$ σ–unabhängig – Widerspruch zur Maximalität von X in A. Also ist $\sigma(A) = \sigma(X)$.

Zu 2): Es sei $X = \{x_1, \dots, x_k\}$ und Y echte Teilmenge von X, wobei wir o.B.d.A. $Y = \{x_1, \dots, x_j\}$, $j < k$ annehmen.
Wegen der σ–Unabhängigkeit von X ist $x_k \notin \sigma(\{x_1, \dots, x_{k-1}\})$. Wäre $\sigma(X) = \sigma(Y)$, so wäre $x_k \in \sigma(Y)$, d.h. $x_k \in \sigma(\{x_1, \dots, x_j\}) \subseteq \sigma(\{x_1, \dots, x_{k-1}\})$ – Widerspruch.
Also ist $\sigma(Y) \subset \sigma(X)$.

Zu 3) Zunächst gilt nach 1) $\sigma(X) = \sigma(Y) = \sigma(A)$. Nach 2) ist $X \not\subseteq Y$ und $Y \not\subseteq X$, falls $X \neq Y$ ist.
Angenommen, es existieren maximale σ–unabhängige Teilmengen X, Y von A mit $|X| \neq |Y|$, $X = \{x_1, \dots, x_k\}$, $Y = \{y_1, \dots, y_l\}$.
O.B.d.A. seien X, Y so gewählt, daß $|X| < |Y|$ und $|X \cap Y|$ maximal ist unter den Mengen mit dieser Eigenschaft. Wir zeigen nun zunächst

Behauptung A:
Für jedes $x_i \in X$ existiert ein $y_{j_i} \in Y$ mit der Eigenschaft: $y_{j_i} \notin \sigma(X \setminus \{x_i\})$.

Beweis von Behauptung A:
Angenommen, es existiert ein $x_i \in X$ mit der Eigenschaft, daß für alle $y_i \in Y$ $y_i \in \sigma(X \setminus \{x_i\})$ ist. Dann ist $Y \subseteq \sigma(X \setminus \{x_i\})$. Damit ist $x_i \in \sigma(X) = \sigma(Y) \subseteq \sigma(X \setminus \{x_i\})$ – Widerspruch zur σ-Unabhängigkeit von X. Also gilt Behauptung A.
Für $x_i \in X \setminus Y$ existiert damit ein $y_{j_i} \in Y$ mit $y_{j_i} \neq x_i$ und $y_{j_i} \notin \sigma(X \setminus \{x_i\})$. Es sei nun o.B.d.A. $y_1 \notin \sigma(X \setminus \{x_1\})$ für $x_1 \in X \setminus Y$. Wir bilden $X_1 = (X \setminus \{x_1\}) \cup \{y_1\})$.

Behauptung B:
$X_1 = (X \setminus \{x_1\}) \cup \{y_1\}$ ist σ–unabhängig.

Beweis von Behauptung B:
1. $y_1 \notin \sigma(X_1 \setminus \{y_1\}) = \sigma(X \setminus \{x_1\})$ nach Voraussetzung.
2. Es sei $j \in \{2, \dots, k\}$. Angenommen, $x_j \in \sigma(X_1 \setminus \{x_j\}) = \sigma((X \setminus \{x_1, x_j\}) \cup \{y_1\})$.
Es gilt nach Eigenschaft (4) von σ:

$$x_j \notin \sigma(X \setminus \{x_1, x_j\}) \wedge x_j \in \sigma((X \setminus \{x_1, x_j\}) \cup \{y_1\}) \Longrightarrow y_1 \in \sigma(X \setminus \{x_1\})$$

– Widerspruch.
Also ist X_1 σ–unabhängig, $|X_1| = |X|$ und X_1 enthält ein Element aus Y mehr als X – Widerspruch zur Maximalität von $|X \cap Y|$. Also ist $|X| = |Y|$. □

Wir nutzen nun Lemma 4.3.2, um folgende Äquivalenz zu zeigen:

Satz 4.3.3 *Ein Hüllenoperator $\sigma : \mathfrak{P}(E) \to \mathfrak{P}(E)$ ist genau dann Hüllenoperator σ_M eines Matroids M, wenn σ die Bedingung*

$$(**) \bigwedge_{x,y \in E} \bigwedge_{X \subseteq E} y \notin \sigma(X) \wedge y \in \sigma(X \cup \{x\}) \Longrightarrow x \in \sigma(X \cup \{y\})$$

erfüllt.

Beweis: 1. "$\Longrightarrow$":
Es sei $\sigma = \sigma_M$ für ein Matroid M: $\sigma(A) = \{x : x \in E \wedge rang(A) = rang(A \cup \{x\})\}$.
Es sei $y \notin \sigma(X)$ und $y \in \sigma(X \cup \{x\})$, d.h. $rang(X) < rang(X \cup \{y\}))$ und $rang(X \cup \{x\}) = rang(X \cup \{x,y\})$. Dann ist $rang(X \cup \{x,y\}) \leq rang(X)+1$, also ist auch $rang(X \cup \{y\}) = rang(X \cup \{x,y\})$, d.h. $x \in \sigma(X \cup \{y\})$. Also gilt (**).
2. "$\Longleftarrow$":
Es sei σ ein Hüllenoperator mit den Eigenschaften (1) bis (3) und (**). Dann wird J_σ wie in Definition 4.3.4 definiert. (E, J_σ) ist Matroid, da folgendes gilt:

(a) $J_\sigma \neq \emptyset$, da $\emptyset \in J_\sigma$ (klar).

(b) Ist $A \subseteq B$ und $B \in J_\sigma$, so ist $\bigwedge_{x \in B} x \notin \sigma(B \setminus \{x\})$.

Falls $A \notin J_\sigma$ ist, so existiert ein $x \in A$ mit $x \in \sigma(A \setminus \{x\}) \subseteq \sigma(B \setminus \{x\})$ – Widerspruch zu $B \in J_\sigma$.

(c) Es seien X, Y $\subseteq$–maximale σ–unabhängige Teilmengen von $A \subseteq E$. Dann ist nach Lemma 4.3.2, Punkt 3) $|X| = |Y|$. Damit ist (E, J_σ) Matroid.

□

Die Theorie der Matroide ist sehr weit entwickelt und spielt allgemein eine wichtige Rolle bei diskreten Optimierungsaufgaben. Eine sehr gute Darstellung findet sich z.B. in dem Buch von *Welsh* [137].

4.4 Das Steinerbaumproblem

Das Problem der Bestimmung eines Steinerbaums ist eine natürliche Verallgemeinerung des Problems der Bestimmung von Minimalgerüsten.

Definition 4.4.1 *Es sei $G = (V, E)$ ein zusammenhängender Graph und $c : E \to \mathcal{R}$ eine Kostenfunktion sowie $Z \subseteq V$ eine ausgezeichnete Menge von Knoten (die* Zielknoten, "target vertices"*).*
Ein Baum $H = (U, F)$ mit $U \subseteq V$, $F \subseteq E$ heißt Steinerbaum für Z *gdw.*

1. *$Z \subseteq U$ und*

2. $c(H) = \min\{c(H') : H' = (U', F'), Z \subseteq U' \subseteq V,\ F' \subseteq E$ *und H' ist Baum*$\}$
   (d.h. H hat unter allen Teilgraphen von G, die Bäume sind und Z umfassen, minimales Gewicht)

Das **Steinerbaumproblem** ist das folgende algorithmische Problem:

Gegeben: Ein zusammenhängender Graph $G = (V, E)$ mit Kostenfunktion $c : E \to \mathcal{R}$ sowie $Z \subseteq V$.
Gesucht: Ein Steinerbaum für Z.

Offenbar ist im Fall $Z = V$ ein Steinerbaum für Z gerade ein Minimalgerüst.

Selbsttestaufgabe 4.4.1 *Zeigen Sie: Ist $G(Z)$ zusammenhängend, so ist ein Minimalgerüst von $G(Z)$ nicht notwendig auch ein Steinerbaum für Z.*

Wir schränken das Problem nun auf den Fall ungewichteter Graphen ein (d.h. $c(e) = 1$ für alle $e \in E$) und formulieren zwei zum Steinerbaumproblem gehörende Entscheidungsprobleme.
Im ersten geht es um die Anzahl k zusätzlicher Knoten, die durch Hinzunahme zu Z den Zusammenhang herstellen, im zweiten geht es um die Anzahl von Kanten, die den Zusammenhang von Z herstellen.

Definition 4.4.2

a) *STEINER TREE(V) = $\{(G, Z, k)$: $G = (V, E)$ ist zusammenhängender Graph und $Z \subseteq V$ und $k \in \mathcal{N}$ und es existiert ein Steinerbaum $H = (U, F)$ für Z mit $|U \setminus Z| \leq k\}$*

b) *STEINER TREE(E) = $\{(G, Z, k)$: $G = (V, E)$ ist zusammenhängender Graph und $Z \subseteq V$ und $k \in \mathcal{N}$ und es existiert ein Steinerbaum $H = (U, F)$ für Z mit $|F| \leq k\}$*

Satz 4.4.1 *STEINER TREE(V) ist* **NP***–vollständig.*

Beweis: 1. STEINER TREE(V) $\in$ **NP**:
Es ist klar, daß das Problem in nichtdeterministischer Polynomialzeit lösbar ist, indem man die Standardmethoden wie in den vorangegangenen Beispielen **NP**–vollständiger Probleme anwendet.
2. Zum Nachweis der Vollständigkeit des Problems geben wir eine Reduktion von VERTEX COVER an. Es sei $G = (V, E)$ ein Graph. Wir konstruieren dazu folgendes $G' = (V', E')$:

1. $V' = V \cup \{v_e : e \in E\} \cup \{t\}, t, v_e \notin V$
2. $E' = \{\{v_e, x\} : e = \{x,y\} \in E\} \cup \{\{x,t\} : x \in V\}$ (damit ist also auch $\{v_e, y\} \in E'$ für $\{x,y\} = e$).

Nun wird $Z = \{v_e : e \in E\} \cup \{t\}$ gesetzt.

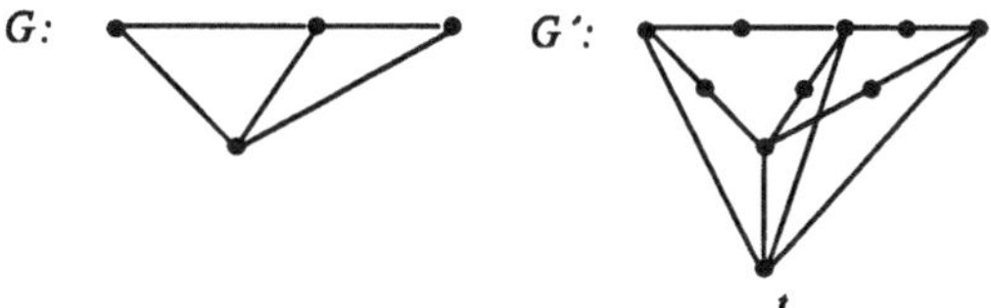

Abbildung 4.3: Ein Beispielgraph G und der zugehörige Graph G'

Behauptung:

$(G,k) \in$ VERTEX COVER genau dann, wenn $(G', Z, k) \in$ STEINER TREE(V).

Es sei $(G,k) \in$ VERTEX COVER und $U \subseteq V$ eine Knotenüberdeckung von G. Dann ist offenbar $G'(Z \cup U)$ zusammenhängend, d.h. $(G', Z, k) \in$ STEINER TREE(V), denn jeder Knoten aus $\{v_e : e \in E\}$ ist mit einem der Knoten aus U benachbart, und die Knoten aus U sind ihrerseits alle mit t benachbart. (Als Steinerbaum wähle ein Gerüst von $G(Z \cup U)$.)
Es sei nun umgekehrt $(G', Z, k) \in$ STEINER TREE(V) und $Y \subseteq V'$ eine Knotenmenge mit $|Y| \leq k$ und $G(Z \cup Y)$ zusammenhängend. Dann kann o.B.d.A. $Y \cap Z = \emptyset$ vorausgesetzt werden, da sich Y andernfalls verkleinern läßt. Wäre für eine Kante $e = \{x,y\} \in E$ weder x noch y in Y, so hätte $v_e \in Z$ keinen Nachbarn in $G'(Z \cup Y)$, und damit wäre $G'(Z \cup Y)$ nicht zusammenhängend. Also ist Y Knotenüberdeckung von G und damit $(G,k) \in$ VERTEX COVER. □

Selbsttestaufgabe 4.4.2 *Zeigen Sie: STEINER TREE(E) ist* **NP**-*vollständig.*

Das Steinerbaumproblem tritt in Zusammenhang mit vielen praktischen Problemen auf, bei denen eine optimale Verbindung ausgezeichneter Zielknoten gesucht wird, so u.a. bei relationalen Datenbankschemata, wo eine optimale Verbindung von Attributen einer Datenbankanfrage gesucht wird. Dies wird z.B. in der Arbeit [8] beschrieben.
In gewissen Spezialfällen ist das Steinerbaumproblem in Polynomialzeit lösbar. Weiterhin gibt es eine Reihe von Untersuchungen zu Approximationsheuristiken für das Problem (vgl. z.B. [143], [144]).

4.5 Weitere Übungen

Aufgabe 4.5.1 *Es sei $G = (V,E)$ endlicher zusammenhängender ungerichteter Graph mit Kostenfunktion $c: E \to \mathcal{R}$ und $T = (V,B)$ ein Minimalgerüst von (G,c).*
Prüfen Sie, ob folgende Aussagen gelten:

a) Für $V' \subseteq V$ ist $T(V')$ Minimalgerüst von $G(V')$.

b) Für $V' \subseteq V$ mit der Eigenschaft, daß $G(V')$ zusammenhängend ist, ist $T(V') = (V', B')$ Minimalgerüst von $G(V')$.

c) Für $V' \subseteq V$ mit der Eigenschaft, daß $T(V')$ zusammenhängend ist, ist $T(V')$ Minimalgerüst von $G(V')$.

Aufgabe 4.5.2 *Es sei $G = (V, E)$ vollständiger Graph mit $V = \{1, \ldots, n\}$ und Kostenfunktion $c : E \to \mathcal{R}$, für welche die* Dreiecksungleichung *gelte:*

(Δ) *Für alle i, j, k ist $c(i,k) \leq c(i,j) + c(j,k)$.*

TSP sei das in Definition 2.3.5 beschriebene "traveling salesman problem".
Es bezeichne

$opt_{TSP}(G, c)$ *den optimalen Wert einer Rundreise auf G und*

$opt_{MST}(G, c)$ *den optimalen Wert eines Minimalgerüsts auf G.*

Zeigen Sie:

$$opt_{MST}(G, c) \leq opt_{TSP}(G, c) \leq 2 \cdot opt_{MST}(G, c).$$

*(*Hinweis*: Verwenden Sie DFS auf einem Minimalgerüst.)*

4.6 Lösungshinweise zu den Selbsttestaufgaben von Kapitel 4

Selbsttestaufgabe 4.1.1
Wir numerieren die Knoten von $V = \{a, b, c, d, e\}$ in alphabetischer Reihenfolge:
1. Durchlauf
$t = 1; B = \emptyset; U = \{1\}; u = 2;$
$d(t, u) = 3; e_1 = \{1, 2\};$
$B = \{e_1\}; U = \{1, 2\};$
$d(t, 3) = 1; d(t, 4) = 1; d(t, 5) = 4;$

2. Durchlauf
$d(t, 3) = 1$ ist minimal (man kann hier jedoch ebensogut $d(t, 4)$ wählen); $u = 3$;
$e_2 = \{2, 3\};$
$B = \{e_1, e_2\}; U = \{1, 2, 3\};$
$d(t, 4) = 1; d(t, 5) = 4;$

3. Durchlauf
$d(t, 4) = 1$ ist minimal; $u = 4; e_3 = \{2, 4\};$

$B = \{e_1, e_2, e_3\}; U = \{1, 2, 3, 4\};$
$d(t, 5) = 2;$

4. Durchlauf
$d(t, 5) = 2$ ist einziger noch übriger Wert; $u = 5; e_4 = \{4, 5\};$
$B = \{e_1, e_2, e_3, e_4\}; U = \{1, 2, 3, 4, 5\} = V$. STOP.
Das erhaltene Minimalgerüst ist dasjenige aus Beispiel 4.1.1.

Selbsttestaufgabe 4.2.1
In TSP sucht man zu einem gegebenen vollständigen Graphen $K_n = (V, E_n), |V| = n$, mit Kostenfunktion $c : E \to \mathcal{N}$ ein $E' \subseteq E$ mit den Eigenschaften

(1) E' ist einfacher Kreis, der alle $v \in V$ enthält (Hamiltonkreis)

(2) $c(E') = \min\{c(E'') : E'' \subseteq E \wedge E''$ erfüllt (1)$\}$

Soll der greedy-Algorithmus die Lösung dieses Problems auf K_n liefern, so muß der Lösungsraum J die Kantenmengen aller Hamiltonkreise von K_n enthalten. Diese Kantenmengen sind die maximalen Mengen in J. Außerdem enthält J dann alle Teilmengen dieser Mengen.
Wir wählen nun $n = 4, K_n = K_4$.

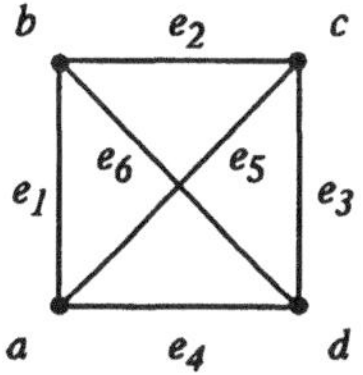

Abbildung 4.4: Der K_4

Die möglichen Hamiltonkreise sind in Abbildung 4.5 angegeben.

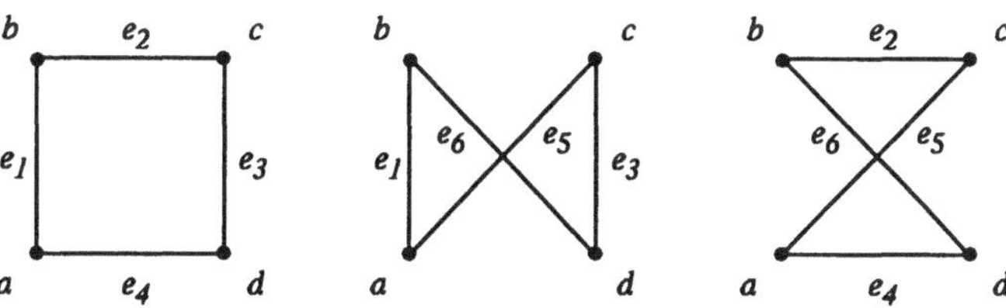

Abbildung 4.5: Die Hamiltonkreise des K_4

Also sind $E_1 = \{e_1, e_2, e_3, e_4\}, E_2 = \{e_1, e_5, e_6, e_3\}, E_3 = \{e_2, e_5, e_6, e_4\}$ sowie alle Teilmengen davon in J. Weitere Teilmengen von E gibt es in J nicht. Wir wählen nun $A = \{e_1, e_2, e_3, e_5\}$. Dann sind $\{e_1, e_2, e_3\}$ sowie $\{e_2, e_5\}$ $\subseteq$-maximale Mengen aus J in

A, haben jedoch verschiedene Größe. Also ist J kein Matroid.

Selbsttestaufgabe 4.2.2

Wir wählen $E = \{1, -1\}$ und J als die Potenzmenge von E sowie $c(1) = 1, c(-1) = -1$. Dann liefert der greedy-Algorithmus die Menge E als Ausgabe, optimal ist jedoch $E' = \{1\}$ mit $c(E') = 1$.

Selbsttestaufgabe 4.2.3

a) Beweis durch Induktion über n:
$n = 1$: Dies ist Eigenschaft (2) von Satz 4.2.1.
Es sei nun die Behauptung für $n = k - 1$ erfüllt, $k - 1 \geq 1$.
$n = k$: Nach Induktionsannahme existieren Elemente $y_1, \ldots, y_{k-1} \in I'$ mit $I'' = I \cup \{y_1, \ldots, y_{k-1}\} \in J$. Dann ist $|I''| + 1 = |I'|$, und damit existiert nach Induktionsanfang ein $y = y_k \in I'$ mit $I'' \cup \{y_k\} = I \cup \{y_1, \ldots, y_k\} \in J$.

b) Es seien $I, I' \in J$ $\subseteq$-maximale Mengen in A bzw. B. Dann existieren nach obiger Behauptung a) Elemente $y_1, \ldots, y_k \in I', k = |I'| - |I|$, mit $I \cup \{y_1, \ldots, y_k\} \in J$. Wegen $A \subseteq B$ ist $I \cup \{y_1, \ldots, y_k\} \subseteq B$, also ist b) erfüllt.

Selbsttestaufgabe 4.3.1

(1) $\sigma_M(A) \supseteq A$: Für alle $x \in A$ ist $x \sim A$ nach Definition.

(2) Es sei $A \subseteq B \subseteq E$. Wir zeigen: Ist $x \sim A$, so auch $x \sim B$.
Für $x \in B$ ist die Behauptung klar. Es sei $x \notin B$. Dann ist auch $x \notin A$.
Angenommen, rang $B <$ rang $(B \cup \{x\})$. Es sei $I \cup \{x\}$ $\subseteq$-maximale Menge aus J in $B \cup \{x\}$, und es sei I' $\subseteq$-maximale Menge aus J in A.
Nach Selbsttestaufgabe 4.2.3 können wir o.B.d.A. $I' \subseteq I$ voraussetzen. Dann ist auch $I' \cup \{x\}$ in J, da ja $I' \cup \{x\} \subseteq I \cup \{x\} \in J$ und J nach unten $\subseteq$-abgeschlossen ist. Also ist rang $A <$ rang $A \cup \{x\}$ - Widerspruch.

Selbsttestaufgabe 4.4.1

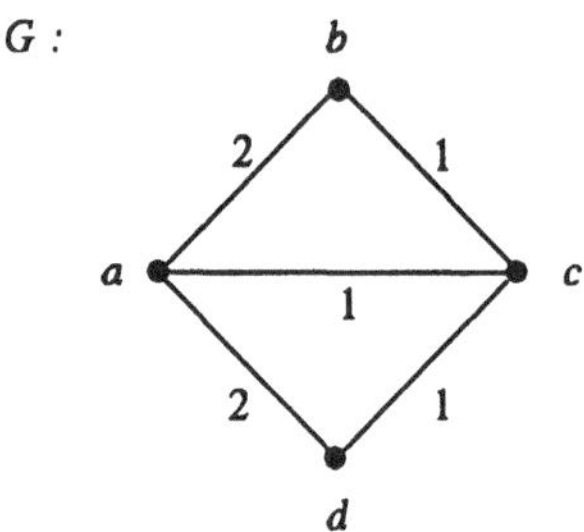

Abbildung 4.6: Gegenbeispiel zur Wahl eines Minimalgerüsts als Steinerbaum

Abbildung 4.6 zeigt einen Beispielgraphen G mit $Z = \{a, b, d\}$, $G(Z)$ zusammenhängend, Gewicht 4 für Minimalgerüst auf $G(Z)$, jedoch liefert Hinzunahme von c

einen Steinerbaum mit Gewicht 3.

Selbsttestaufgabe 4.4.2

1. Daß das Problem STEINER TREE(E) in **NP** liegt, ist klar.

2. STEINER TREE(V) $\leq_{pol}$ STEINER TREE(E):
Es gilt $(G, Z, k) \in$ STEINER TREE(V) $\Longleftrightarrow$ $(G, Z, |Z| + k - 1) \in$ STEINER TREE(E), da jeder Baum mit n Knoten genau $n - 1$ Kanten hat.

4.7 Literaturhinweise

Tarjan [126] gibt einen Überblick über das Minimalgerüst-Problem. [72] liefert einen historischen Überblick zu diesem Problem. Dort sind auch die ursprünglichen Arbeiten von *Jarnik* und *Boruvka* erwähnt. Der schnellste Algorithmus erreicht Linearzeit und benutzt eine Weiterentwicklung von Fibonacci-Heaps ([56]).

Der greedy-Algorithmus wird in einer Arbeit von *Edmonds* [45] erstmals erwähnt, obwohl die Matroidtheorie schon viel früher existierte - sie geht auf eine Arbeit von *Whitney* [139] aus dem Jahre 1935 zurück. Eine ausführliche Darstellung dieser Theorie wird von *Welsh* in [137] gegeben.

Das Steinerbaumproblem ist ebenfalls ein klassisches Problem, das, wie schon erwähnt, eine Reihe von Anwendungen u.a. in der Theorie der relationalen Datenbankschemata hat (vgl. z.B. [8]). Es ist eng mit dem Problem "Connected Dominating Set" verwandt [138] und auf einer Reihe von Klassen in Polynomialzeit lösbar (vgl. z.B. [108], [40]).

Es gibt eine Vielzahl von Arbeiten zu geometrischen und anderen Varianten des Steinerbaumproblems. Stellvertretend seien hier die Dissertationen von *Ihler* [85] und *Cieslik* [30], die Habilitationsschrift von *Widmayer* [140] und die Übersichtsarbeit von *Winter* [142] genannt. Eine Gesamtübersicht wird in der Monographie von *Hwang, Richards, Winter* [84] gegeben.
Für neue Approximationsresultate zum Steinerbaumproblem vgl. [143], [144].

5 Kürzeste Wege

Das Problem "Kürzeste Wege in Graphen" ist eines der fundamentalen algorithmischen Graphenprobleme, das viele Anwendungen hat und häufig als Teilproblem in anderen Problemen vorkommt.
Eine offensichtliche Anwendung ist z.B. das Auffinden kürzester Transportwege in einem Graphen, der alle möglichen Transportwege zwischen Lieferfirmen mit den entsprechenden Weglängen darstellt.
Viele Probleme lassen sich auch direkt als Probleme kürzester Wege umformulieren. Dabei gibt es eine Reihe von Varianten. Wichtige Fälle sind die folgenden:

a) Kürzeste Wege von einem Knoten aus zu allen übrigen ("single source shortest paths")

b) Kürzeste Wege zwischen je zwei Knoten ("all pairs shortest paths")

Andere mögliche Fallunterscheidungen sind die nach gewichteten/ungewichteten Graphen, wobei die Gewichte positiv/beliebig sind, sowie nach kürzesten Wegen in gerichteten/ungerichteten Graphen.
Für ungerichtete und ungewichtete Graphen ist klar, daß man mit BFS kürzeste Wege in Linearzeit bestimmen kann (vgl. Selbsttestaufgabe 3.4.1, Kapitel 3).
Eine Verallgemeinerung von BFS für gerichtete Graphen liefert dasselbe für kürzeste Wege in ungewichteten gerichteten Graphen.
Kommen Kantengewichte hinzu, wird das Problem i.a. schwieriger, für dags bleibt es jedoch einfach. Wir beschreiben im folgenden zunächst den Fall der dags.

5.1 Kürzeste Wege in dags von einem Knoten aus

Ist $G = (V, E)$ ein dag (vgl. Definition 1.1.11), so besitzt G eine topologische Ordnung $(v_1, \ldots, v_n)$ (vgl. Abschnitt 3.5).

Definition 5.1.1 *Es sei $G = (V, E)$ ein gerichteter Graph mit Kantengewichtsfunktion $l : E \to \mathcal{R}$, und es sei $P = u_1 \xrightarrow{e_1} u_2 \xrightarrow{e_2} \ldots \xrightarrow{e_k} u_{k+1}$ ein Weg in G.*
Dann ist die Länge $l(P)$ des Weges P *definiert durch*

$l(p) = \sum_{i=1}^{k} l(e_i)$, *die Summe der Kantengewichte des Weges P.*

Ein Weg P von u nach v heißt kürzester Weg *von u nach v gdw.*

$$l(P) = \min\{l(P') : P' \textit{ Weg von } u \textit{ nach } v \textit{ in } G\}.$$

Die Funktion

$$dist(u,v) = \begin{cases} \min\{l(P) : P \textit{ Weg von } u \textit{ nach } v\}, & \textit{falls ein solcher Weg existiert} \\ \infty & \textit{sonst} \end{cases}$$

gibt die Länge eines kürzesten Weges von u nach v an, wobei $dist(u,u) = 0$ *gesetzt wird.*

Wir suchen nun kürzeste Wege von v_1 aus zu allen Knoten v_i, $i \in \{2,\ldots,n\}$. Kürzeste Wege von $v_i, i > 1$, zu allen übrigen Knoten lassen sich analog für die eingeschränkte topologische Ordnung $(v_i,\ldots,v_n)$ bestimmen, da $O = (v_1,\ldots,v_n)$ topologische Ordnung ist und in O keine Kanten von rechts nach links verlaufen.

Algorithmus 5.1.1 *(Kürzeste Weglänge in dags)*

Eingabe: *Eine topologische Ordnung* $(v_1,\ldots,v_n)$ *des dag* $G = (V,E)$ *mit Kantengewichtsfunktion* $l : E \to \mathcal{R}$

Ausgabe: *Eine Liste* $(d(j))_{j\in\{1,\ldots,n\}}$, *die die Distanzen* $dist(v_1,v_j) = d(j)$ *enthält.*

(1) $d(1) := 0$;
  for $j := 2$ **to** n **do** $d(j) := \infty$;
(2) **for** $k := 1$ **to** $n-1$ **do**
(3)   **for all** $(v_k,v_j) \in E$ *mit* $j > k$ **do**
    $d(j) := \min(d(j), d(k) + l(v_k,v_j))$;

Satz 5.1.1 *Algorithmus 5.1.1 bestimmt in Linearzeit* $O(|V| + |E|)$ *die Längen* $dist(v_1,v_j) = d(j)$ *kürzester Wege von* v_1 *nach* v_j, $j \in \{2,\ldots,n\}$.

Beweis: Nach Voraussetzung ist $(v_1,\ldots,v_n)$ eine topologische Ordnung. Wir beweisen nun induktiv die Korrektheit des Algorithmus:

Induktionsanfang:

Nach (1) hat $d(1)$ den korrekten Wert 0. Nach Ausführung von (3) für $k = 1$ hat offenbar $d(2)$ den Wert $dist(v_1,v_2)$, da der einzig mögliche Weg von v_1 nach v_2 die Kante (v_1,v_2) ist (falls diese existiert).

Induktionsannahme:

Nach Ausführung von Schritt (3) für $k = 1$ bis $k = i$ gilt für alle $j \in \{1,\ldots,i+1\}$ $d(j) = dist(v_1,v_j)$.

Induktionsschritt:

Wir zeigen: Für $k = i+1$ unter (2) wird durch Ausführung von (3) der richtige Wert $d(i+2) = dist(v_1,v_{i+2})$ erreicht:

Kürzeste Wege von v_1 nach v_{i+2} enden mit einer Kante (v_j,v_{i+2}), $1 \le j \le i+1$. Für $j \in \{1,\ldots,i+1\}$ gilt bereits $d(j) = dist(v_1,v_j)$ nach Induktionsannahme. Also ist

$$dist(v_1,v_{i+2}) = \min\{dist(v_1,v_j) + l(v_j,v_{i+2}) : j \in \{2,\ldots,i+1\}\},$$

wobei $l(v_j, v_{i+2}) = \infty$, falls $v_j v_{i+2} \notin E$ ist.
Jede der Kanten (v_j, v_{i+2}) wird jeweils beim Durchlauf $k = j$ von (2) unter (3) erfaßt, und es wird für diese Kante (3) ausgeführt. Da nach Induktionsannahme dann bereits $d(j) = dist(v_1, v_j)$ gilt, wird also durch Ausführung von (3) für alle Kanten (v_j, v_{i+2}), $j \in \{1, \ldots, i+1\}$, schrittweise der korrekte Wert von $dist(v_1, v_{i+2})$ bestimmt.
Dabei werden offenbar nur $O(|V| + |E|)$ Schritte benötigt, da jede Kante nur einmal in Algorithmus 5.1.1 abgearbeitet wird. □

Interessant ist, daß es für dags keine Rolle spielt, ob die Kantengewichte positiv oder negativ sind. Im allgemeinen Wegeproblem ist dies nicht so, da Kreise negativer Länge zu beliebig "kurzen" Wegen führen können. Ebenso ist es für dags auch egal, ob man nach kürzesten oder längsten Wegen sucht: Das Problem längster Wege läßt sich auf völlig analoge Weise lösen, indem einfach in (3) von Algorithmus 5.1.1 die Funktion "min" durch "max" ersetzt wird.
Diese Gleichartigkeit beider Probleme gilt natürlich nicht für beliebige Graphen, da in ungerichteten Graphen das Problem längster Wege auf das Hamiltonwegproblem führt:

Selbsttestaufgabe 5.1.1 *Zeigen Sie: Das Problem LONGEST PATH (LP) mit*

$$\begin{aligned} LP \;=\; \{(G,k) :\; & G = (V,E) \textit{ ist schlichter ungerichteter Graph und } k \in \mathcal{N} \\ & \textit{und es existiert ein Paar von Knoten } u, v \in V, u \neq v, \\ & \textit{und ein einfacher Weg } P \textit{ der Länge } l(P) \geq k \textit{ zwischen } u \textit{ und } v\} \end{aligned}$$

ist **NP**-*vollständig.*

Schließlich sei noch bemerkt, daß bei Einführung entsprechender Zeiger der Algorithmus 5.1.1 leicht so modifiziert werden kann, daß er nicht nur kürzeste Weglängen, sondern auch solche Wege selber berechnen kann, wobei der Zeitaufwand von derselben Größenordnung bleibt (d.h. $O(|V| + |E|)$).
Eine analoge Bemerkung gilt auch für die noch folgenden Algorithmen zu allgemeineren Wegeproblemen.

Definition 5.1.2 *Der gerichtete Graph $G = (V, E)$ heißt* Schichtengraph der Tiefe k *gdw.*

> *es existiert eine Zerlegung $V = V_1 \cup \ldots \cup V_{k+1}$ (*Schichtenzerlegung*), so daß für alle Kanten $e \in E, e = (u, v)$, gilt, daß $u \in V_i$ und $v \in V_{i+1}$ für ein geeignetes $i \in \{1, \ldots, k\}$ ist, d.h. $E \subseteq \bigcup_{i=1}^{k} V_i \times V_{i+1}$. (Kanten verlaufen also nur von V_i zur nächsten Schicht V_{i+1}, $i \in \{1, \ldots, k\}$.*

Der Graph G heißt Schichtengraph *gdw.*

> *es existiert ein $k \in N$, so daß G Schichtengraph der Tiefe k ist.*

Selbsttestaufgabe 5.1.2 *Zeigen Sie:*
Ist $G = (V, E)$ mit Kostenfunktion $c : E \to \mathcal{R}$ ein Schichtengraph, $V_1, \ldots, V_{k+1}$ eine Schichtenzerlegung und $V_1 = \{s\}$, so lassen sich in linearer Zeit $O(|V| + |E|)$ die kürzesten Weglängen von s zu allen übrigen Knoten bestimmen.

Ein Spezialfall der Bestimmung kürzester Wege in dags ist die Bestimmung der reflexiven und transitiven Hülle $G^* = (V, E^*)$ eines dag $G = (V, E)$ (vgl. Definition 1.1.15). Hierzu bilde zu G die Gewichtsfunktion $c(v_i, v_j) = 1$ für alle Kanten $(v_i, v_j) \in E$. Nun wird Algorithmus 5.1.1 für jedes v_i, $i \in \{1, \ldots, n\}$, als Startknoten angewendet. Die reflexive und transitive Hülle E^* von E ist dann

$$E^* = \{(v_i, v_j) : dist(v_i, v_j) < \infty\}.$$

Der Zeitaufwand der Bestimmung von G^* beträgt somit $O(|V| \cdot (|V| + |E|))$.

5.2 Kürzeste Wege in gerichteten Graphen von einem Knoten aus

Es wird nun nicht mehr vorausgesetzt, daß der gerichtete Graph G ein dag ist. Wir behandeln zunächst den Fall positiver Kantengewichte $l : E \to \mathcal{R}^+$.
Es sei also $G = (V, E)$ ein gerichteter Graph mit Kostenfunktion $l : E \to \mathcal{R}^+$, $l(e) > 0$ für alle $e \in E$. Weglängen und Distanzen zwischen Knoten werden wie in Definition 5.1.1 festgelegt.

Algorithmus 5.2.1 (Dijkstra)

Eingabe: *Ein gerichteter Graph* $G = (V, E)$ *mit Kostenfunktion* $l : E \to \mathcal{R}^+$ *und Startknoten* $v_1 \in V = \{v_1, \ldots, v_n\}$
Ausgabe: *Eine Liste* $(d(v_j))_{j \in \{1,\ldots,n\}}$, *die die Distanzen* $dist(v_1, v_j) = d(v_j)$ *enthält.*

(1) $d(v_1) := 0$;
    for $j := 2$ **to** n **do** $d(v_j) := \infty$;
(2) *OFFEN* $:= V$;
    {*OFFEN* = *Menge der Knoten, für die Abstand von* v_1 *noch nicht bekannt* }
(3) **while** *OFFEN* $\neq \emptyset$ **do**
      begin
(4)   *wähle ein* $v \in$ *OFFEN mit* $d(v) = \min\{d(w) : w \in \mathit{OFFEN}\}$;
(5)   *OFFEN* := *OFFEN* $\setminus \{v\}$;
(6)   **for all** $w \in$ *OFFEN mit* $(v, w) \in E$ **do**
          $d(w) := \min\{(d(w), d(v) + l(v, w))\}$;
      end;

Selbsttestaufgabe 5.2.1 *Führen Sie Algorithmus 5.2.1 am Beispiel G der Abbildung 5.1 mit Startknoten* v_1 *aus.*

Satz 5.2.1 *Algorithmus 5.2.1 ist korrekt und in Zeit* $O(|V|^2)$ *ausführbar.*

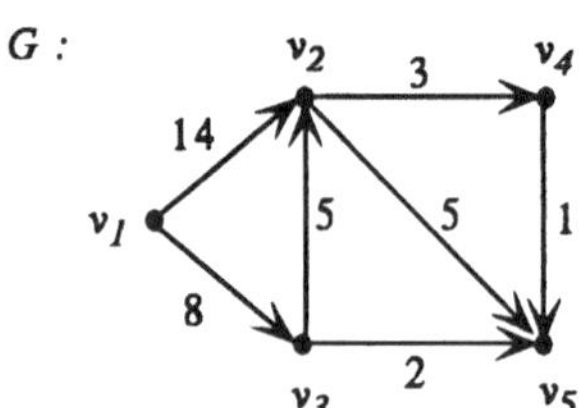

Abbildung 5.1: Ein Beispielgraph G mit Startknoten v_1

Beweis: Der Nachweis der Korrektheit erfolgt durch Induktion über die Zahl der Iterationen von (3) bis (6).

Offenbar wird für jeden Knoten $v \in V$ nach dem Streichen von v aus $OFFEN$ der Wert $d(v)$ nicht mehr geändert.

Es bezeichne $OFFEN_k$ die Menge $OFFEN$ am Ende der k–ten Iteration von (3) - (6), $d_k(v)$ die Werte von $d(v)$ nach der k–ten Iteration von (3) - (6), sowie v_k den in der k–ten Iteration von (3) - (6) in (4) gewählten Knoten. Wir setzen $FIN_k = V \setminus OFFEN_k$ - die Menge der Knoten v, für die $d(v)$ bereits feststeht.

Induktionsanfang:

$k = 1$. Im ersten Durchlauf durch (3) - (6) ist $d(v_1) = 0$ der minimale Wert, und es wird $dist(v_1, v_1) = d(v_1) = 0$ korrekt bestimmt.

Induktionsannahme:

Es sei in den bisherigen k Durchläufen für alle Knoten $v_i \in FIN_k = \{v_1, \ldots, v_k\}$ der Wert $d(v_i) = dist(v_1, v_i)$ korrekt bestimmt worden.

Induktionsschritt:

Es gilt $v_{k+1} \in OFFEN_k$. Angenommen, für v_{k+1} ist $dist(v_1, v_{k+1}) \neq d_{k+1}(v_{k+1})$. Dann kann nur der Fall $dist(v_1, v_{k+1}) < d_{k+1}(v_{k+1})$ eintreten, da $dist(v_1, v_{k+1}) > d_{k+1}(v_{k+1})$ ausgeschlossen ist: $d(w)$ wird in (6) nur infolge von Kanten $(v, w) \in E$ aktualisiert und gibt damit die Länge eines Weges von v_1 nach w an, $dist(v_1, v_{k+1})$ ist jedoch minimale Weglänge von v_1 nach v_{k+1}. Es existiert also ein Weg

$P = v_1 \to v_{r_2} \to \ldots \to v_{r_j} \to v_{k+1}$, $r_1 = 1$, mit $l(P) = dist(v_1, v_{k+1}) < d_{k+1}(v_{k+1})$.

In diesem Weg P sei s maximal mit $v_{r_s} \notin OFFEN_k$. Ein solches s existiert, da $v_1 = v_{r_1} \notin OFFEN_k$ ist. Also ist $v_{r_s} \in FIN_k$ und damit nach Induktionsannahme $dist(v_1, v_{r_s}) = d(v_{r_s})$.

1. Fall: $s = j$:

Dann ist $v_{r_j} \in FIN_k$, und damit ist offenbar

$$dist(v_1, v_{k+1}) = dist(v_1, v_{r_j}) + l(v_{r_j}, v_{k+1}) = d_k(v_{r_j}) + l(v_{r_j}, v_{k+1}) \geq d_{k+1}(v_{k+1})$$

nach Induktionsannahme, da in der Iteration, in der v_{r_j} aus $OFFEN$ gestrichen wird, in (6) der Wert von $d(v_{k+1})$ entsprechend gesetzt wird und sich anschließend höchstens verringern kann - Widerspruch.

2. Fall: $s < j$:

Dann ist $v_{r_{s+1}} \in OFFEN_k$, und in der $(k+1)$–ten Iteration ist demnach

$$
\begin{aligned}
d_{k+1}(v_{r_{s+1}}) &\leq d(v_{r_s}) + l(v_{r_s}, v_{r_{s+1}}) \\
&= dist(v_1, v_{r_s}) + l(v_{r_s}, v_{r_{s+1}}) \text{ nach Induktionsannahme} \\
&= dist(v_1, v_{r_{s+1}}) \\
&\leq dist(v_1, v_{k+1}) \\
&< d_{k+1}(v_{k+1}) \text{ nach Annahme.}
\end{aligned}
$$

Also wird in der $(k+1)$-ten Iteration nicht v_{k+1}, sondern $v_{r_{s+1}}$ oder ein anderer Knoten gewählt - Widerspruch. Damit ist die Korrektheit bewiesen.

Zur Zeitschranke $O(|V|^2)$:
Die Menge $OFFEN$ kann als verkettete Liste organisiert werden. Damit ist (5) jeweils in konstanter Zeit ausführbar.
In $O(|V|)$ Schritten läßt sich nach jedem Durchlauf ein Knoten v mit minimalem $d(v)$ bestimmen, und in (6) wird jede Kante genau einmal abgearbeitet. Also ist die Zeitschranke durch $O(|V|^2 + |E|) = O(|V|^2)$ gegeben. □

In [74] ist beschrieben, wie man durch Mehraufwand bei den Datenstrukturen auf eine Zeitschranke $O(|E| \cdot log|V|)$ kommt, die im Fall $|E| = O(|V|^2/log|V|)$ eine Verbesserung darstellt.
Weitere Verbesserungen sind durch noch raffiniertere Datenstrukturen möglich wie z.B sogenannte *Fibonacci-heaps* bzw. *AF-heaps*:
In [56] wird auf diese Weise die Zeitschranke $O(|E| + |V| \cdot log|V|/loglog(|V|))$ erreicht.

Die Algorithmen 5.1.1 und 5.2.1 haben große Ähnlichkeit miteinander: Die Punkte (1) beider Algorithmen stimmen überein, ebenso stimmt Punkt (3) von Algorithmus 5.1.1 mit Punkt (6) von Algorithmus 5.2.1 überein, wenn man bei Algorithmus 5.1.1 $OFFEN_k = \{v_k, \ldots, v_n\}$ setzt.
Beim Algorithmus von Dijkstra kann der Eingabegraph jedoch gerichtete Kreise enthalten, und der Algorithmus funktioniert nicht für Graphen, in denen gerichtete Kreise negativer Länge existieren, die vom Startknoten aus erreichbar sind. Ein Beispiel gibt Abbildung 5.2.

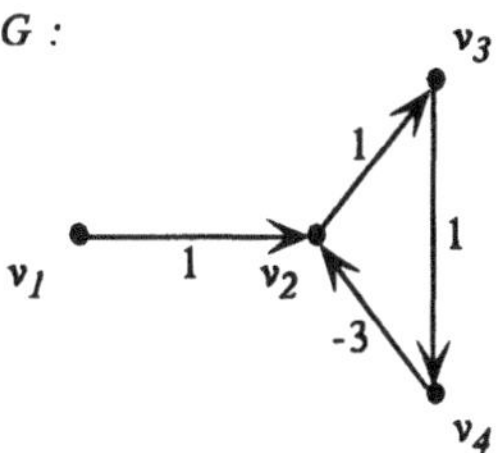

Abbildung 5.2: Ein Beispielgraph G, auf dem der Algorithmus von Dijkstra versagt

In diesem Graphen existiert kein kürzester Weg zwischen v_1 und $v_i, i \in \{2,3,4\}$, der Algorithmus von Dijkstra liefert jedoch $d(v_1, v_2) = 1$ beim Streichen von v_2 aus $OFFEN$.

Den Fall solcher Graphen behandelt der nachfolgende Algorithmus.

Algorithmus 5.2.2 (Bellman, Ford)

Eingabe: *Ein gerichteter Graph* $G = (V, E)$ *mit Kostenfunktion* $l : E \to \mathcal{R}$ *und Startknoten* $v_1 \in V = \{v_1, \ldots, v_n\}$ *sowie eine Reihenfolge* $R_E = (e_1, \ldots, e_m)$ *der Kanten aus* E

Ausgabe:

a) Eine Liste $(d(v_j))_{j \in \{1,\ldots,n\}}$, *die die Distanzen* $dist(v_1, v_j) = d(j)$ *enthält, falls von* v_1 *aus kein Kreis negativer Länge erreichbar ist.*

b) Die Ausgabe FALSE, falls von v_1 *aus ein solcher Kreis erreichbar ist (d.h. nicht für alle Knoten* $\{v_2, \ldots, v_n\}$ *existiert ein Weg kürzester Länge)*

```
(1)  d(v_1) := 0;
     for j := 2 to n do d(v_j) := ∞;
(2)  for i := 1 to |V| - 1 do
(3)     for all (u, v) ∈ E do { Wahl von (u, v) in der Reihenfolge R_E}
(4)        d(v) := min(d(v), d(u) + l(u, v));
(5)  for all (u, v) ∈ E do
(6)     if d(v) > d(u) + l(u, v) then Ausgabe FALSE;
```

Wir führen Algorithmus 5.2.2 am Beispiel aus Abbildung 5.2 aus:
Es sei $R_E = ((v_1, v_2), (v_2, v_3), (v_3, v_4), (v_4, v_2))$ die gewählte Kantenreihenfolge. Es gilt $|V| - 1 = 3$.
$d_i(x)$ bezeichnet für $x \in V$ den Wert $d(x)$ nach dem i-ten Durchlauf von (3) - (4), $d_0(v)$ ist die Initialisierung durch (1).

x	$d_0(x)$	$d_1(x)$	$d_2(x)$	$d_3(x)$
v_1	0	0	0	0
v_2	∞	0	-1	-2
v_3	∞	2	1	0
v_4	∞	3	2	1

Dabei nimmt im ersten Durchlauf ($i = 1$) von (3) - (4) zunächst $d_1(v_2)$ den Wert 1 an (wegen der Kante (v_1, v_2)) und dann bei Abarbeitung der Kante (v_4, v_2) den Wert 0. Entsprechend verringern sich bei den weiteren Durchläufen für $i = 2, i = 3$ die Werte zu $d_3(x)$.
Danach wird (5) ausgeführt und führt für $(u, v) = (v_2, v_3)$ zu

$$d_3(v_3) = 0 > -2 + 1 = d_3(v_2) + l(v_2, v_3)$$

und damit zur Ausgabe FALSE.
Natürlich hängen die Zwischenergebnisse $d_i(v_j)$, $i \in \{1, \ldots, n-1\}, j \in \{1, \ldots, n\}$, von

der gewählten Reihenfolge R_E ab, dies gilt jedoch nicht für die Werte $d_{n-1}(v_j)$, die im Fall, daß der Graph keine gerichteten Kreise negativer Länge enthält, die kürzesten Weglängen angeben.
Folgendes Beispiel verdeutlicht dies. Wir führen Algorithmus 5.2.2 noch einmal am Beispiel aus Abbildung 5.2 aus, wobei das Gewicht von Kante (v_4, v_2) von -3 auf -2 geändert wird. Dabei wählen wir folgende Reihenfolgen von E:
R_E wie oben, $R'_E = ((v_4, v_2), (v_3, v_4), (v_2, v_3), (v_1, v_2))$.
Ergebnis für R_E:

x	$d_0(x)$	$d_1(x)$	$d_2(x)$	$d_3(x)$
v_1	0	0	0	0
v_2	∞	1	1	1
v_3	∞	2	2	2
v_4	∞	3	3	3

Ergebnis für R'_E:

x	$d_0(x)$	$d_1(x)$	$d_2(x)$	$d_3(x)$
v_1	0	0	0	0
v_2	∞	1	1	1
v_3	∞	∞	2	2
v_4	∞	∞	∞	3

Satz 5.2.2 *Der Algorithmus 5.2.2 ist korrekt und in $O(|V| \cdot |E|)$ Schritten ausführbar.*

Beweis: Wir zeigen zunächst die Korrektheit von Fall b) der Ausgabe:
Es sei $C = (u_1, \ldots, u_k, u_1)$ ein gerichteter Kreis negativer Länge $\sum_{i=1}^{k} l(u_{i-1}, u_i) < 0$, wobei wegen der einfacheren Schreibweise $u_0 = u_k$ vereinbart wird.
Angenommen, der Algorithmus liefert nie $FALSE$. Dann ist bei (6) stets

$$d(u_i) \leq d(u_{i-1}) + l(u_{i-1}, u_i)$$

(wobei $u_0 = u_k$). Also ist

$$\sum_{i=1}^{k} d(u_i) \leq \sum_{i=1}^{k} d(u_{i-1}) + \sum_{i=1}^{k} l(u_{i-1}, u_i)$$

Da nach Voraussetzung der Kreis C von v_1 aus erreicht wird, werden also auch alle Knoten von v_1 aus erreicht, und damit haben alle $d(u_i)$, $i \in \{1, \ldots, k\}$ nach Beenden von (2) bis (4) endlichen Wert.
In beiden Summen $\sum_{i=1}^{k} d(u_i)$ und $\sum_{i=1}^{k} d(u_{i-1})$ kommt jeder Knoten von C genau einmal vor, also sind die beiden Summen gleich und damit

$$0 \leq \sum_{i=1}^{k} l(u_{i-1}, u_i)$$

- Widerspruch zur negativen Länge von C.

Nun zur Korrektheit des Falles a) der Ausgabe:
Es sei $(v_1, v_2, \ldots, v_k)$ ein kürzester Weg von v_1 nach v_k. Also ist $k \leq |V|$, da von v_1 aus kein Kreis negativer Länge erreichbar ist, und o.B.d.A. sei in $(v_1, v_2, \ldots, v_k)$ kein Kreis der Länge 0 enthalten.
Wir beweisen mit Induktion über i, daß nach dem i-ten Durchlauf von (3) - (4) die Distanz $dist(v_1, v_{i+1})$ korrekt angegeben wird ($d_i(v_{i+1}) = dist(v_1, v_{i+1})$) und diese Abstände im weiteren erhalten bleiben ($i \in \{0, \ldots, k-1\}$).
Offenbar entsprechen die zwischendurch erreichten endlichen $d_i(v_j)$-Werte den Längen von gerichteten Wegen von v_1 nach v_j in G. Damit ist auch stets $d_i(v_j) \geq dist(v_1, v_j)$ erfüllt.
Induktionsanfang:
$i = 0$: $dist(v_1, v_1) = 0$ nach dem 0-ten Durchlauf ist korrekt.
Induktionsannahme:
$dist(v_1, v_i) = d_{i-1}(v_i)$ nach dem $(i-1)$-ten Durchlauf von (2) - (4), $i \in \{1, \ldots, k-1\}$.
Induktionsschritt:
Also wird im i-ten Durchlauf in (4)

$$d(v_{i+1}) = \min(d(v_{i+1}), d(v_i) + l(v_i, v_{i+1}))$$

gesetzt, und dies ist der korrekte Wert:

$$dist(v_1, v_{i+1}) = d(v_{i+1})$$

Damit ist insbesondere nach dem $(|V| - 1)$-ten Durchlauf für alle Knoten v_i, $i \in \{1, \ldots, |V|\}$, $dist(v_1, v_i) = d(v_i)$ und damit stets $d(v) \leq d(u) + l(u, v)$ für Kanten $(u, v) \in E$ unter (6).
Also wird in diesem Fall nicht FALSE ausgegeben. Offenbar wird (3) - (4) $(|V| - 1)$-mal ausgeführt, und dabei jeweils (4) $|E|$-mal ausgeführt, d.h. insgesamt ergeben sich $O(|V| \cdot |E|)$ Schritte, wenn (4) in konstanter Zahl von Schritten ausführbar ist.
Der Aufwand für (5) - (6) beträgt nur $O(|E|)$ Schritte. □

Man beachte auch hier wieder die Ähnlichkeit von Algorithmus 5.1.1 und Algorithmus 5.2.2.

5.3 Kürzeste Wege zwischen je zwei Knoten

Der Fall kürzester Wege zwischen je zwei Knoten läßt sich natürlich zurückführen auf die n-fache Ausführung eines Algorithmus für kürzeste Wege von einem Knoten aus. Hat man positive Kantengewichte $c : E \to \mathcal{R}^+$, so läßt sich der Algorithmus von Dijkstra n-mal anwenden, und der Zeitaufwand ist von der Größenordnung $O(n^3)$ bzw. $O(m \cdot n + n^2 \cdot logn/loglogn)$ unter Verwendung verbesserter Versionen.
Eine weitere Verbesserung dieses Ansatzes ist beschrieben in [87]. In dieser Arbeit wird

eine Zeitschranke $O(m^* \cdot n + n^2 \cdot logn)$ (mit m^* = Zahl der Kanten, die in kürzesten Wegen vorkommen) erreicht, wobei für "viele" Wahrscheinlichkeitsverteilungen auf Kantengewichten $m^* = O(n \cdot logn)$ mit "hoher" Wahrscheinlichkeit gilt.
Hat man beliebige Kantengewichte, so führt eine n-malige Anwendung des Algorithmus von Bellman-Ford zu einer Lösung mit Zeitschranke $O(|V|^2 \cdot |E|)$.
Wir wollen hier andere, direkte Methoden beschreiben. Im weiteren wird o.B.d.A. $V = \{1, \ldots, n\}$ gesetzt. Eine erste Methode geht rekursiv vor und hängt eng mit dem Problem der Matrixmultiplikation zusammen:

Es sei $C = (c_{ij})_{i,j \in \{1,\ldots,n\}}$ die Matrix der Kostenfunktion $c : E \to \mathcal{R}, c_{ij} = c(i,j), c_{ii} = 0$, $c_{ij} = \infty$, falls $(i,j) \notin E$ ist.
Die kürzeste Weglänge wird wie bisher, allerdings mit der Kostenfunktion c statt l, gebildet.

Es bezeichne $d_{ij}^{(m)}$ die kürzeste Weglänge von i nach j mit höchstens m Kanten. Ist $m = 0$, so existiert genau dann ein kürzester Weg von i nach j mit $m = 0$ (d.h. ohne) Kanten, wenn $i = j$ ist. Die richtige Initialisierung ist also

$$(1) \quad d_{ij}^{(0)} = \begin{cases} 0 & \text{falls i = j ist} \\ \infty & \text{sonst} \end{cases}$$

Dies liefert die Matrix $D^{(0)} = (d_{ij}^{(0)})_{i,j \in \{1,\ldots,n\}}$.

Wir setzen nun rekursiv

$$(2) \quad d_{ij}^{(m)} = \min(d_{ij}^{(m-1)}, \min_{1 \leq k \leq n}(d_{ik}^{(m-1)} + c_{kj}))$$

Wegen $c_{ii} = 0$ läßt sich (2) vereinfachen zu

$$(3) \quad d_{ij}^{(m)} = \min_{1 \leq k \leq n}(d_{ik}^{(m-1)} + c_{kj})$$

Enthält der Graph keine gerichteten Kreise negativer Länge, so kommen in kürzesten Wegen keine Knoten doppelt vor, also enthalten kürzeste Wege höchstens $n-1$ Kanten. Daher ist offenbar $dist(i,j) = d_{ij}^{(n-1)}$. Um das Problem "kürzeste Weglängen" zu lösen, müssen also sukzessive die $(d_{ij}^{(m)})_{i,j \in \{1,\ldots,n\}}$ für $m \in \{0, 1, 2, \ldots, n-1\}$ berechnet werden.
Es bezeichne $D^{(m)} = (d_{ij}^{(m)})_{i,j \in \{1,\ldots,n\}}$ die Matrix der kürzesten Weglängen von i nach j mit $\leq m$ Kanten.
Sind $A = (a_{ij})_{i,j \in \{1,\ldots,n\}}$ und $B = (b_{ij})_{i,j \in \{1,\ldots,n\}}$ $n \times n$-Matrizen, so ist ihr Produkt wie üblich

$$A \cdot B = (\sum_{k=1}^{n} a_{ik} \cdot b_{kj})_{i,j \in \{1,\ldots,n\}}$$

Wir führen nun folgende Verallgemeinerung dieses Produkts ein:
Ersetzt man die Operation "+" durch "min" und die Operation " $\cdot$ " durch "+", so

erhält man ein Matrizenprodukt $A \odot B = (\min_{1 \leq k \leq n}(a_{ik} + b_{kj}))_{i,j \in \{1,\dots,n\}}$. Dann ist $D^{(m+1)} = D^{(m)} \odot C$ wegen (3).
Damit ist das Problem auf eine verallgemeinerte Matrixmultiplikation zurückgeführt. Der Gesamtaufwand verschlechtert sich jedoch mit dieser Beschreibung zunächst auf $O(n^4)$ Operationen, da die "Schulmethode" für die Matrixmultiplikation $O(n^3)$ Operationen benötigt und $n-1$ solcher Multiplikationen ausgeführt werden.
Wie man diesen Aufwand erheblich reduziert, ist in [106], [32] genauer beschrieben.

Bei der Bestimmung kürzester Weglängen läßt sich auch eine andere Rekursion anwenden:

Ein Weg von v_i nach v_j, der nur innere Knoten aus $\{v_1,\dots,v_k\}$ hat und in dem v_k als innerer Knoten vorkommt, läßt sich zerlegen in einen Weg P_1 von v_1 nach v_k, der nur innere Knoten aus $\{v_1,\dots,v_{k-1}\}$ hat, gefolgt von einem evtl. leeren Weg P_2 von v_k nach v_k, der v_k mehrfach enthalten kann und sonst nur innere Knoten aus $\{v_1,\dots,v_{k-1}\}$ enthält, gefolgt von einem Weg P_3 von v_k nach v_j, der nur innere Knoten aus $\{v_1,\dots,v_{k-1}\}$ enthält.

Diese Rekursion ist bekannt aus der Theorie endlicher Automaten zur Bestimmung regulärer Ausdrücke - vgl. z.B. [83] - und geht auf *Kleene* zurück.
Setzt man voraus, daß $G=(V,E)$ mit der Kostenfunktion c keine gerichteten Kreise negativer Länge enthält (es wird jedoch nicht $c: E \to \mathcal{R}^+$ vorausgesetzt), so kann o.B.d.A. für $v_i \in V$ $dist(v_i,v_i)=0$ gesetzt werden. Bei der obigen Rekursion kann also o.B.d.A. vorausgesetzt werden, daß P_2 leer ist.

Algorithmus 5.3.1 (Floyd, Warshall)

Eingabe: *Ein gerichteter Graph $G=(V,E)$ mit $V=\{1,\dots,n\}$ sowie Kostenfunktion $c: E \to \mathcal{R}$, $c(i,i)=0$ ohne gerichtete Kreise negativer Länge.*
Ausgabe: *Kürzeste Weglängen $(d_{ij}^{(n)})_{i,j\in\{1,\dots,n\}}$ zwischen je zwei Knoten.*

(1) **for** $i,j \in \{1,\dots,n\}$ **do**

$$d_{ij}^{(0)} = \begin{cases} c(i,j) & \text{falls } (i,j) \in E \text{ oder } i=j \\ \infty & \text{sonst} \end{cases} ;$$

(2) **for** $k := 1$ **to** n **do**
(3) **for all** $i,j \in \{1,\dots,n\}$ **do**
(4) $d_{ij}^{(k)} = \min(d_{ij}^{(k-1)}, d_{ik}^{(k-1)} + d_{kj}^{(k-1)})$

Aus den vorangegangenen Bemerkungen folgt die Korrektheit des Algorithmus. Die Laufzeit des Algorithmus ist $O(n^3)$, da die Minimumbildung in (4) n^3 - mal ausgeführt wird.

Man kann mit Hilfe des Floyd–Warshall–Algorithmus auch die transitive Hülle eines Graphen G (vgl. Definition 1.1.15) bestimmen:
In diesem Fall ist der Graph G ungewichtet, die Kostenfunktion $c : E \rightarrow \mathcal{R}$ wird $c(e) = 1$ für alle $e \in E$ gesetzt, und von i nach j existiert ein Weg genau dann, wenn $d_{ij}^{(n)} < n$ ist (im Fall, daß kein Weg von i nach j existiert, ist das Ergebnis $d_{ij}^{(n)} = \infty$).
Eine andere Möglichkeit, die platz- und zeitsparend ist, ist die Ersetzung der Operationen "min" und "+" im Floyd–Warshall–Algorithmus durch die logischen Operationen "$\vee$" und "$\wedge$". Damit sind nur noch logische Operationen über jeweils einem Bit auszuführen.
Die Kostenfunktion $c(i,j)$ ist in diesem Fall

$$c_{ij} = \begin{cases} 1 & \text{falls } (i,j) \in E \text{ oder } i = j \\ 0 & \text{sonst} \end{cases}$$

5.4 Semiringe und kürzeste Wege

Die Ähnlichkeit des Algorithmus von Floyd–Warshall für kürzeste Wege (mit den Operationen "min,+") und dem Vorgehen zur Bestimmung der (reflexiven und) transitiven Hülle (mit den Operationen "$\vee, \wedge$") führt zu der folgenden algebraischen Verallgemeinerung, die auf elegante Weise mehrere wichtige Spezialfälle zusammenfaßt:

Definition 5.4.1 $\mathcal{S} = (S, +, \cdot, 0, 1)$ *mit der Trägermenge* S *und den binären Operationen "*$+, \cdot$*" auf* S *heißt* Semiring *gdw.*

1. $(S, +, 0)$ *ist kommutatives Monoid mit neutralem Element (Einselement)* 0, *d.h.*
   (a) $\bigwedge_{a,b \in S} a + b \in S$ *(*S *ist bzgl. "+" abgeschlossen)*
   (b) $\bigwedge_{a,b,c \in S} a + (b + c) = (a + b) + c$ *(Assoziativität)*
   (c) $\bigwedge_{a,b \in S} a + b = b + a$ *(Kommutativität)*
   (d) $\bigwedge_{a \in S} a + 0 = a$ *(0 ist neutrales Element)*
2. $(S, \cdot, 1)$ *ist Monoid, d.h.*
   (a) S *ist bzgl. "·" abgeschlossen,*
   (b) *es gilt die Assoziativität bzgl. der Operation "·"*
   (c) $\bigwedge_{a \in S} a \cdot 1 = 1 \cdot a = a$
3. *Es gelten folgende Distributivgesetze:*
   (a) $\bigwedge_{a,b,c \in S} (a + b) \cdot c = (a \cdot c) + (b \cdot c)$
   (b) $\bigwedge_{a,b,c \in S} a \cdot (b + c) = (a \cdot b) + (a \cdot c)$
4. *Das Element* 0 *hat die Eigenschaft*

(a) $\bigwedge_{a\in S} a \cdot 0 = 0 \cdot a = 0.$

Die neutralen Elemente 0 und 1 des Semirings $\mathcal{S}$ sind nicht mit den Zahlen 0 und 1 zu verwechseln: Sie sind Elemente der Trägermenge S. Um die Abhängigkeit von S zu kennzeichnen, wäre eine Indexkennzeichnung 0_S, 1_S angebracht, wir verzichten jedoch darauf, um die Schreibweise nicht unnötig kompliziert zu machen.

Definition 5.4.2 *Ein Semiring $\mathcal{S}$ heißt* abgeschlossener Semiring *gdw.*

zu jeder Familie $(a_i)_{i\in I}$ von Elementen aus S mit abzählbarer Indexmenge I existiert ein eindeutig bestimmtes Element $\sum_{i\in I} a_i$ ("unendliche Summe", falls I unendlich ist), das die folgenden Eigenschaften erfüllt:

(1) $\sum_{i\in I} a_i = a_{i_1} + \ldots + a_{i_k}$, *falls* $I = \{i_1, \ldots, i_k\}$ *endlich ist.*

(2) $\sum_{i\in I} a_i = 0$, *falls* $I = \emptyset$ *ist.*

(3) Das Summationsergebnis hängt nicht von der Reihenfolge der Summation ab, d.h. für Zerlegungen $I_j, j \in J$ von I ist $\sum_{i\in I} a_i = \sum_{j\in J} \sum_{i\in I_j} a_i$.

(4) Die Multiplikation distribuiert auch über unendliche Summen:

$$(\sum_{i\in I} a_i) \cdot (\sum_{j\in J} b_j) = \sum_{i\in I}(\sum_{j\in J} a_i \cdot b_j).$$

Beispiel 5.4.1 *Der Boolesche Semiring* $\mathcal{B} = (\{0,1\}, \vee, \wedge, 0, 1)$ *mit*

$$a \vee b = \begin{cases} 1 & \text{falls } a = 1 \text{ oder } b = 1 \\ 0 & \text{sonst} \end{cases}$$

d.h. $a \vee b = \max\{a, b\}$ *und*

$$a \wedge b = \begin{cases} 1 & \text{falls } a = 1 \text{ und } b = 1 \\ 0 & \text{sonst} \end{cases}$$

d.h. $a \wedge b = \min\{a, b\}$ *ist abgeschlossener Semiring.*

Die Elemente 1,0 im Booleschen Semiring können als Wahrheitswerte "WAHR", "FALSCH" interpretiert werden.

Beispiel 5.4.2 $\mathcal{R}_\infty = (\mathcal{R} \cup \{\infty\} \cup \{-\infty\}, inf, +, \infty, 0)$.
Dabei ist für endliche Indexmengen I $inf\{a_i : i \in I\} = \min\{a_i : i \in I\}$.
Zusätzlich wird $(-\infty) + \infty = \infty$ *gesetzt. Dann ist $\mathcal{R}_\infty$ abgeschlossener Semiring.*

Das Problem kürzester Wege kann nun als Problem für gerichtete Graphen $G = (V, E)$ mit Kantengewichtsfunktion $c : E \to S$ über einen abgeschlossenen Semiring S definiert werden.
Dazu definieren wir für Wege $P = (v_1, v_2, \ldots, v_k), v_i \in V$, die Kosten

$$c(P) = c(v_1, v_2) \cdot c(v_2, v_3) \cdot \ldots \cdot c(v_{k-1}, v_k).$$

Für den leeren Weg $P = \emptyset$ setzen wir $c(P) = 1$ (dies entspricht Länge 0 beim Semiring $\mathcal{R}_\infty$ bzw. Wert 1 beim Semiring $\mathcal{B}$).

Definition 5.4.3 *Für $a \in S$ setze*

$$a^* = 1 + a + a^2 + a^3 + \ldots = \textstyle\sum_{i \geq 0} a^i.$$

Dabei ist $a^0 = 1$ und $a^{i+1} = a^i \cdot a$.

Offenbar ist $0^* = 1$: Es gilt

$$0^* = 1 + \sum_{i \geq 1} 0^i = 1 + 0 \cdot \sum_{i \geq 0} 0^i = 1 + 0 \cdot 0^* = 1 + 0 = 1.$$

Daraus folgt $0^* = 1$.

Selbsttestaufgabe 5.4.1 *Zeigen Sie:*

a) Im Booleschen Semiring $\mathcal{B}$ ist $a^* = 1$.

b) Im Semiring $\mathcal{R}_\infty$ ist

$$a^* = \begin{cases} 0 & \text{falls } a \geq 0 \\ -\infty & \text{sonst} \end{cases}$$

Definition 5.4.4 *Es sei $P_{ij} = \{P$: P Weg von v_i nach $v_j\}$, $V = \{v_1, \ldots, v_n\}$.*
Das allgemeine Kürzeste–Wege–Problem *ist die Berechnung von $d_{ij} = \sum_{P \in P_{ij}} c(P)$.*

Definition 5.4.5

$$P_{ij}^{(k)} = \{P : P \text{ Weg von } v_i \text{ nach } v_j \text{ über innere Knoten nur aus } \{v_1, \ldots, v_k\}\}.$$

Wie in Abschnitt 5.3 beschrieben, läßt sich ein Weg $P \in P_{ij}^{(k)}$, der v_k als inneren Knoten enthält, zusammensetzen als die Aufeinanderfolge $P = (P_1, P_2, P_3)$ dreier Wege P_1, P_2, P_3 mit $P_1 \in P_{ik}^{(k-1)}$, $P_3 \in P_{kj}^{(k-1)}$ und

$$P_2 = \begin{cases} P_{2,1}, \ldots, P_{2,l} & \text{für } P_{2,i} \in P_{kk}^{(k-1)}, i \in \{1, \ldots, l\} \\ \emptyset & \text{sonst} \end{cases}$$

Es ergibt sich folgender Algorithmus zur Lösung des allgemeinen Kürzesten–Wege–Problems (vgl. Definition 5.4.4)

Algorithmus 5.4.1 (Kleene)

Eingabe: *Ein gerichteter Graph $G = (V, E)$, $V = \{1, \ldots, n\}$, ein Semiring S sowie eine Kostenfunktion $c : E \to S$*

Ausgabe: *$d_{ij}^{(n)} = d_{ij} = \sum_{P \in P_{ij}} c(P)$ – die Lösung des allgemeinen Kürzeste–Wege–Problems zwischen je zwei Knoten $i, j \in \{1, \ldots, n\}$.*

(1) **for all** $i, j \in \{1, \ldots, n\}$ **do**

$$d_{ij}^{(0)} = \begin{cases} c(i,j) & \textit{falls } (i,j) \in E \\ 0 & \textit{sonst} \end{cases};$$

(2) **for** $k := 1$ **to** n **do**
begin
(3) **for all** $i, j \in \{1, \ldots, n\}$ **do**
begin
(4) $d_{ij}^{(k)} := d_{ij}^{(k-1)} + d_{ik}^{(k-1)} \cdot (d_{kk}^{(k-1)})^* \cdot d_{kj}^{(k-1)}$;
(5) $d_{kk}^{(k)} := d_{kk}^{(k)} + 1$;
{ *der leere Weg ist Weg von k nach k über* $\{1, \ldots, k\}$ *und* $c(\emptyset) = 1$}
end
end;

Offenbar ist der Algorithmus von Floyd–Warshall der Algorithmus von Kleene für den Spezialfall $S = \mathcal{R}_\infty$. In diesem Fall fällt in Zeile (4) der Faktor $(d_{kk}^{(k-1)})^*$ weg – in $\mathcal{R}_\infty$ ist dies der Summand 0. Ebenso fällt Zeile (5) weg, da ohnehin stets $d_{ii}^{(i)} = 1$ gilt (dies ist $d_{ii}^{(i)} = 0$ in $\mathcal{R}_\infty$). Im allgemeinen Fall des Semirings ergibt sich Zeile (5) aus der Tatsache, daß $d_{kk}^{(k)} = (d_{kk}^{(k-1)})^*$ und $0^* = 1$ in Semiringen ist.
(Zeile (4) ergibt für $d_{kk}^{(k-1)} = 0$ zunächst den falschen Wert $d_{kk}^{(k)} = 0$).

Eine ausführliche Rechtfertigung und Darstellung der Semiringe ist z.B. in [1], [106], [32] enthalten.
Der Zeitaufwand des Kleene–Algorithmus beträgt $O(n^3)$ Semiring–Operationen "$+, \cdot, *$", da Zeile (4) des Algorithmus 5.4.1 für jedes Tripel $(k, i, j) \in \{1, \ldots, n\}^3$ genau einmal ausgeführt wird.
In den Spezialfällen $\mathcal{B}$ und $\mathcal{R}_\infty$ für S ist wegen $a^* = 1$ für $a \in \mathcal{B}$ und

$$a^* = \begin{cases} 0 & \text{falls } a \geq 0 \\ -\infty & \text{sonst} \end{cases}$$

für $\mathcal{R}_\infty$ damit auch die Gesamtzahl der Semiring–Operationen "$+, \cdot$" durch ein $O(n^3)$ beschränkt.

5.5 Weitere Übungen

Aufgabe 5.5.1 *Es sei $G = (V, E)$ ein gerichteter Graph. Eine Kantenmenge $F \subseteq E$ heißt* transitiver Kern von E *gdw. folgende Bedingungen 1) und 2) gelten:*

1) $E^* = F^*$ *und*

2) Für alle $e \in F$ *ist* $(F \setminus \{e\})^* \subset E^*$
(d.h. F ist $\subseteq$–minimale erzeugende Menge für E^*).

a) *Zeigen Sie: Für dags* $G = (V, E)$ *ist der transitive Kern von* E*, der im weiteren mit* E_{red} *bezeichnet wird, eindeutig bestimmt, und es gilt*

$$E_{red} = \{(x,y) : (x,y) \in E \text{ und es existiert kein Weg der Länge } \geq 2 \text{ von } x \text{ nach } y \text{ in } G\}$$

b) *Geben Sie das Prinzip eines Algorithmus mit Zeitbeschränkung* $O(|V| \cdot (|V| + |E|))$ *an, der* E_{red} *bestimmt.*

c) *Geben Sie ein Beispiel für einen nicht azyklischen gerichteten Graphen* $G = (V, E)$ *an, für den verschiedene* $\subseteq$*-minimale erzeugende Mengen* $F, F' \subseteq E$ *mit* $F^* = (F')^* = E^*$ *existieren.*

d) *Konstruieren Sie eine Folge von Beispielgraphen* $G_n = (V_n, E_n), |V_n| = n$ *mit* $|E_{red}| = \Omega(n^2)$.

Aufgabe 5.5.2 *Es sei* $G = (V, E)$ *endlicher ungerichteter zusammenhängender Graph und* $c : E \to \mathcal{R}^+$ *Kostenfunktion.*
Wir modifizieren den Algorithmus von Dijkstra für den Fall ungerichteter Graphen, indem in (6) von Algorithmus 5.2.1 die gerichteten Kanten (v, w) *durch die ungerichteten Kanten* $\{v, w\}$ *ersetzt werden.*

a) *Zeigen Sie, daß folgender Teilgraph* $G' = (V, E')$ *einen Baum definiert: Im k-ten Durchlauf von (3) für* $k \geq 2$ *wird jeweils bei Wahl eines Knotens* $v \in OFFEN$ *gemäß (4) eine Kante* $\{u, v\}$ *in* E' *aufgenommen, die früher gemäß (6) zum aktuellen Wert von* $d(v)$ *geführt hatte.*

b) *Ist dieser Baum immer ein Minimalgerüst von G? (Begründung)*

c) *Erhält man denselben Baum, wenn alle Kantengewichte in G um eine Konstante* $c > 0$ *erhöht werden? (Begründung)*

Aufgabe 5.5.3 *Nachfolgend werden drei Varianten des Kürzeste–Wege–Problems angegeben. Zeigen Sie:*

a) *Die Varianten 1) und 2) lassen sich durch einfache Modifizierung des Algorithmus von Dijkstra lösen.*

b) *Das Problem in Variante 3) ist* **NP**-*vollständig.*

Die Varianten:

1) Eingabe: *Wie beim Algorithmus 5.2.1 von Dijkstra.*
Gesucht: *Kürzeste Wege von* v_1 *aus mit minimaler/maximaler Zahl von Kanten.*

2) Eingabe: *Wie beim Algorithmus 5.2.1 von Dijkstra. Zusätzlich gibt es eine Kostenfunktion $l' : V \to \mathcal{R}^+$. Die Kosten eines Weges sind die Summe der Kosten von Knoten und Kanten des Weges.*
Gesucht: *Kürzeste Wege von v_1 aus.*

3) Eingabe: *Ein ungerichteter Graph $G = (V, E)$ mit Kostenfunktionen $l : E \to \mathcal{R}^+$, $l' : V \to \mathcal{R}^+$.*
Gesucht: *Unter den Wegen mit kleinster Kantengewichtssumme ein Weg mit größter Knotengewichtssumme.*

5.6 Lösungshinweise zu den Selbsttestaufgaben von Kapitel 5

Selbsttestaufgabe 5.1.1

1. LONGEST PATH $\in$ **NP**:
   Eine nichtdeterministische Turingmaschine rät in Polynomialzeit Knoten $u, v \in V$ und einen Weg P und prüft anschließend in (deterministischer) Polynomialzeit, ob P einfacher Weg der Länge $\geq k$ zwischen u und v ist.

2. HP $\leq_{pol}$ LONGEST PATH:
   Es sei G schlichter ungerichteter Graph. Wir setzen $f(G) = (G, n-1)$ mit $n = |V|$. Dann gilt offenbar

   $G \in$ HP $\iff$ es existieren $u, v \in V, u \neq v$, so daß u, v die Endknoten eines Hamiltonweges von G sind
   $\iff$ es existieren $u, v \in V, u \neq v$, und ein einfacher Weg P der Länge $l(P) \geq n-1$ (damit ist $l(P) = n-1$, da längere einfache Wege nicht existieren)
   $\iff$ $(G, n-1) \in$ LONGEST PATH.

Selbsttestaufgabe 5.1.2
Es sei $G = (V, E)$ Schichtengraph der Tiefe k und $V_1, \ldots, V_{k+1}$ eine Schichtenzerlegung mit $V_1 = \{s\}$ sowie $c : E \to \mathcal{R}$ eine Kostenfunktion.
Damit ist G ein dag, und das Problem der Bestimmung kürzester Weglängen von s zu allen übrigen Knoten ist in Linearzeit $O(|V| + |E|)$ lösbar durch Anwendung von Algorithmus 5.1.1.

Selbsttestaufgabe 5.2.1
Wir bezeichnen mit $d_i(v)$ den Wert von $d(v)$ nach dem i-ten Durchlauf durch (6), $d_0(v)$ bezeichnet die Anfangswerte. Der jeweils unterstrichene Wert gibt den in (4) als nächsten gewählten Knoten an.

x	$d_0(x)$	$d_1(x)$	$d_2(x)$	$d_3(x)$	$d_4(x)$	$dist(v_1, x)$
v_1	$\underline{0}$					0
v_2	∞	14	13	$\underline{13}$		13
v_3	∞	$\underline{8}$				8
v_4	∞	∞	∞	∞	$\underline{16}$	16
v_5	∞	∞	$\underline{10}$			10

Selbsttestaufgabe 5.4.1
Im Booleschen Semiring $\mathcal{B}$ ist $a + 1 = 1$ für alle $a \in S$. Da in a^* die 1 als Summand vorkommt, ist also $a = 1$.
Im Semiring $\mathcal{R}_\infty$ ist für $a \geq 0$ $min(a, 0) = 0$, außerdem ist für $a \geq 0$ auch $a^n \geq 0$, falls $n \geq 1$, also wegen $a^* = inf(0, a, a + a, \ldots, \underbrace{a + \ldots + a}_{k-mal}, \ldots) = 0$. Im Fall $a < 0$ ist $a^* = inf(0, a, a + a, \ldots, a + \ldots + a, \ldots) = -\infty$.

5.7 Literaturhinweise

Die Linearzeit-Methode zur Bestimmung kürzester Wege in dags erscheint bereits in [96]. Der Algorithmus von *Dijkstra* zur Bestimmung kürzester Wege von einem Knoten aus stammt aus [36]. Der *Bellman-Ford*-Algorithmus basiert auf [11] und [55]. In [32] sind weitere Algorithmen erwähnt, die sich u.a. auf den Fall kleiner nichtnegativer Kantengewichte beziehen.

Kürzeste Wege zwischen je zwei Knoten werden bereits in [96] ausführlich beschrieben. Der *Floyd-Warshall*-Algorithmus stammt aus [53], basierend auf einem Satz aus [136]. Die Verallgemeinerung auf Semiringe erscheint in [1] und ist z.B. auch in [106] ausführlich beschrieben.

6 Das Maximalflußproblem

Eine der interessantesten Anwendungen der Graphentheorie ist die Modellierung von Transportaufgaben in einem Netzwerk von Transportwegen (Transport von Flüssigkeiten, elektrischem Strom, von Waren, von Informationen in einem Kommunikationsnetzwerk usw.), wobei die Transportwege jeweils als gerichtete Kanten von beschränkter Durchlaßfähigkeit (Kapazität der Kante) modelliert werden.
Der jeweils in einer Kante fließende Fluß darf die Kapazität nicht übersteigen. Außerdem wird vorausgesetzt, daß bis auf zwei ausgezeichnete Knoten, die Quelle q und die Senke s, für alle Knoten v gilt, daß die Summe der in sie hineinfließenden Flüsse gleich der Summe der aus ihnen herausfließenden Flüsse (*Flußerhaltung*) ist, d.h. die Knoten v geben tatsächlich genausoviel weiter, wie sie erhalten. Ziel ist die Bestimmung eines Flusses mit maximaler Summe der in s hineinfließenden Flüsse (*Maximalflußproblem*). Damit hat man es also mit einem algorithmischen Problem auf mehrfach kantengewichteten gerichteten Graphen zu tun.

6.1 Flüsse und Schnitte

Definition 6.1.1 *$N = (G, q, s, c)$ heißt* Netzwerk *gdw.*

(α) $G = (V, E)$ ist gerichteter endlicher schlichter Graph

(β) $q, s \in V$ sind spezielle Knoten, $q \neq s$ (q heißt Quelle, *s heißt* Senke*)*

(γ) $c : E \to \mathcal{R}^+$ ist eine Kantengewichtsfunktion (die Kapazität $c(e)$ *von Kante $e \in E$) mit $c(e) > 0$ für alle $e \in E$.*

Die Beschränkung auf schlichte Graphen G ist o.B.d.A. möglich, wie man später leicht sieht.

Definition 6.1.2 *Für Knoten $v \in V$ sei $E_{in}(v) = \{(u, v) : (u, v) \in E\}$ die Menge der in v einlaufenden Kanten und $E_{out}(v) = \{(v, u) : (v, u) \in E\}$ die Menge der von v ausgehenden Kanten aus E.*
Eine Funktion $f : E \to \mathcal{R}^+$ heißt zulässiger Fluß auf *N (oder kürzer:* Fluß *) gdw.*

(F1) Für alle $e \in E$ ist $0 \leq f(e) \leq c(e)$.

(F2) Für alle $v \in V \setminus \{q, s\}$ ist

(δ) $0 = \sum_{e \in E_{in}(v)} f(e) - \sum_{e \in E_{out}(v)} f(e)$.

Wir setzen

$f^+(v) = \sum_{e \in E_{in}(v)} f(e)$ *und*

$f^-(v) = \sum_{e \in E_{out}(v)} f(e)$.

Der Gesamtfluß $F = F(f)$ *ist definiert durch*

(ε) $F = f^+(s) - f^-(s)$

(falls es keine von s ausgehenden Kanten in E gibt, ist $f^-(s) = 0$*, aber in Definition 6.1.1 wird nicht* $E_{out}(s) = \emptyset$ *verlangt).*
Der Fluß f auf N heißt Maximalfluß auf N *gdw.*

$F(f) = \max\{F(f') : f' \text{ Fluß auf } N\}$.

Beispiel 6.1.1 *a) Ein Beispielnetzwerk N mit* $c(e) = 1$ *für alle* $e \in E$.

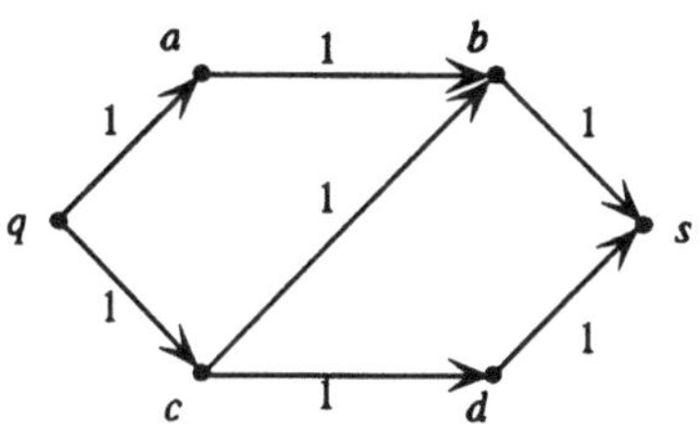

Abbildung 6.1: Beispielnetzwerk N

b) Die Abbildungen 6.2, 6.3 und 6.4 zeigen drei zulässige Flüsse auf N: $f_1(e) = 0$ *für alle* $e \in E$ *mit Gesamtfluß* $F_1(f) = 0$ *(hierbei bedeutet die Markierung* i, j *der Kante e, daß* $c(e) = i$ *und* $f(e) = j$ *ist).*

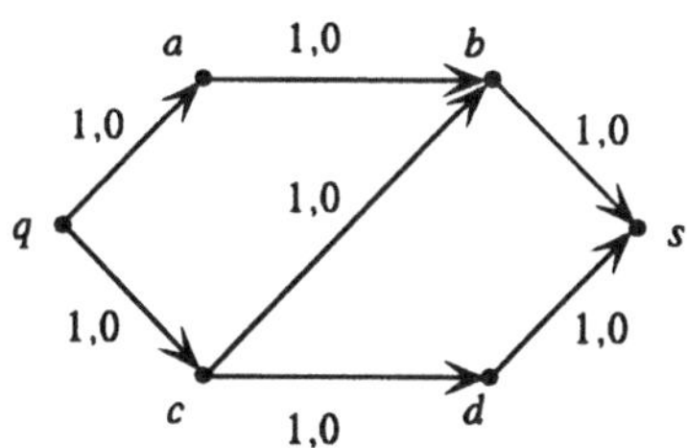

Abbildung 6.2: Flußfunktion f_1

Flußfunktion f_2 *mit Gesamtfluß* $F_2 = 1$.
Flußfunktion f_3 *mit Gesamtfluß* $F_3 = 2$. f_3 *ist gleichzeitig Maximalfluß.*

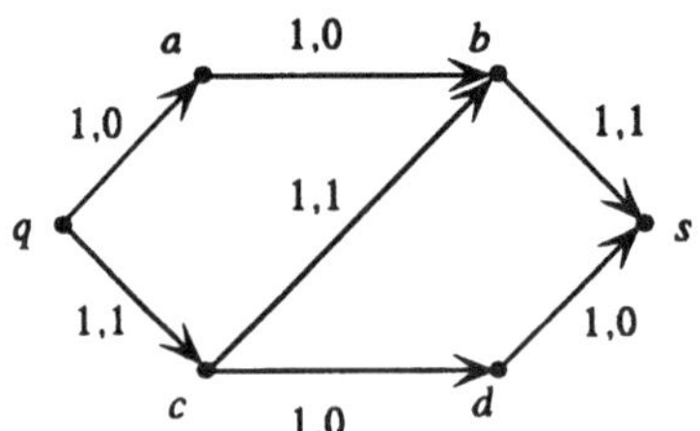

Abbildung 6.3: Flußfunktion f_2

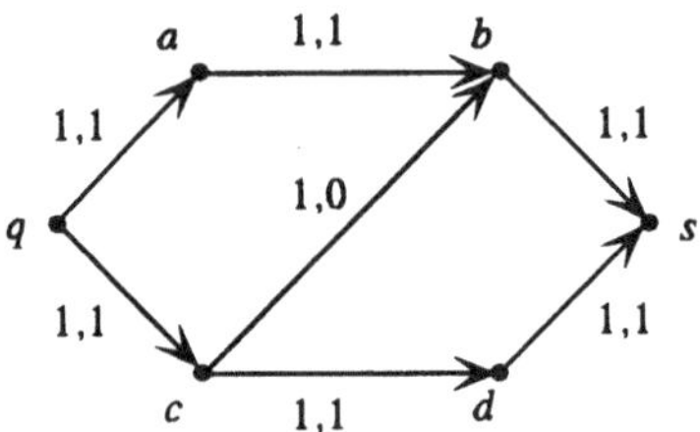

Abbildung 6.4: Flußfunktion f_3

Definition 6.1.3 *Das* Maximalflußproblem *ist die folgende (algorithmische) Aufgabe:*

Eingabe: *Ein Netzwerk N*
Ausgabe: *Ein Maximalfluß f auf N*

Es ist naheliegend, daß die algorithmische Lösung dieses Problems von großer praktischer Bedeutung ist.

Selbsttestaufgabe 6.1.1
Es seien $N = (G, q, s, c)$ ein Netzwerk und f_1, f_2 Flußfunktionen auf N.

(a) Ist dann auch $f_1 + f_2$ Fluß auf N ?

(b) Zeigen Sie: Für alle $a \in \mathcal{R}$ mit $0 \le a \le 1$ ist $a \cdot f_1 + (1-a) \cdot f_2$ Fluß auf N.

Definition 6.1.4 *Es sei $S \subseteq V$ mit $q \in S$, $s \notin S$ und $\overline{S} = V \setminus S$. Wir definieren*

$$(S; \overline{S}) = \{(x, y) : (x, y) \in E \wedge x \in S \wedge y \in \overline{S}\},$$

$$(\overline{S}; S) = \{(x, y) : (x, y) \in E \wedge x \in \overline{S} \wedge y \in S\}.$$

Der durch S definierte Schnitt *ist die Kantenmenge* $(S; \overline{S}) \cup (\overline{S}; S)$.
(Im weiteren wird oft auch von S selbst als Schnitt gesprochen, wobei der durch S definierte Schnitt gemeint ist.)

In Definition 6.1.2 wird der Gesamtfluß $F = F(f)$ mit Hilfe der Senke s definiert. Das nachfolgende Lemma zeigt, daß man F durch jeden Schnitt definieren kann.

Lemma 6.1.1 *Für jedes $S \subseteq V$ mit $q \in S, s \notin S$ gilt*

$$\sum_{e \in (S;\overline{S})} f(e) - \sum_{e \in (\overline{S};S)} f(e) = F$$

(d.h. der Gesamtfluß $F(f)$ läßt sich an jedem durch S definierten Schnitt messen als die Differenz der beiden obigen Summen von Flüssen.)

Beweis: Wir summieren (ε) mit den Gleichungen (δ) für alle $v \in \overline{S} \setminus \{s\}$. Damit ergibt sich $F(f) = \sum_{v \in \overline{S}}(f^+(v) - f^-(v))$.
Es sei nun $e = (x, y)$ eine Kante. Für e ergibt sich folgende Fallunterscheidung:
1. Fall: Ist $x, y \in S$, so kommt $f(e)$ auf der rechten Seite nicht vor.
2. Fall: Ist $x, y \in \overline{S}$, so kommt $f(e)$ rechts einmal mit dem Vorzeichen "+" vor (als einlaufende Kante zu y) und einmal mit dem Vorzeichen "−" vor (als auslaufende Kante zu x), die Summe ist also 0.
3. Fall: Ist $x \in S, y \in \overline{S}$, so kommt $f(e)$ einmal mit dem Vorzeichen "+" vor als einlaufende Kante zu y. (Ist dabei $y = s$, so kommt $f(e)$ in (ε) vor, ist $y \neq s$, so kommt $f(e)$ in (δ) vor.)
4. Fall: Ist $x \in \overline{S}, y \in S$, so kommt $f(e)$ einmal mit dem Vorzeichen "−" vor als auslaufende Kante zu x. (Ist $x = s$, so kommt $f(e)$ in (ε) vor, ist $x \neq s$, so kommt $f(e)$ in (δ) vor.)
Damit gilt Lemma 6.1.1. □

Definition 6.1.5 *Die* Kapazität $c(S)$ eines durch S bestimmten Schnittes *ist*

$$c(S) = \textstyle\sum_{e \in (S;\overline{S})} c(e).$$

Offenbar gilt stets $F \leq c(S)$, denn

$$F = \sum_{e \in (S;\overline{S})} f(e) - \sum_{e \in (\overline{S};S)} f(e) \leq \sum_{e \in (S;\overline{S})} f(e) \leq \sum_{e \in (S;\overline{S})} c(e)$$

Das heißt insbesondere

$$(\zeta)\ \max\{F(f) : f \text{ Fluß auf } N\} \leq \min\{c(S) : S \subseteq V \text{ und } q \in S \text{ und } s \notin S\}.$$

Tritt hierbei Gleichheit ein, so ist offenbar F maximal (und $c(S)$ minimal). Algorithmen zur Bestimmung des Maximalflusses beruhen darauf, daß bei (ζ) tatsächlich Gleichheit eintritt (diese Gleichheit ist unter dem Namen *"max-flow-min-cut theorem"* bekannt geworden und wird als Satz 6.2.2 formuliert und bewiesen).

Selbsttestaufgabe 6.1.2 *Formulieren Sie das Maximalflußproblem für folgende Verallgemeinerung von Netzwerken:*
Statt bisher einer Quelle q und einer Senke s werden jetzt Quellen $q_1, \ldots, q_k$ und Senken $s_1, \ldots, s_l$ zugelassen.
Zeigen Sie, daß sich das Maximalflußproblem für solche Netzwerke auf dasjenige für Netzwerke nach Definition 6.1.1 zurückführen läßt.

6.2 Der Algorithmus von Ford/Fulkerson

Ford und Fulkerson verwendeten zur Bestimmung des Maximalflusses sogenannte flußvergrößernde Wege:

Definition 6.2.1 *Es sei* $P = (e_1, \dots, e_k)$ *mit* $e_i \in E, i = 1, \dots, k$, *eine Kantenfolge, deren zugrundeliegende ungerichtete Kantenfolge* $P' = (e'_1, \dots, e'_k)$ *ein einfacher Weg zwischen* q *und* s *ist (d.h. die gerichteten Kanten können im Weg* P' *in Richtung von* q *nach* s *oder in Richtung von* s *nach* q *gerichtet sein). Es sei also*

$$P' = x_0 \overset{e'_1}{\text{---}} x_1 \overset{e'_2}{\text{---}} \dots \overset{e'_{k-1}}{\text{---}} x_{k-1} \overset{e'_k}{\text{---}} x_k \text{ mit } x_0 = q, x_k = s.$$

Eine Kante $e_i = x_{i-1} \rightarrow x_i$ *heißt* Vorwärtskante in P *und eine Kante* $e_i = x_{i-1} \leftarrow x_i$ *heißt* Rückwärtskante in P *(d.h. eine Vorwärtskante zeigt in* P *in Richtung von* q *nach* s *und eine Rückwärtskante in Richtung von* s *nach* q *– wie man im nächsten Beispiel sieht, kann eine Kante* e *in bezug auf einen Weg* P_1 *Vorwärts- und in bezug auf einen anderen Weg* P_2 *Rückwärtskante sein).*

Beispiel 6.2.1 *Im Graphen* G *aus Beispiel 6.1.1 ist in* $P_1 = q \rightarrow c \rightarrow b \rightarrow s$ *die Kante* $c \rightarrow b$ *Vorwärtskante, und in* $P_2 = q \rightarrow a \rightarrow b \leftarrow c \rightarrow d \rightarrow s$ *ist die Kante* $c \rightarrow b$ *Rückwärtskante.*

Definition 6.2.2 *Es sei* $P = (e_1, \dots, e_k)$ *eine Kantenfolge wie unter Definition 6.2.1 und* f *eine Flußfunktion auf* N. *Wir setzen*

$$\Delta(e_i) = \begin{cases} c(e_i) - f(e_i) & \text{falls } e_i \text{ Vorwärtskante in } P \text{ ist} \\ f(e_i) & \text{falls } e_i \text{ Rückwärtskante in } P \text{ ist} \end{cases}$$

Dabei heißt die Kante $e_i = x \rightarrow y$ nützlich von x nach y *gdw.*

$$c(e_i) - f(e_i) > 0.$$

Die Kante $e_i = x \rightarrow y$ *heißt* nützlich von y nach x *gdw.*

$$f(e_i) > 0.$$

Im weiteren bezeichnen wir auch Kantenfolgen P *obiger Art als Wege. Ein solcher Weg* P *heißt* flußvergrößernder Weg *gdw.*

$$\Delta(P) = \min\{\Delta(e_i) : e_i \text{ Kante in } P, \, i \in \{1, \dots, k\}\} > 0.$$

Beispiel 6.2.2 *In Beispiel 6.1.1 ist der Weg* P_1 *aus Beispiel 6.2.1 flußvergrößernder Weg bzgl. der Flußfunktion* f_1 *mit* $\Delta(P_1) = 1$, *und die Kante* $c \rightarrow b$ *ist nützlich von* c *nach* b. *Der Weg* P_2 *aus Beispiel 6.2.1 ist flußvergrößernder Weg bzgl. der Flußfunktion* f_2 *mit* $\Delta(P_2) = 1$, *und* $c \rightarrow b$ *ist nützlich von* b *nach* c.

Für eine Flußfunktion f und einen flußvergrößernden Weg P wird nun folgende Funktion f' gebildet:

Definition 6.2.3

$$f'(e) = \begin{cases} f(e) + \Delta(P) & \textit{falls } e \textit{ Vorwärtskante in } P \textit{ ist} \\ f(e) - \Delta(P) & \textit{falls } e \textit{ Rückwärtskante in } P \textit{ ist} \\ f(e) & \textit{falls } e \textit{ nicht in } P \textit{ vorkommt} \end{cases}$$

Lemma 6.2.1 *Die Funktion f' ist zulässiger Fluß auf N mit Gesamtfluß $F(f') = F(f) + \Delta(P)$.*

Beweis: Im folgenden setzen wir $\Delta = \Delta(P)$. Offenbar ist für alle Kanten $e \in E$ $0 \leq f'(e) \leq c(e)$ erfüllt. Eigenschaft (F2) eines zulässigen Flusses ist ebenfalls erfüllt, da f nur entlang des Weges P verändert wird:
Ist x ein Knoten im Weg P, so können nur folgende vier Fälle eintreten:

(1) $\ldots \xrightarrow{e_1} x \xrightarrow{e_2} \ldots$, e_1, e_2 Vorwärtskanten. Dann ist

$$f'^{+}(x) = f^{+}(x) + \Delta \text{ und } f'^{-}(x) = f^{-}(x) + \Delta, \text{ also } f'^{+}(x) - f'^{-}(x) = 0.$$

(2) $\ldots \xleftarrow{e_1} x \xleftarrow{e_2} \ldots$, e_1, e_2 Rückwärtskanten. Dann ist

$$f'^{+}(x) = f^{+}(x) - \Delta \text{ und } f'^{-}(x) = f^{-}(x) - \Delta.$$

(3) $\ldots \xrightarrow{e_1} x \xleftarrow{e_2} \ldots$, e_1 Vorwärtskante, e_2 Rückwärtskante. Dann ist

$$f'^{-}(x) = f^{-}(x) \text{ und } f'^{+}(x) = f^{+}(x) + \Delta - \Delta.$$

(4) $\ldots \xleftarrow{e_1} x \xrightarrow{e_2} \ldots$, e_1 Rückwärtskante, e_2 Vorwärtskante. Dann ist

$$f'^{+}(x) = f^{+}(x) \text{ und } f'^{-}(x) = f^{-}(x) - \Delta + \Delta.$$

In jedem Fall gilt also (F2) für f'.
Offenbar gilt für die Gesamtflüsse F bei f und F' bei f': $F' = F + \Delta$. □

Der Algorithmus von Ford/Fulkerson sucht nun sukzessive nach flußvergrößernden Wegen, vergrößert den Fluß entlang dieser Wege und hält an, falls kein solcher Weg mehr existiert.

Algorithmus 6.2.1 (Ford/Fulkerson)

Eingabe: *Ein Netzwerk $N = (G, q, s, c)$*
Ausgabe: *Ein Maximalfluß f.*

(1) **for all** $e \in E$ **do** $f(e) := 0$;
(2) **while** *es existiert ein flußvergrößernder Weg P* **do**
  begin
(3)   *konstruiere einen flußvergrößernden Weg P;*
(4)   *bilde zu f und P die Flußfunktion f' wie in Definition 6.2.3;*
(5)   *setze* $f := f'$;
  end;

Um den Algorithmus von Ford/Fulkerson präzise ausführen zu können, muß (3) genauer beschrieben werden. Hier ist auch zunächst nicht klar, ob es überhaupt ein Polynomialzeitverfahren gibt, das Schritt (3) präzisiert. Wir werden in Abschnitt 6.3 ein solches (den Algorithmus von Dinitz) beschreiben.
Zunächst jedoch soll Algorithmus 6.2.1 am Beispiel näher erläutert werden.

Beispiel 6.2.3 *Wir wählen wieder das Netzwerk aus Beispiel 6.1.1 a) mit dem Fluß* f_1. *Ein möglicher flußvergrößernder Weg P ist der Weg* $P_1 = q \to c \to b \to s$ *aus Beispiel 6.2.1 mit* $\Delta(P) = 1$. *Nach Ausführung von (4) ergibt sich als neue Flußfunktion f' die Flußfunktion* f_2 *aus Beispiel 6.1.1. Ein möglicher flußvergrößernder Weg P ist nun der Weg* $P_2 = q \to a \to b \leftarrow c \to d \to s$ *aus Beispiel 6.2.1 mit* $\Delta(P_2) = 1$. *Nach Ausführung von (4) ergibt sich als neue Flußfunktion f' die Funktion* f_3 *aus Beispiel 6.1.1. Zu* f_3 *existiert kein flußvergrößernder Weg mehr. Also endet der Algorithmus mit* $f = f_3$.

Satz 6.2.1 *Falls der Algorithmus 6.2.1 anhält, ist f ein Maximalfluß.*

Beweis: Der Algorithmus hält genau dann, wenn es keinen flußvergrößernden Weg in N mit Flußfunktion f mehr gibt.
Es sei S die Menge der Knoten x, die von q aus über eine (möglicherweise leere) Folge von nützlichen Kanten erreichbar ist (d.h. also über Kanten $e = u \to v$ mit $f(e) < c(e)$ bzw. über Kanten $e = u \leftarrow v$ mit $f(e) > 0$).
Nach Definition von S ist $q \in S$. Da es keinen flußvergrößernden Weg zu N und f gibt, ist $s \notin S$. Also definiert S einen Schnitt:
Ist $e = (u, v) \in (S; \overline{S})$, so ist $f(e) = c(e)$, ist $e = (v, u) \in (\overline{S}; S)$, so ist $f(e) = 0$, andernfalls wäre auch $v \in S$.
Da nach Lemma 6.1.1 für jeden Schnitt S

$$\sum_{e \in (S;\overline{S})} f(e) - \sum_{e \in (\overline{S};S)} f(e) = F(f)$$

gilt, ist somit

$$F(f) = \sum_{e \in (S;\overline{S})} c(e) - 0 = c(S).$$

Damit wird in der Ungleichung $F(f) \leq c(S)$ Gleichheit erreicht, und somit ist f Maximalfluß. □

Satz 6.2.2 (max–flow–min–cut theorem) *In Netzwerken mit ganzzahligen Kapazitäten ist der maximale Gesamtfluß F ganzzahlig und wird nach endlich vielen Schritten in Algorithmus 6.2.1 durch $F = c(S)$ für eine Schnittmenge S erreicht.*

Beweis: Der Anfangsfluß ist $f(e) = 0$ für alle $e \in E$. Ist P ein flußvergrößernder Weg, so ist wegen der ganzzahligen Kapazitäten $c(e_i)$ für jede Kante e_i aus P auch $\Delta(e_i)$ aus Definition 6.2.2 ganzzahlig, und damit bleiben auch die Flüsse auf den Kanten sowie der Gesamtfluß ganzzahlig.
Da der maximale Gesamtfluß auch ganzzahlig ist (er ist z.B. durch die Kapazität irgendeines Schnittes beschränkt) und durch endlichmalige ganzzahlige Erhöhung eines Gesamtflusses entsteht, bricht Algorithmus 6.2.1 nach endlich vielen Schritten ab. □

Für beliebige Kapazitäten gilt der obige Satz nicht. Tatsächlich haben Ford und Fulkerson Beispiele mit irrationalen Kapazitäten konstruiert, für die der Algorithmus nicht hält.

Daß im Fall ganzzahliger Kapazitäten Algorithmus 6.2.1 nach endlich vielen Schritten abbricht, besagt noch nichts über die Zeitschranke des Algorithmus. Diese kann in der Tat sehr schlecht sein, wenn die flußvergrößernden Wege ungeschickt gewählt werden. Abbildung 6.5 gibt ein Beispiel für ein Netzwerk, bei dem dieser Effekt auftreten kann.

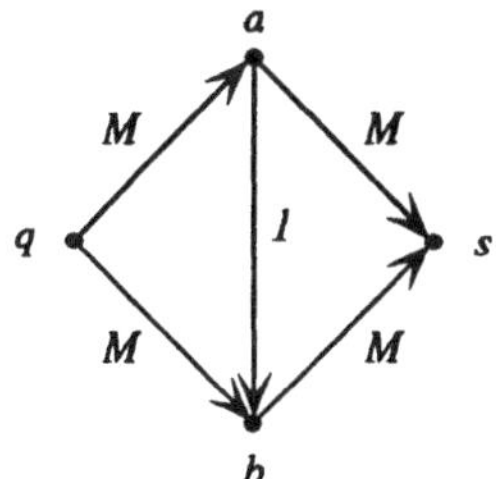

Abbildung 6.5: Ein Beispielnetzwerk N

Beispiel 6.2.4 *$q \to a \to b \to s$ ist ein flußvergrößernder Weg für $f(e) = 0$. Danach ist $q \to b \leftarrow a \to s$ flußvergrößernder Weg usw.*

Verwendet man alternierend die beiden Wege aus Beispiel 6.2.4, so ergibt sich erst nach $2M$ Durchläufen der Maximalfluß $2M$. Man möchte jedoch eine polynomiale Zeitschranke in Abhängigkeit von $|V|$ und $|E|$ haben, die unabhängig von den Kapazitäten ist.
In einer Arbeit von *Edmonds* und *Karp* (vgl. [32]) wurde durch Anwendung von BFS der jeweils kürzeste flußvergrößernde Weg gefunden. Dies führt zu einer Zeitschranke $O(|V|^3 \cdot |E|)$. Wir stellen im folgenden Abschnitt 6.3 den Algorithmus von *Dinitz* vor, der simultan flußvergrößernde Wege jeweils kürzester Länge bestimmt.

Selbsttestaufgabe 6.2.1 *Was läßt sich über das Verhalten des Algorithmus 6.2.1 im Fall rationaler Kapazitäten sagen?*

Der nachfolgend formulierte Satz von *Menger* – ein klassischer Satz der Graphentheorie – hängt eng mit dem max–flow–min–cut theorem zusammen (das max–flow–min–cut theorem folgt aus dem Satz von Menger und umgekehrt).

Es sei $G = (V, E)$ ein schlichter gerichteter Graph und $x, y \in V$ mit $x \neq y$.

Definition 6.2.4 *Wege P_1, P_2 von x nach y heißen* knotendisjunkt *gdw.*

P_1, P_2 haben außer x, y keine gemeinsamen Knoten.

Eine Knotenmenge $M \subseteq V$ trennt x von y *gdw.*

in $G(V \setminus M)$ existiert kein Weg von x nach y.

Die Knoten x und y heißen k–untrennbar *gdw.*

es existiert keine Menge $M \subseteq V$ mit $|M| \leq k$, die x von y trennt.

Satz 6.2.3 *(Menger) Es seien x, y zwei verschiedene Knoten eines schlichten gerichteten Graphen $G = (V, E)$, die nicht durch eine Kante verbunden sind: $(x, y) \notin E$. Dann gilt:*
x und y sind k–untrennbar genau dann, wenn es in G mindestens $k+1$ knotendisjunkte Wege von x nach y gibt.

Eine analoge Version gilt auch für ungerichtete Graphen und führt für $k = 1$ zum Spezialfall des zweifachen Zusammenhangs.

6.3 Der Algorithmus von Dinitz

Wir beschreiben in diesem Abschnitt einen einfachen, von *Dinitz* stammenden Polynomialzeitalgorithmus zur Lösung des Maximalflußproblems, der auf der folgenden Idee basiert:
Es werden nicht nacheinander, sondern simultan flußvergrößernde Wege gleicher Länge bestimmt und damit ein bestimmtes (noch zu definierendes) *"Schichtennetzwerk"* *"gesättigt"*. Danach wird ein neues Schichtennetzwerk mit mehr Schichten konstruiert, das nur noch flußvergrößernde Wege größerer Länge enthalten kann, bis eine maximal mögliche Länge erreicht ist. Grundlage dieses Vorgehens ist BFS.
Der Algorithmus von Dinitz arbeitet in drei Phasen:

Phase 1:

Algorithmus 6.3.1
(Konstruktion der Schichten $V_0, \ldots, V_l$ des Netzwerkes $\tilde{N}$)

Eingabe: *Ein Netzwerk* $N = (G, q, s, c)$ *mit Flußfunktion* f
Ausgabe: $V_0, \ldots, V_l$ *– die Schichten von* $\tilde{N}$

(Das vollständige Netzwerk $\tilde{N}$ *wird im Anschluß an den Algorithmus definiert.)*

```
(1) V_0 := {q}; i := 0; T := {q};
(2) repeat
(3)    T := {v : v ∉ ⋃_{j≤i} V_j und es existiert ein y ∈ V_i mit
          (e = (y,v) ∈ E ∧ f(e) < c(e)) {nützliche Vorwärtskante} oder
          (e = (v,y) ∈ E ∧ f(e) > 0)}; {nützliche Rückwärtskante}
(4)    if s ∈ T then
          begin
(5)         l := i + 1; V_l := {s}
          end
       else
          begin
(6)         V_{i+1} := T; i := i + 1
          end
(7) until (T = ∅) or (s ∈ T);
```

Selbsttestaufgabe 6.3.1 *Führen Sie Algorithmus 6.3.1 am Beispiel 6.1.1 mit Flußfunktion* f_1 *aus.*

Definition 6.3.1 *Es seien* $V_0, \ldots, V_l$ *die durch Algorithmus 6.3.1 definierten Schichten und für alle* $i \in \{1, \ldots, l\}$

$$E_i = \{e : e \in E \text{ und } e \text{ ist nützliche (Vorwärts- oder Rückwärts-) Kante von } V_{i-1} \text{ nach } V_i\}.$$

Weiterhin sei $\tilde{E}_i$ *folgende Kantenmenge:*

$$\begin{aligned} \tilde{E}_i = & \{(x,y) : x \in V_{i-1} \wedge y \in V_i \wedge (x,y) \text{ nützliche Vorwärtskante in } E_i\} \\ \cup & \{(x,y) : x \in V_{i-1} \wedge y \in V_i \wedge (y,x) \text{ nützliche Rückwärtskante in } E_i\} \end{aligned}$$

(d.h. in $\tilde{E}_i$ *haben die Kanten aus* E_i *jetzt alle die Richtung von* V_{i-1} *nach* V_i*, auch wenn sie vorher umgekehrte Richtung hatten).*

Wir setzen

$$\tilde{E} = \bigcup_{i=1}^{l} \tilde{E}_i.$$

Außerdem sei

$$\tilde{c}(e) = \begin{cases} c(e) - f(e) & \text{falls } e \text{ nützliche Vorwärtskante in } N \text{ ist} \\ f(e) & \text{falls } e \text{ nützliche Rückwärtskante in } N \text{ ist} \end{cases}$$

Das Netzwerk $\tilde{N} = ((V, \tilde{E}), q, s, \tilde{c})$ *mit* $V = V_0 \cup \ldots \cup V_l$ *und* $\{s\} = V_l$ *heißt* Schichtennetzwerk ("layered network") *mit den* Schichten $V_0, \ldots, V_l$. *Die* Tiefe *des Netzwerks* $\tilde{N}$ *ist* l.

Im Algorithmus 6.3.1 werden also Schicht für Schicht nützliche Kanten bestimmt, bis $T = \emptyset$ ist (der Algorithmus bricht erfolglos ab) oder $s \in T$ erreicht ist (der Algorithmus hat ein neues Schichtennetzwerk gefunden).

Endet der Algorithmus mit $s \in T$, so besteht die Möglichkeit, den Gesamtfluß weiter zu erhöhen. Der Zeitaufwand von Algorithmus 6.3.1 ist $O(|V| + |E|)$, da der Algorithmus eine Modifikation von Breitensuche (BFS) ist, bei der lediglich der Test auf Nützlichkeit der Kanten hinzukommt.

Lemma 6.3.1 *Endet Algorithmus 6.3.1 mit* $T = \emptyset$, *so ist der gegenwärtige Gesamtfluß* $F(f)$ *maximal.*

Beweis: Es seien $V_0, \ldots, V_i$ alle Schichten des Netzwerks. Setze $S = V_0 \cup \ldots \cup V_i$. Dann ist $q \in S, s \notin S$, und es gilt:
Für jede Kante $e = (u, v)$ in $(S; \overline{S})$ ist $f(e) = c(e)$, und für jede Kante $e = (v, u)$ in $(\overline{S}; S)$ ist $f(e) = 0$. Nach Lemma 6.1.1 ist dann

$$F = \sum_{e \in (S;\overline{S})} f(e) - \sum_{e \in (\overline{S};S)} f(e) = \sum_{e \in (S;\overline{S})} c(e) - 0 = c(S).$$

Also ist F maximal. □

Definition 6.3.2 *Die Flußfunktion* $\tilde{f}$ *im Schichtennetzwerk* $\tilde{N}$ *heißt* wegsättigend ("blocking") *gdw.*

> *für alle Wege* P *von* q *nach* s *in* $\tilde{N}$ *gibt es eine Kante* e *mit* $\tilde{f}(e) = \tilde{c}(e)$ *(d.h. entlang des Weges* P *kann keine Flußvergrößerung mehr erfolgen).*

Die Idee des Algorithmus von Dinitz ist die folgende:
Im Schichtennetzwerk $\tilde{N}$ wird eine wegsättigende Flußfunktion $\tilde{f}$ bestimmt und zum bisherigen Fluß f addiert, falls dieser nicht maximalen Gesamtfluß hatte.
Dieser Schritt wird solange wiederholt, bis man bei Algorithmus 6.3.1 $T = \emptyset$ erreicht. Die Zahl der Iterationen ist dabei durch $|V|$ beschränkt, da man zeigen kann, daß bei jeder Iteration die Tiefe (d.h. die maximale Weglänge) des Schichtennetzwerks um mindestens 1 wächst (und höchstens $|V|$ werden kann).

Phase 2:
Der nachfolgende Algorithmus verwendet Kantenmarkierungen "frei" und "blockiert" (im Sinne von "nicht frei").

Algorithmus 6.3.2 *(Bestimmung eines wegsättigenden Flusses* $\tilde{f}$ *zu* $\tilde{N}$*)*

Eingabe: *Ein Schichtennetzwerk* $\tilde{N} = (\tilde{G}, q, s, \tilde{c}), \tilde{G} = ((V_0, \ldots, V_l), \tilde{E})$, *mit* $\tilde{c}(e) > 0$ *für alle* $e \in \tilde{E}$.
Ausgabe: *Ein wegsättigender Fluß* $\tilde{f}$ *auf* $\tilde{N}$.

```
(1)  for all e ∈ Ẽ do begin markiere e "frei"; f̃(e) := 0 end;
(2)  repeat
(3)    v := q; K := ∅; {K ist ein Kellerspeicher ("stack")}
(4)    repeat
(5)      while es existiert freie Kante v → u do
(6)        begin speichere v → u in K ein; setze v := u end;
(7)      if v = s then
       {die Kanten in K bilden flußvergrößernden Weg q -e1-> v1 -e2-> ... -e(l-1)-> v(l-1) -el-> s}
           begin
(8)          Δ := min{c̃(e_i) − f̃(e_i) : 1 ≤ i ≤ l};
(9)          for all i mit 1 ≤ i ≤ l do
               begin
(10)             f̃(e_i) := f̃(e_i) + Δ;
(11)             if f̃(e_i) = c̃(e_i) then markiere e_i als "blockiert";
       {dabei wird für jeden solchen Weg mindestens eine Kante blockiert}
               end
           end
(12)     else
       {es existiert keine freie Kante von v ≠ s aus, d.h. v ist Ende einer Sackgasse}
(13)       begin
             lösche oberste Kante e = u → v aus K;
             markiere e "blockiert";
             setze v := u; {backtracking um eine Kante}
           end
(14)   until (v = q) or (v = s);
(15) until (v = q) and (alle Kanten von q aus sind blockiert);
```

Man beachte, daß im obigen Algorithmus die Suche nach flußvergrößernden Wegen nach dem DFS–Prinzip erfolgt, wobei nach jeder erfolgreichen Suche wieder bei q angefangen wird. Erreicht v den Zielknoten s nicht, erfolgt ein "backtracking" zum vorangegangenen Knoten.
Ist ein flußvergrößernder Weg P gefunden, so wird nachfolgend mindestens eine der Kanten von P blockiert.
Ist die Kapazität aller Kanten gleich 1, so werden alle Kanten eines Weges blockiert (dies verringert den Zeitaufwand und wird später noch ausgenutzt).

Selbsttestaufgabe 6.3.2

(a) Beweisen Sie, daß der Kommentar bei (7) stimmt.

(b) *Zeigen Sie: Am Ende von Algorithmus 6.3.2 ist $\tilde{f}$ eine wegsättigende Flußfunktion auf $\tilde{N}$.*

Die Laufzeit des Algorithmus 6.3.2 ergibt sich wie folgt:
Nach jeweils höchstens $2 \cdot l < 2 \cdot |V|$ Schritten wird eine Kante blockiert entweder durch die Feststellung, daß sie das Ende einer Sackgasse ist, oder durch Sättigung eines flußvergrößernden Weges (vgl. Punkt (11)). Nach höchstens $O(|V| \cdot |E|)$ Schritten sind also alle Kanten blockiert. Damit ist die Laufzeit des Algorithmus durch $O(|V| \cdot |E|)$ beschränkt.

Phase 3 (Flußvergrößerung):

Algorithmus 6.3.3

Eingabe: *Bisherige Flußfunktion f auf N, wegsättigende Flußfunktion $\tilde{f}$ auf $\tilde{N}$*
Ausgabe: *Flußfunktion f' auf N*

for all *Kanten e in N* **do**
begin
(1) **if** $e = u \to v$ *Kante in $\tilde{N}$ mit $u \in V_{j-1}, v \in V_j$* **then**
$f'(e) := f(e) + \tilde{f}(e)$;
(2) **if** $e = u \to v$ *Kante in $\tilde{N}$ mit $u \in V_j, v \in V_{j-1}$* **then**
$f'(e) := f(e) - \tilde{f}(e)$;
(3) **if** $e = u \to v$ *keine Kante in $\tilde{N}$* **then**
$f'(e) := f(e)$
end;

(d.h. Kanten e aus N, die in $\tilde{N}$ mit derselben Richtung vorkommen, werden wie unter (1) behandelt, Kanten e aus N, die in $\tilde{N}$ mit umgekehrter Richtung vorkommen, werden wie unter (2) behandelt, und in $\tilde{N}$ nicht vorkommende Kanten e aus N werden wie unter (3) behandelt).

Lemma 6.3.2 *f' ist auf N Flußfunktion mit dem Gesamtfluß $F(f') = F(f) + F(\tilde{f})$.*

Beweis: 1. $0 \le f'(e) \le c(e)$, da $0 \le \tilde{f}(e) \le \tilde{c}(e)$ und

$$\tilde{c}(e) = \begin{cases} c(e) - f(e) & \text{falls } e \text{ nützliche Vorwärtskante in N ist} \\ f(e) & \text{falls } e \text{ nützliche Rückwärtskante in N ist} \end{cases}$$

2. (F2) ist für f' ebenfalls erfüllt, da folgende Fortsetzung $\hat{f}$ von $\tilde{f}$ auf N (F2) erfüllt:

$$\hat{f}(e) = \begin{cases} \tilde{f}(e) & \text{falls } e \text{ in } \tilde{N} \text{ vorkommt} \\ 0 & \text{sonst} \end{cases}$$

Dann ist $f' = f + \hat{f}$, die Summe zweier zulässiger Flußfunktionen erfüllt jedoch (F2).
□

Algorithmus 6.3.4 (Dinitz)

Eingabe: *Ein Netzwerk* $N = (G, q, s, c)$ *mit* $G = (V, E)$
Ausgabe: *Ein Maximalfluß* f

(1) **for all** $e \in E$ **do** $f(e) := 0;$
(2) **repeat**
(2.1) *führe Algorithmus 6.3.1 aus;*
(2.2) *führe Algorithmus 6.3.2 aus;*
(2.3) *führe Algorithmus 6.3.3 aus mit Ausgabe* f'*;*
(2.4) *setze* $f := f'$*;*
until $T = \emptyset$ *in Algorithmus 6.3.1*

Nach Lemma 6.3.1 liefert dieses Vorgehen einen Maximalfluß.

Beispiel 6.3.1 *Abbildung 6.6 gibt ein Beispielnetzwerk N.*

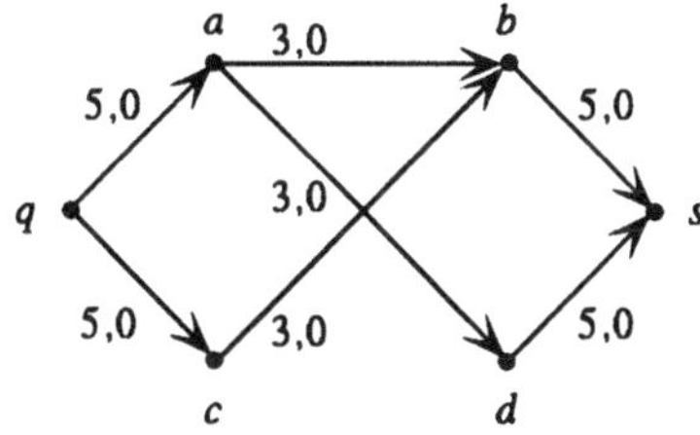

Abbildung 6.6: Ein Beispielnetzwerk N

Abbildung 6.7 zeigt das Schichtennetzwerk N_1*, das als Ergebnis der ersten Iteration von Punkt (2.1) des Algorithmus entsteht.*

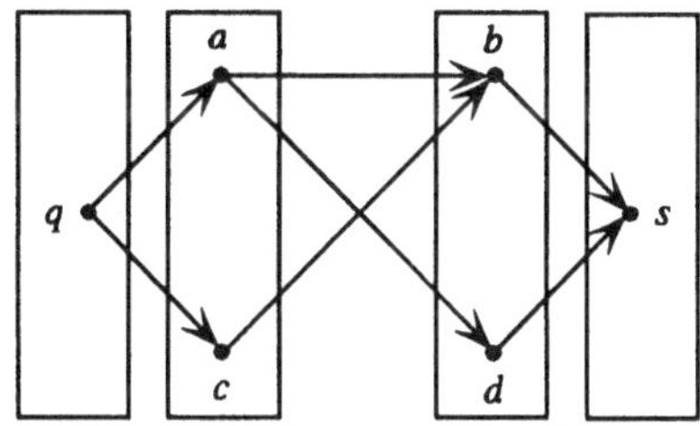

Abbildung 6.7: Das Schichtennetzwerk N_1

Abbildung 6.8 zeigt den ersten flußvergrößernden Weg, der zur Blockierung der Kante $a \rightarrow b$ *führt.*

Abbildung 6.9 zeigt den zweiten flußvergrößernden Weg, der zur Blockierung der Kante $q \rightarrow a$ *führt.*

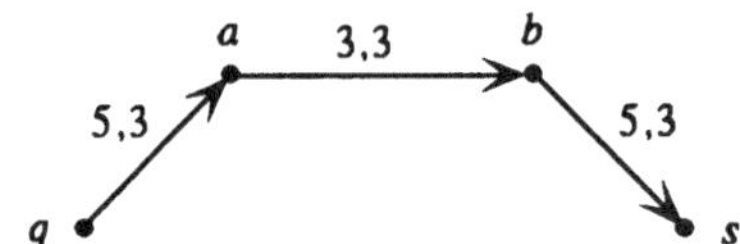

Abbildung 6.8: Erster flußvergrößernder Weg

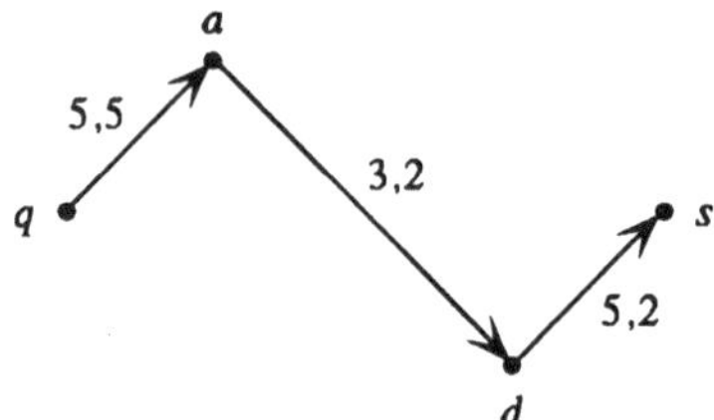

Abbildung 6.9: Zweiter flußvergrößernder Weg

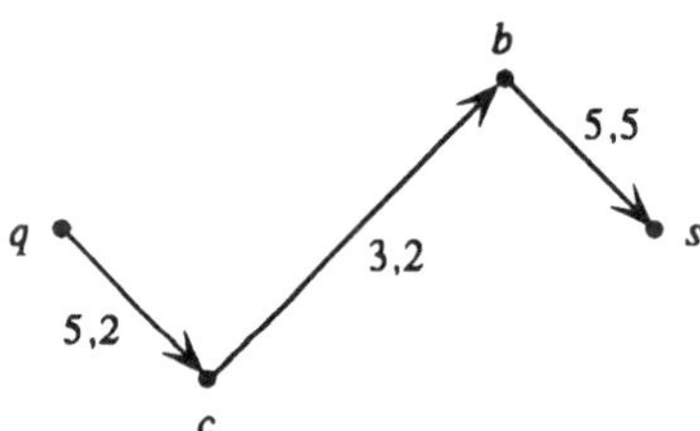

Abbildung 6.10: Dritter flußvergrößernder Weg

Abbildung 6.10 zeigt den dritten flußvergrößernden Weg, der zur Blockierung der Kante $b \rightarrow s$ führt.
Danach ist $\tilde{f}$ wegsättigend.
Abbildung 6.11 zeigt das Ergebnis der ersten Iteration des gesamten Algorithmus mit dem Gesamtfluß $F = 7$.
Die zweite Iteration von (2.1) liefert das Schichtennetzwerk N_2 in Abbildung 6.12.
Flußvergrößernder Weg in N_2:

$$q \xrightarrow{3,1} c \xrightarrow{1,1} b \xrightarrow{3,1} a \xrightarrow{1,1} d \xrightarrow{3,1} s, \tilde{f} \text{ wegsättigend}$$

Abbildung 6.13 zeigt das Gesamtergebnis des Algorithmus: der Gesamtfluß ist $F = 8$. Weitere flußvergrößernde Wege existieren nicht, d.h. der Versuch, mit Algorithmus 6.3.1 ein neues Schichtennetzwerk zu konstruieren, bricht bei $V_1 = \{c\}$ mit $T = \emptyset$ ab. Also ist der Gesamtfluß $F = 8$ maximal.

Zur Zeitabschätzung beim Algorithmus von Dinitz ist folgendes Lemma wesentlich:

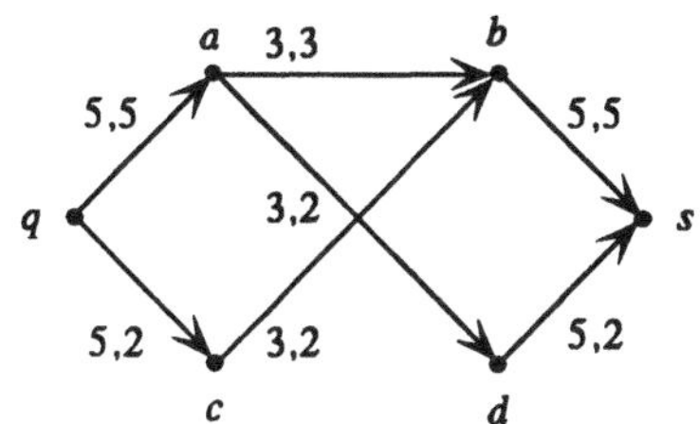

Abbildung 6.11: Flußergebnis der ersten Iteration

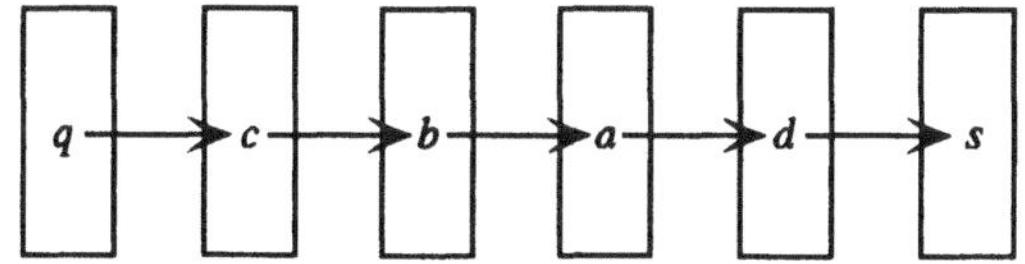

Abbildung 6.12: Das Schichtennetzwerk N_2

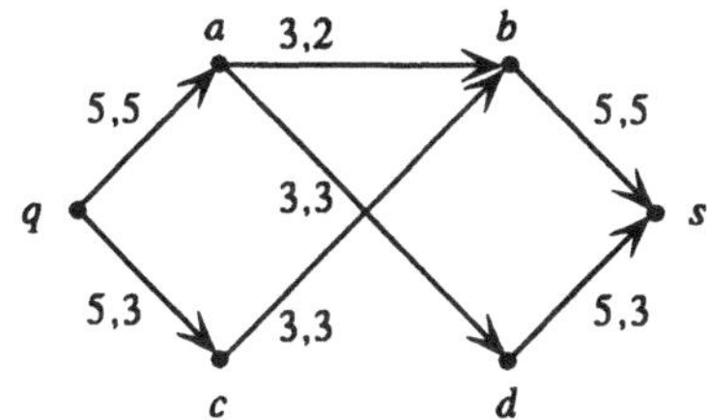

Abbildung 6.13: Gesamtergebnis der Ausführung des Algorithmus von Dinitz

Lemma 6.3.3 *Es seien l_k, l_{k+1} die Tiefen (d.h. die maximalen Weglängen) zweier in Algorithmus 6.3.4, (2.1) aufeinanderfolgender Schichtennetzwerke N_k, N_{k+1}. Ist N_{k+1} nicht das letzte Schichtennetzwerk in der Ausführung von Algorithmus 6.3.4, so ist $l_{k+1} > l_k$.*

Beweis: Es sei N_k das k–te Schichtennetzwerk und l_k die maximale Weglänge in N_k. Nach Definition von N_{k+1} existiert ein Weg P der Gestalt:

$$q = u_0 \stackrel{e_1}{—} u_1 \stackrel{e_2}{—} u_2 \stackrel{e_3}{—} \ldots — u_{l_{k+1}-1} \stackrel{e_{l_{k+1}}}{—} u_{l_{k+1}} = s$$

1. Fall:

Angenommen, alle Knoten von P sind schon in N_k enthalten. $V_j^{(k)}$ bezeichne die j–te Schicht von N_k.

$(*)$ **Behauptung:** ist $u_a \in V_b^{(k)}$, so ist $a \geq b$.

Beweis durch Induktion:

Induktionsanfang:

$a = 0 : u_0 = q \in V_0^{(k)}$, also ist $(*)$ erfüllt.

Induktionsannahme:
$(*)$ sei für a richtig, d.h. ist $u_a \in V_b^{(k)}$, so ist $a \geq b$.
Induktionsschritt:
Nun sei $u_{a+1} \in V_c^{(k)}$. Ist $c \leq b+1$, so ist wegen $a \geq b$ auch $a+1 \geq b+1 \geq c$ und damit $(*)$ erfüllt. Ist jedoch $c > b+1$, so ist $e_{a+1} = (u_a, u_{a+1})$ keine Kante in N_k, $f(e_{a+1})$ wurde also in der k-ten Iteration nicht geändert, und damit ist e_{a+1} auch zu Beginn der k-ten Iteration nützlich, da es ja zu Beginn der $(k+1)$-ten Iteration nützlich ist - Widerspruch zu $c > b+1$.
Speziell gilt nun $s = u_{l_{k+1}} \in V_{l_k}^{(k)}$, also $l_{k+1} \geq l_k$. Dabei kann nicht Gleichheit gelten: Wäre $l_{k+1} = l_k$, so wäre der gesamte Weg in N_k und damit ein Weg von N_k selber, der von q nach s führt. Dann liefert $\tilde{f}_k$ mindestens eine gesättigte Kante, also ist zu Beginn der $(k+1)$-ten Iteration nicht mehr jede Kante im Weg nützlich. Also ist $l_{k+1} > l_k$.

2. Fall:
Angenommen, nicht alle Knoten von P sind in N_k enthalten. Es sei a der kleinste Index mit $u_a \in V_b^{(k)}$ und u_{a+1} kein Knoten in N_k. Dann liegt der gesamte Weg bis u_a in N_k, und damit gilt nach $(*)$ $a \geq b$.
Weil der Knoten u_{a+1} nicht in N_k vorkommt, ist auch $e_{a+1} = (u_a, u_{a+1})$ nicht in N_k, aber zu Beginn der $(k+1)$-ten Iteration ist e_{a+1} nützlich, also ist e_{a+1} auch zu Beginn der k-ten Iteration nützlich. Die einzige Möglichkeit hierfür ist $u_a \in V_{l_k-1}^{(k)}$ (also $V_{l_k}^{(k)} = \{s\}$, und daher ist u_{a+1} nicht mehr in N_k).
Also ist $l_{k+1} \geq l_k$, und da u_{a+1} nicht der letzte Knoten des Weges ist, da ja s in N_k liegt, aber u_{a+1} nicht in N_k liegt, gilt $l_{k+1} > l_k$. □

Folgerung 6.3.1 *Der Zeitaufwand von Algorithmus 6.3.4 (Dinitz-Algorithmus) ist durch $O(|V|^2 \cdot |E|)$ beschränkt.*

Beweis: Der Zeitaufwand für eine Ausführung von (2) in Algorithmus 6.3.4 ist durch $O(|V| \cdot |E|)$ beschränkt (Laufzeit von Algorithmus 6.3.2), da (2.2) in (2) der aufwendigste Teil ist. Nach Lemma 6.3.3 wird (2) höchstens $|V|$-mal ausgeführt. □

Der Algorithmus von Dinitz führt bei der Suche nach einem wegsättigenden Fluß im schlechtesten Fall nur zur Sättigung jeweils einer Kante eines flußvergrößernden Weges. Für bessere Zugänge vgl. Abschnitt 6.7.
Lehrbuchdarstellungen des Maximalflußproblems und der verschiedenen Algorithmen zu seiner Lösung sind z.B. in [126], [32], [46], [106], [116] enthalten.

6.4 Varianten des Maximalflußproblems

Eine Variante des Maximalflußproblems wird bereits in Selbsttestaufgabe 6.1.2 (mehrere Quellen und Senken) formuliert und auf das gewöhnliche Maximalflußproblem zurückgeführt.
Etwas komplizierter wird es im Fall, daß eine weitere Kapazitätsfunktion $b : E \rightarrow \mathcal{R}^+$

als untere Schranke für die Flußfunktion (statt der unteren Schranke $0 \leq f(e)$) eingeführt wird:
Die Bedingung (F1) wird ersetzt durch

(G1) $b(e) \leq f(e) \leq c(e)$ für alle $e \in E$.

Definition 6.4.1 *Die Funktion* $f : E \rightarrow \mathcal{R}^+$ *heißt* Flußfunktion mit der unteren Schranke b *gdw.*

> f *erfüllt (G1) und (F2).*

Zu beachten ist, daß solche Flußfunktionen nicht immer existieren:

Beispiel 6.4.1 *N:* $q \xrightarrow{0,1}_{e_1} a \xrightarrow{2,3}_{e_2} s$ *mit* $b(e_1) = 0, b(e_2) = 2, c(e_1) = 1, c(e_2) = 3$

Damit ist bei a keine Flußerhaltung möglich.

Um zu zeigen, daß sich die Frage der Existenz solcher Flußfunktionen auf ein gewöhnliches Maximalflußproblem zurückführen läßt, konstruieren wir nun folgendes Netzwerk $\tilde{N} = ((\tilde{V}, \tilde{E}), \tilde{q}, \tilde{s}, \tilde{c})$.

Definition 6.4.2 *Es sei* $N = (G, q, s, c)$ *ein Netzwerk und* $b : E \rightarrow \mathcal{R}^+$ *mit* $b(e) < c(e)$ *für alle* $e \in E$.
O.B.d.A. setzen wir voraus, daß $(q, s) \notin E$ *und* $E_{in}(q) = \emptyset, E_{out}(s) = \emptyset$ *ist.*
Dann sei

(1) $\tilde{V} = \{\tilde{q}, \tilde{s}\} \cup V$ *mit* $\tilde{q}, \tilde{s} \notin V$

(2) $\tilde{E} = E_q \cup E_s \cup E \cup \{(q, s), (s, q)\}$ *mit*

$$E_q = \{(\tilde{q}, v) : v \in V\} \text{ und}$$
$$E_s = \{(v, \tilde{s}) : v \in V\}.$$

(3) $\tilde{c}(e)$ *ist wie folgt definiert:*

a) $e = \tilde{q} \rightarrow v : \tilde{c}(e) = \sum_{e' \in E_{in}(v)} b(e')$
b) $e = v \rightarrow \tilde{s} : \tilde{c}(e) = \sum_{e' \in E_{out}(v)} b(e')$.

In beiden Fällen wird $\tilde{c}(e) = 0$ *gesetzt, falls* $E_{in}(v) = \emptyset$ *bzw.* $E_{out}(v) = \emptyset$ *ist.*

c) $e = u \rightarrow v \in E : \tilde{c}(e) = c(e) - b(e)$

d) $e = q \rightarrow s : \tilde{c}(e) = \infty, e = s \rightarrow q : \tilde{c}(e) = \infty$.

Beispiel 6.4.2 *(vgl. [46]) Abbildung 6.14 zeigt ein Beispielnetzwerk* N.
Abbildung 6.15 zeigt das Ergebnis $\tilde{N}$ *der Konstruktion.*

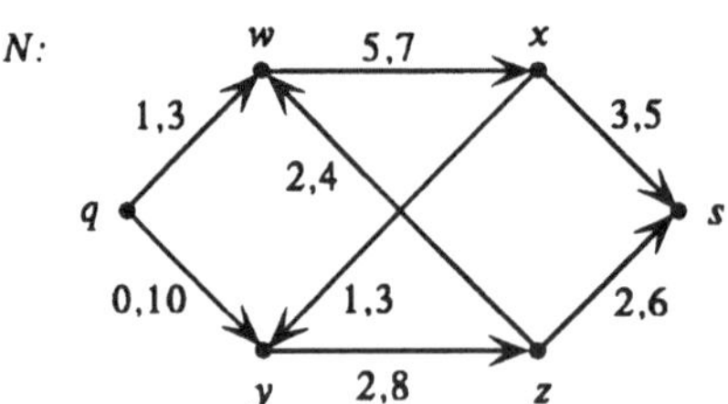

Abbildung 6.14: Ein Beispielnetzwerk N

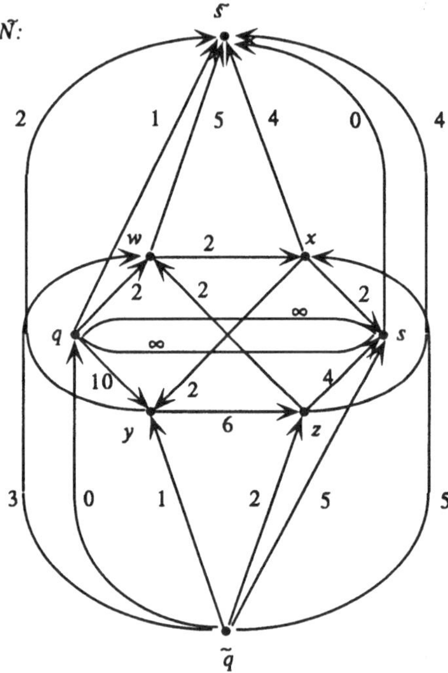

Abbildung 6.15: Das Ergebnis $\tilde{N}$ der Konstruktion

Eigenschaft 6.4.1

$$\sum_{e \in \tilde{E}_{out}(\tilde{q})} \tilde{c}(e) = \sum_{e \in \tilde{E}_{in}(\tilde{s})} \tilde{c}(e)$$

Beweis: Es gilt

$$\sum_{e \in \tilde{E}_{out}(\tilde{q})} \tilde{c}(e) = \sum_{\tilde{q} \to v \in \tilde{E}_{out}(\tilde{q})} \sum_{e \in E_{in}(v)} b(e)$$

und

$$\sum_{e \in \tilde{E}_{in}(\tilde{s})} \tilde{c}(e) = \sum_{v \to \tilde{s} \in \tilde{E}_{in}(\tilde{s})} \sum_{e \in E_{out}(v)} b(e).$$

Da jeder Knoten $v \in V$ in $\tilde{E}_{in}(\tilde{s})$ und $\tilde{E}_{out}(\tilde{q})$ vorkommt und jede Kante $u \to v \in E$ einmal in $E_{out}(u)$ und einmal in $E_{in}(v)$ vorkommt (zu beachten ist hierbei: Diese beiden Mengen beziehen sich auf das Ursprungsnetzwerk N), sind die Summen gleich. □

Damit gilt auch: Wenn ein Fluß auf $\tilde{N}$ alle von $\tilde{q}$ ausgehenden Kanten sättigt, so sättigt er auch alle in $\tilde{s}$ einlaufenden Kanten.
Es gilt nun:

Satz 6.4.1 *N hat genau dann einen zulässigen Fluß, wenn ein beliebiger Maximalfluß von $\tilde{N}$ alle Kanten sättigt, die von $\tilde{q}$ ausgehen.*

Beweis: 1) Angenommen, $\tilde{f}$ sei Flußfunktion mit Maximalfluß in $\tilde{N}$, und $\tilde{f}$ sättigt alle von $\tilde{q}$ ausgehenden Kanten. Wir definieren für N folgende Funktion f:

$$\bigwedge_{e \in E} f(e) = \tilde{f}(e) + b(e).$$

Nachfolgend wird gezeigt, daß f zulässige Flußfunktion mit unterer Schranke b auf N ist:

Wegen $0 \leq \tilde{f}(e) \leq \tilde{c}(e) = c(e) - b(e)$ ist $b(e) \leq f(e) \leq c(e)$, und damit erfüllt f die Ungleichungen (G1).
Es sei nun $v \in V \setminus \{q, s\}$. Zu zeigen ist: f erfüllt (F2). Dazu nutzen wir aus, daß $\tilde{f}$ als Flußfunktion auf $\tilde{N}$ vorausgesetzt wird, also (F2) erfüllt.

Es seien $\tilde{q} \xrightarrow{\sigma_v} v$ und $v \xrightarrow{\tau_v} \tilde{s}$ die neuen Kanten in $\tilde{N}$. Für $\tilde{f}$ gilt (da $\tilde{f}$ Flußfunktion ist):

$$\sum_{e \in E_{in}(v)} \tilde{f}(e) + \tilde{f}(\sigma_v) = \sum_{e \in E_{out}(v)} \tilde{f}(e) + \tilde{f}(\tau_v)$$

Nach Annahme ist

$$\tilde{f}(\sigma_v) = \tilde{c}(\sigma_v) = \sum_{e \in E_{in}(v)} b(e) \text{ und}$$

$$\tilde{f}(\tau_v) = \tilde{c}(\tau_v) = \sum_{e \in E_{out}(v)} b(e).$$

Damit ist

$$\begin{aligned}
\textstyle\sum_{e \in E_{in}(v)} f(e) &= \textstyle\sum_{e \in E_{in}(v)} (\tilde{f}(e) + b(e)) \\
&= \textstyle\sum_{e \in E_{in}(v)} \tilde{f}(e) + \sum_{e \in E_{in}(v)} b(e) \\
&= \textstyle\sum_{e \in \tilde{E}_{in}(v)} \tilde{f}(e) + \sum_{e \in E_{in}(v)} b(e) - \tilde{f}(\sigma_v)
\end{aligned}$$

da $\tilde{E}_{in}(v) = E_{in}(v) \cup \{(\tilde{q}, v)\}$ gilt (wobei nach Annahme $\tilde{f}(\sigma_v) = \sum_{e \in E_{in}(v)} b(e)$ ist)

$$\begin{aligned} &= \textstyle\sum_{e \in \tilde{E}_{in}(v)} \tilde{f}(e) \\ &= \textstyle\sum_{e \in \tilde{E}_{out}(v)} \tilde{f}(e), \text{ da } \tilde{f} \text{ Flußfunktion ist} \\ &= \textstyle\sum_{e \in \tilde{E}_{out}(v)} \tilde{f}(e) + \sum_{e \in E_{out}(v)} b(e) - \tilde{f}(\tau_v) \\ &= \textstyle\sum_{e \in E_{out}(v)} f(e), \end{aligned}$$

da $\tilde{E}_{out}(v) = E_{out}(v) \cup \{(v, \tilde{s})\}$ ist. Also ist f zulässige Flußfunktion auf N.

2) Ist umgekehrt f zulässige Flußfunktion auf N, so definiere $\tilde{f}$ wie oben. Wegen $b(e) \leq f(e) \leq c(e)$ ist $\tilde{f}(e) = f(e) - b(e) \geq 0$ und $\tilde{f}(e) = f(e) - b(e) \leq c(e) - b(e) = \tilde{c}(e)$ für alle Kanten $e \in E$. Wir setzen $\tilde{f}(\sigma) = \tilde{c}(\sigma_v)$ und $\tilde{f}(\tau_v) = \tilde{c}(\tau_v)$ für $v \in V$. Nun gilt für $v \in V \setminus \{q, s\}$ wegen der Flußerhaltung von f

$$\begin{aligned} \textstyle\sum_{e \in E_{in}(v)} f(e) &= \textstyle\sum_{e \in E_{out}(v)} f(e), \text{ also} \\ \textstyle\sum_{e \in \tilde{E}_{in}(v)} \tilde{f}(e) &= \textstyle\sum_{e \in E_{in}(v)} \tilde{f}(e) + \tilde{f}(\sigma_v) \\ &= \textstyle\sum_{e \in E_{in}(v)} f(e) - \sum_{e \in E_{in}(v)} b(e) + \tilde{c}(\sigma_v) \\ &\quad (\text{wobei } \textstyle\sum_{e \in E_{in}(v)} b(e) = \tilde{c}(\sigma_v) \text{ gilt }) \\ &\quad (\text{die weiteren Umrechnungen analog zu oben}) \\ &= \ldots = \textstyle\sum_{e \in \tilde{E}_{out}(v)} \tilde{f}(e). \end{aligned}$$

Damit gilt: $\tilde{f}$ ist flußerhaltend für alle $v \in V \setminus \{q, s\}$. Da außerdem der Gesamtfluß in s gleich dem Gesamtfluß aus q bei f ist, läßt sich $\tilde{f}$ auch in q und s flußerhaltend machen, indem die in Punkt 3d) konstruierten Kanten verwendet werden.
$F(\tilde{f})$ ist dann ein Maximalfluß von $\tilde{N}$, der alle Kanten sättigt, die von $\tilde{q}$ ausgehen. Da

$$F(\tilde{f}) = \sum_{e \in \tilde{E}_{in}(\tilde{s})} \tilde{c}(e)$$

gilt, sättigt ein beliebiger Maximalfluß von $\tilde{N}$ alle Kanten, die von $\tilde{q}$ ausgehen. □

Einen maximalen zulässigen Fluß in N erhält man nun, indem man von einem zulässigen Fluß ausgeht, der entsprechend dem obigen Satz konstruiert wird, und dann Flußvergrößerung ausführt, bis das Maximum erreicht ist (dabei darf nur der Teil $f(e) - b(e)$ bei Rückwärtskanten als nützlich verwendet werden, da sonst für den Fluß $f(e)$ wieder $f(e) < b(e)$ gilt).

Selbsttestaufgabe 6.4.1 *Zusätzlich sei $c' : V \to \mathcal{R}^+$ in einem Netzwerk N eine Kapazitätsfunktion für Knoten, und es gelte zusätzlich für zulässige Flüße*

$$\sum_{e \in E_{in}(v)} f(e) \leq c'(v)$$

Führen Sie das Maximalflußproblem für solche Netzwerke auf das gewöhnliche Maximalflußproblem zurück.

Eine weitere Variante des Maximalflußproblems ist die Hinzunahme von Kosten für Kanten: Es sei $cost : E \to \mathcal{R}$ eine Kostenfunktion.

Definition 6.4.3 *Die* Kosten einer Flußfunktion f *sind*

(1) $cost(f) = \sum_{e \in E} cost(e) \cdot f(e)$.

Das Minimalkosten–Maximalflußproblem *ist die Bestimmung einer Flußfunktion f mit maximalem Gesamtfluß F, so daß gilt:*

$$cost(f) = \min\{cost(f') : F(f') = F\}$$

(d.h. unter den Flüssen mit maximalem Gesamtfluß wird einer mit minimalen Kosten bestimmt).

Die Lösung dieses Problems ist nicht so einfach wie im Fall gewöhnlicher Netzwerke. Zu gegebenem Netzwerk $N = (G, q, s, cap)$, $G = (V, E)$ mit zusätzlicher Kostenfunktion $cost : E \to \mathcal{R}$ und gegebener Flußfunktion f auf N seien E_1, E_2 die folgenden Kantenmengen:

$$E_1 = \{e : e \in E \text{ und } f(e) < cap(e)\},$$

$$E_2 = \{w \to v : v \to w \in E \text{ und } f(v \to w) > 0\}$$

(eine Kante $e = u \to v \in E$ kann jetzt in $E_1 \cup E_2$ in beiden Richtungen vorkommen). Wir setzen $E' = E_1 \cup E_2$, und für $e \in E'$ sei

$$cap'(e) = \begin{cases} cap(e) - f(e) & \text{falls } f(e) < cap(e) \text{ (d.h. e} \in E_1) \\ f(v \to w) & \text{falls } e = w \to v \in E_2 \end{cases}$$

$$cost'(e) = \begin{cases} cost(e) & \text{falls } e \in E_1 \\ -cost(v \to w) & \text{falls } e = w \to v \in E_2 \end{cases}$$

sowie $R_{N,f} = (G', q, s, cap', cost')$, $G' = (V, E')$.

Lemma 6.4.1 *Es sei f ein zulässiger Fluß auf N. Dann hat f minimale Kosten bzgl. aller zulässigen Flüsse f' mit $F(f) = F(f')$ genau dann, wenn es keinen Kreis mit negativer Kostensumme in $R_{N,f}$ gibt bzgl. der Kostenfunktion $cost'$.*

Lemma 6.4.2 *Es sei f ein Fluß mit minimalen Kosten und P ein Weg von q nach s in $R_{N,f}$ mit minimalen Kosten sowie f' ein Fluß in $R_{N,f}$, der auf P nicht Null ist. Dann ist f'' mit $f''(v \to w) = f(v \to w) + f'(v \to w) - f'(w \to v)$ für alle Kanten $v \to w \in E$ ein Fluß mit minimalen Kosten und Gesamtfluß $F(f'') = F(f) + F(f')$.*

Die Beweise der beiden Lemmata sind in [106], [126] angegeben. Sind die Kapazitäten ganzzahlig, so ergibt sich aus den obigen Eigenschaften ein Polynomialzeitalgorithmus für das Minimalkosten-Maximalflußproblem. Für beliebige Kapazitäten ist die Existenz eines solchen Algorithmus nicht bekannt (vgl. [106], [126]).
Wird statt der Kostenfunktion (1) aus Definition 6.4.3 bei Flußfunktionen f die Kostenfunktion

$$cost(f) = \sum_{(v,w)\in E, f(v,w)\neq 0} cost(v,w)$$

verwendet, so ist die Existenz eines Polynomialzeitalgorithmus für das Minimalkosten-Maximalflußproblem nicht zu erwarten, da folgendes Entscheidungsproblem **NP**-vollständig ist ([59], [ND 32] MINIMUM EDGE - COST FLOW):

Eingabe: $N = ((V,E), q, s, cap, cost)$ mit $cap : E \to \mathcal{N} \setminus \{0\}, cost : E \to \mathcal{N}$ sowie $R \in \mathcal{N} \setminus \{0\}, B \in \mathcal{N} \setminus \{0\}$

Frage: Existiert eine zulässige Flußfunktion $f : E \to \mathcal{N}$ mit den Eigenschaften
a) $F(f) \geq R$ und
b) $cost(f) \leq B$?

6.5 Weitere Übungen

Aufgabe 6.5.1 *Zeigen Sie: Der Satz von Menger (Satz 6.2.3) ist eine Folgerung aus dem max-flow-min-cut theorem (Satz 6.2.2).*
(Hinweis: *Konstruieren Sie zu gegebenem gerichteten Graphen $G = (V,E)$ ein Netzwerk N^*, in dem Knoten $v \in V$ zu Kanten $v' \to v''$ gemacht werden.)*

Aufgabe 6.5.2 *Zeigen Sie: Das folgende Maximalflußproblem mit zusätzlichen Flußungleichungen auf Paaren von Kanten ist* **NP**-*vollständig:*

Eingabe: *Ein Netzwerk $N = (G,q,s,c)$ mit $G = (V,E)$ und eine Menge von Paaren $(e_1, e_1'), \ldots, (e_k, e_k') \in E \times E$ sowie eine natürliche Zahl k_0.*

Frage: *Gibt es eine Flußfunktion f auf N mit Gesamtfluß $F(f) \geq k_0$ und $f(e_i) \geq f(e_i')$ für alle $i \in \{1, \ldots, k\}$?*

(Hinweis: *Konstruieren Sie eine Reduktion von 3SAT und verwenden Sie die Flußungleichungen, um Wahrheitswertbelegungen zu modellieren.)*

6.6 Lösungshinweise zu den Selbsttestaufgaben von Kapitel 6

Selbsttestaufgabe 6.1.1

a) $f_1 + f_2$ ist i.a. kein Fluß auf N, da zwar (F2) erfüllt bleibt, jedoch nicht notwendig (F1) gilt.

b) Für alle $a \in \mathcal{R}$ mit $0 \leq a \leq 1$ erfüllt $a \cdot f$ (F2), also erfüllt $a \cdot f + (1-a) \cdot f$ ebenfalls (F2). Außerdem gilt für alle $e \in E$ $f_1(e) \leq c(e), f_2(e) \leq c(e)$, also ist $a \cdot f_1(e) + (1-a) \cdot f_2(e) \leq a \cdot c(e) + (1-a) \cdot c(e) = c(e)$, und damit gilt (F1).

Selbsttestaufgabe 6.1.2

Die Netzwerkdefinition lautet jetzt:
$N = (G, \{q_1, \ldots, q_k\}, \{s_1, \ldots, s_l\}, c)$, $G = (V, E)$ gerichteter Graph. Für Flüsse auf N wird (F1) gefordert sowie (F2) für alle Knoten $v \in V \setminus \{q_1, \ldots, q_k, s_1, .., s_l\}$.
Der Gesamtfluß ist die Summe der Flüsse

$$\sum_{i=1}^{l}(f^+(s_i) - f^-(s_i))$$

in die Knoten $s_1, \ldots, s_l$.
Eine Zurückführung auf das gewöhnliche Maximalflußproblem erfolgt, indem eine zusätzliche Quelle q' und Senke s' mit Kanten $q' \rightarrow q_i$, $i \in \{1, \ldots, k\}$, und $s_i \rightarrow s'$, $i \in \{1, \ldots, l\}$, aufgenommen werden.

Selbsttestaufgabe 6.2.1

Für rationale Kapazitäten kann man wie folgt vorgehen: Da $|E|$ endlich ist, bildet man das kleinste gemeinsame Vielfache ν der Nenner von $c(e)$, $e \in E$, und multipliziert damit alle Kapazitäten $c(e)$.
Damit sind ganzzahlige Kapazitäten $c'(e)$ gegeben, für die das Maximalflußproblem gelöst wird.
Anschließend dividiert man beim so erhaltenen Fluß alle Größen $f(e)$ durch ν.

Selbsttestaufgabe 6.3.1

$V_0 = \{q\}$.
Erster Durchlauf von (2), Algorithmus 6.3.1 liefert $T = \{a, c\}$, und wegen $s \notin T$ ist $V_1 = \{a, c\}$.
Zweiter Durchlauf von (2) liefert $T = \{b, d\}$, und wegen $s \notin T$ ist $V_2 = \{b, d\}$.
Dritter Durchlauf von (2) liefert $T = \{s\}$ und $V_3 = \{s\}$.

Selbsttestaufgabe 6.3.2

a) Offenbar gilt: Wird in (7) $v = s$ erreicht, so bilden die bis dahin in K gespeicherten Kanten einen Weg P freier Kanten von q nach s. Die Kanten in $\tilde{N}$ sind zu Beginn alle frei, und bei Konstruktion von $\tilde{N}$ werden nur nützliche Vorwärts- oder Rückwärtskanten in $\tilde{N}$ aufgenommen, also ist P ein flußvergrößernder Weg.

b) Wäre $\tilde{f}$ noch keine wegsättigende Flußfunktion auf $\tilde{N}$, so führte die Ausführung von (2) - (14) erneut zu einem flußvergrößernden Weg von q nach s - Widerspruch.

Selbsttestaufgabe 6.4.1
Wir konstruieren zum Netzwerk N und der Knotenkapazitätsfunktion $c' : V \to \mathcal{R}^+$ folgendes neue Netzwerk:

(1) Jeder Knoten $v \in V$ wird zu zwei Knoten v', v'' verdoppelt.

(2) Es kommen die Kanten $v' \to v''$ hinzu.

(3) Die Kapazitätsfunktion c auf solchen Kanten wird gleich $c(v' \to v'') = c'(v)$ gesetzt.

Die neue Kantenmenge ist also $E' = \{v' \to v'' : v \in V\} \cup \{w'' \to v' : w \to v \in E\}$. Nun sieht man leicht, daß das Maximalflußproblem auf dem neuen Netzwerk (das nur noch Kantenkapazitäten hat) dem auf N mit zusätzlichen Kantenkapazitäten $c' : V \to \mathcal{R}^+$ entspricht.

6.7 Literaturhinweise

Die erste Darstellung des Problems und der Algorithmus von *Ford/Fulkerson* sowie das Max-Flow-Min-Cut-Theorem finden sich in [55]. Aktuelle Lehrbuchdarstellungen des Maximalflußproblems und der verschiedenen Algorithmen zu seiner Lösung sind [126], [32], [46], [106], [116]. [66] enthält eine Übersicht zum Maximalflußproblem.

Zur Entwicklung der Zeitschranke für das Maximalflußproblem: Das Resultat von *Dinitz* [37] wurde bereits beschrieben. Wir listen nachstehend einige Verbesserungen auf: Der Algorithmus von *Dinitz* führt bei der Suche nach einem wegsättigenden Fluß im schlechtesten Fall nur zur Sättigung jeweils einer Kante eines flußvergrößernden Weges. Es gibt andere Zugänge, die zur "Sättigung jeweils eines Knotens" führen. Der Algorithmus von *Karzanov* [90], der eine Zeitschranke $O(|V|^3)$ hat, gehört dazu, ist jedoch kompliziert. Eine Vereinfachung von *Malhotra/Kumar/Maheshwari* [104] erreicht dieselbe Zeitschranke. Eine Arbeit von *Sleator* [122] erreicht die Zeitschranke $O(|E| \cdot |V| \cdot log|V|)$.
Der "preflow" - Zugang, bei dem im Algorithmus zeitweise auf die Flußerhaltungseigenschaft verzichtet wird und stattdessen nur verlangt wird, daß der "Fluß" zu jedem Knoten außer der Quelle positiv ist, wurde von *Goldberg/Tarjan* [65] entwickelt und liefert die gegenwärtig beste Zeitschranke $O(|V| \cdot |E| \cdot log|V|^2/|E|)$.

Die Verallgemeinerung auf den Fall oberer und unterer Kapazitätsbeschränkungen, d.h. zweier Kapazitätsfunktionen, ist z.B. in [46] beschrieben. Die Resultate zum Minimalkosten - Maximalflußproblem sind schon in [55] enthalten und z.B. auch in [116], [106] und [126] zu finden.

7 Unabhängige Knoten– und Kantenmengen

Viele algorithmische Graphenprobleme hängen eng mit unabhängigen Knoten– oder Kantenmengen zusammen. Die vielleicht bekanntesten Probleme sind Färbungsprobleme, bei denen es darum geht, die Knotenmenge eines Graphen in möglichst wenige unabhängige Knotenteilmengen zu zerlegen. Das populärste dieser Färbungsprobleme dürfte die 4–Farben–Vermutung bzw. der 4–Farben–Satz für Landkarten bzw. für planare Graphen sein:
Eine Landkarte entspricht einem Graphen, bei dem die Länder die Knoten des Graphen darstellen und zwei Länder genau dann durch eine Kante verbunden sind, wenn sie einen gemeinsamen Grenzabschnitt (nicht nur einen Punkt) haben. Nun sollen die Länder mit möglichst wenigen Farben so gefärbt werden, daß keine zwei durch eine Kante verbundenen Länder dieselbe Farbe erhalten. Die Menge der Länder mit jeweils gleicher Farbe stellt also eine unabhängige Knotenmenge dar.

Färbungsprobleme sind jedoch nicht die einzigen Probleme, in deren Zusammenhang unabhängige Knotenmengen auftreten. Oftmals ist es wichtig, eine möglichst große unabhängige Knotenmenge in einem Graphen anzugeben.
Auch für Kantenmengen ist die Unabhängigkeit ein wichtiger Begriff: In unabhängigen Kantenmengen haben keine zwei Kanten einen Knoten gemeinsam. Solche Kantenmengen heißen auch *Zuordnungen.*

7.1 Zuordnungen und ihre Bestimmung in paaren Graphen

Definition 7.1.1 *Es sei $G = (V, E)$ ungerichteter Graph. Eine Kantenmenge $E' \subseteq E$ heißt* Zuordnung (unabhängige Kantenmenge, "matching") *in G , gdw.*

> *für alle $e, e' \in E'$ mit $e \neq e'$ gilt $e \cap e' = \emptyset$ (d.h. je zwei verschiedene Kanten aus E' haben keinen Knoten gemeinsam).*

Wir setzen

$$\alpha_E(G) = \max\{|E'| : E' \text{ Zuordnung in } G\}.$$

Eine Zuordnung E' heißt vollständige Zuordnung ("perfect matching") *in G gdw.*

$|E'| = \frac{|V|}{2}$ *(d.h. für alle $v \in V$ existiert ein $e \in E'$ mit $v \in e$).*

Eine Zuordnung E' heißt größte Zuordnung ("maximum matching") *gdw.*

$|E'| = \alpha_E(G)$.

Das Zuordnungsproblem ("maximum matching problem") *für G ist die Bestimmung einer größten Zuordnung in G.*
Das Zuordnungsproblem in paaren Graphen wird auch als Heiratsproblem *bezeichnet.*

Beispiel 7.1.1
$X = \{$***A****lfred,* ***B****ernd,* ***C****hristian,* ***D****ietrich* $\}$, $Y = \{$***E****lke,* ***F****anny,* ***G****udrun,* ***H****elga* $\}$
(die Namen werden im folgenden durch ihre fettgedruckten Anfangsbuchstaben abgekürzt)
$E' = \{xy : x \text{ und } y \text{ würden heiraten}\} = \{AE, CE, BF, CF, DG, DH\}$

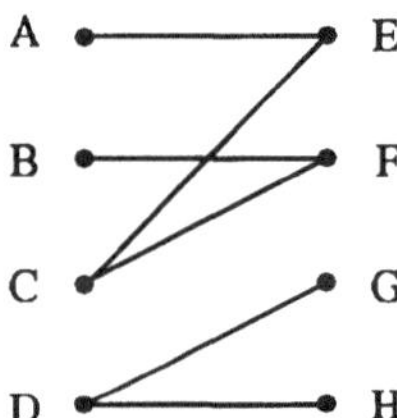

Abbildung 7.1: Der paare Beispielgraph G

Der Beispielgraph $G = (X, Y, E')$ aus Abbildung 7.1 enthält offenbar keine vollständige Zuordnung. $Z = \{AE, BF, DG\}$ ist eine größte Zuordnung.
Wir zeigen nun im folgenden, daß das Zuordnungsproblem für paare Graphen auf das Maximalflußproblem zurückführbar ist.
Gegeben sei ein paarer Graph $G = (X, Y, E)$. Dazu wird folgendes Netzwerk $N = N(G)$ konstruiert:

$$N = (\overline{V}, \overline{E}, q, s, c) \text{ mit } q, s \notin X \cup Y$$

$$\overline{V} = \{q, s\} \cup X \cup Y$$

$$\overline{E} = \{(q, x) : x \in X\} \cup \{(y, s) : y \in Y\} \cup \{(x, y) : xy \in E \wedge x \in X \wedge y \in Y\}$$

$$c(e) = 1 \text{ für alle } e \in \overline{E}.$$

Beispiel 7.1.2 *Es sei G der Graph aus Abbildung 7.1. Abbildung 7.2 zeigt das zu G konstruierte Netzwerk $N(G)$.*

Satz 7.1.1 *Es sei F der Maximalfluß in $N(G)$. Dann ist $\alpha_E(G) = F$.*

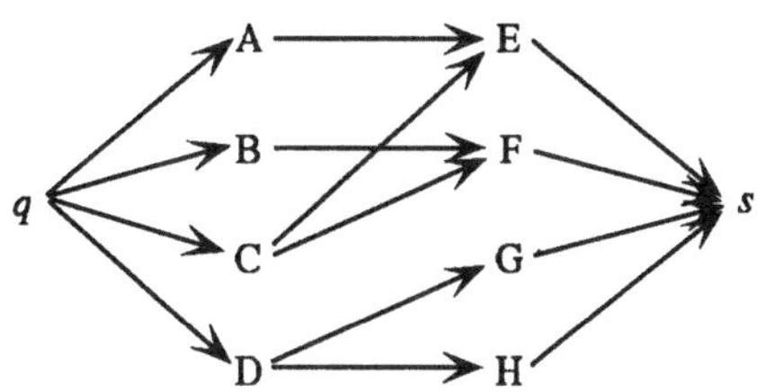

Abbildung 7.2: Das Netzwerk $N(G)$

Beweis: Es sei M eine Zuordnung maximaler Größe in G. Für jede Kante $x \to y$, $x \in X, y \in Y$, mit $xy \in M$ setze den Fluß auf dieser Kante gleich 1. Gleichzeitig wird der Fluß auf $q \to x$ und $y \to s$ gleich 1 gesetzt. Auf den restlichen Kanten e ist $f(e) = 0$. Offenbar definiert dies eine zulässige Flußfunktion, deren Gesamtfluß gleich $\alpha_E(G)$ ist. Also ist $F \geq \alpha_E(G)$.
Für die Umkehrung setzen wir o.B.d.A. voraus, daß F ganzzahlig ist – sind die Kapazitäten ganzzahlig, so ist es auch F. Also haben F Kanten von Knoten aus Y nach s den Fluß 1. Da für $y \in Y$ $outdeg(y) = 1$ ist, existiert nur jeweils eine Kante nach y mit Fluß 1. Wir setzen nun $M = \{xy : \text{der Fluß von } x \text{ nach } y \text{ ist } 1\ \}$.
Für $x \in X$ ist $indeg(x) = 1$, also hat nur jeweils eine von x ausgehende Kante den Fluß 1. Damit ist M eine Zuordnung mit $|M| = F$, d.h. $\alpha_E(G) = F$. □

Folgerung 7.1.1 *Das Zuordnungsproblem für paare Graphen $G = (V, E)$ läßt sich in $O(|V| \cdot |E|)$ Schritten lösen.*

Beweis: Das Netzwerk $N(G)$ für paare Graphen G ist von der oben beschriebenen speziellen Form. Insbesondere ist $c(e) = 1$ für alle $e \in E$, was zur Folge hat, daß im Algorithmus von *Dinitz* in flußvergrößernden Wegen jeweils nicht nur eine, sondern alle Kanten des Weges blockiert werden. Also braucht man für die Ausführung des Algorithmus 6.3.2 nur $O(|E|)$ (statt $O(|V| \cdot |E|)$) Schritte, also insgesamt nur $O(|V| \cdot |E|)$ (statt $O(|V|^2 \cdot |E|)$) Schritte. □

Eine noch genauere Analyse des Algorithmus von Dinitz liefert die Zeitschranke $O(\sqrt{|V|} \cdot |E|)$. In [4] wird diese Zeitschranke weiter verbessert.

Die Analogie zwischen dem max–flow–min–cut theorem von *Ford/Fulkerson* und dem Satz von *Menger* gilt auch für paare Graphen und nimmt hier folgende spezielle Form an:

Definition 7.1.2 *Wir bezeichnen mit*

$$\beta_V(G) = \min\{|V'| : V' \subseteq V \textit{ und für alle } e \in E \textit{ ist } e \cap V' \neq \emptyset\}$$

die minimale Größe einer Knotenüberdeckung (Überdeckung aller Kanten durch Knoten) von G.

Folgerung 7.1.2 *(Satz von König) Für paare Graphen $G = (X, Y, E)$ gilt*

$$\alpha_E(G) = \beta_V(G),$$

d.h. die Maximalgröße einer Zuordnung ist gleich der Minimalgröße einer Knotenüberdeckung.

Beweis: 1. Wir zeigen zunächst $\alpha_E(G) \leq \beta_V(G)$:
Es sei $E' \subseteq E$ eine Zuordnung in G. Dann gilt für jede Knotenüberdeckung V' von G $|V'| \geq |E'|$, da V' von jeder Kante $e \in E'$ mindestens einen Knoten enthalten muß. Also ist $\alpha_E(G) \leq \beta_V(G)$.
2. Nach Satz 7.1.1 ist $\alpha_E(G) = F$ für einen Maximalfluß F in $N(G)$, und nach dem max-flow-min-cut theorem von Ford/Fulkerson ist

$$F = \min\{c(S; \overline{S}) : S \text{ Schnitt von } N\}.$$

Es sei nun S ein minimaler Schnitt, d.h. $c(S; \overline{S}) = F = \alpha_E(G)$.
Wegen $indeg(x) = 1$ für $x \in X$, $outdeg(y) = 1$ für $y \in Y$ sind o.B.d.A. Kanten $e \in (S; \overline{S})$ von der Form $e = (q, x)$ für ein $x \in X$ oder $e = (y, s)$ für ein $y \in Y$:
Im Falle $e = (x, y) \in (S; \overline{S}) \cap X \times Y$ ließe sich durch $S' = S \setminus \{x\}, \overline{S'} = \overline{S} \cup \{x\}$ ein neuer Schnitt definieren, der nicht mehr Kanten enthält als $(S; \overline{S})$:

$$c(S'; \overline{S'}) \leq c(S; \overline{S}).$$

Wir definieren nun $V' = (S \cap Y) \cup (\overline{S} \cap X)$. Angenommen, V' ist keine Knotenüberdeckung. Dann ist für ein $e = \{x, y\} \in E$ mit $x \in X$, $y \in Y$ $y \notin S$ und $x \notin \overline{S}$, d.h. $x \in S$, $y \in \overline{S}$, d.h. $(S; \overline{S})$ enthält entgegen der Annahme doch eine Kante (x, y) – Widerspruch. Also ist V' Knotenüberdeckung und

$$\beta_V(G) \leq |V'| = c(S; \overline{S}) = F = \alpha_E(G).$$

□

Beispiel 7.1.3 *G sei der Graph aus Abbildung 7.1. Offenbar ist der Maximalfluß $F(N(G)) = 3$. Abbildung 7.3 zeigt einen Minimalschnitt in $N(G)$.*
$S = \{q, A, B, C, E, F\}, \overline{S} = \{D, G, H, s\}$, die Kanten des Schnittes sind $E \to s$, $F \to s$, $q \to D$.

Eine wichtige Variante des Zuordnungsproblems für paare Graphen ist das nachfolgend definierte "optimal assignment problem":
Gegeben ist ein vollständiger paarer Graph, dessen Kanten zusätzliche Gewichte haben, und es wird nach einer größten Zuordnung mit minimalem Gewicht gesucht.

Definition 7.1.3 *Es sei $K_{n,n} = (\{x_1, \ldots, x_n\}, \{y_1, \ldots, y_n\}, E)$ der vollständige paare Graph mit je n Knoten in den beiden unabhängigen Mengen und der Kantenmenge $E = \{x_i y_j : i, j \in \{1, \ldots, n\}\}$ sowie einer Kostenfunktion*

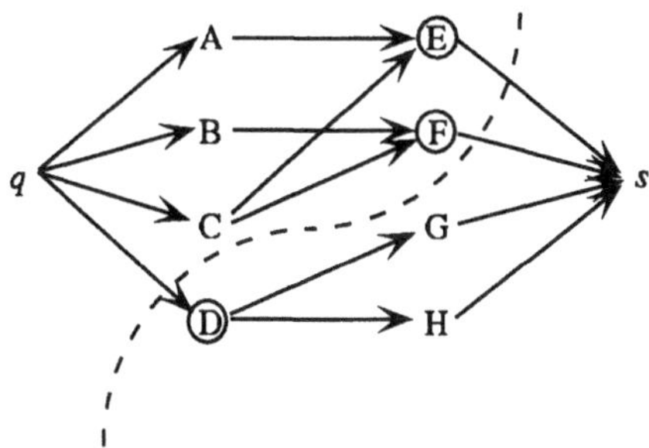

Abbildung 7.3: Beispielnetzwerk N

$c(x_iy_j) = c_{ij}, c(E') = \sum_{e \in E'} c(e)$ *für* $E' \subseteq E$.

Das gewichtete Zuordnungsproblem *("optimal assignment problem") ist die Bestimmung einer vollständigen Zuordnung* E_0 *mit minimalem Gewicht*

$$c(E_0) = \min\{c(E'):\ E' \textit{ vollständige Zuordnung in } G\ \}.$$

Durch ein ähnliches Vorgehen wie beim ungewichteten Zuordnungsproblem und durch Ausnutzung des Satzes von *König* erhält man auch in diesem Fall eine Polynomialzeitlösung. Das Vorgehen wird in der Literatur als *"ungarische Methode"* bezeichnet. (Vgl. z.B. [106], [116], [134]). In [106] ist als Zeitschranke zur Lösung des Problems $O(|V| \cdot |E| \cdot log|V| / \max(1, log(|E|/|V|)))$ angegeben.

Selbsttestaufgabe 7.1.1 *Geben Sie das Prinzip eines Algorithmus an, der zu gegebenem paaren Graphen* $G = (X, Y, E)$ *in Zeit* $O((|X| + |Y|)|E|)$ *eine kleinste Knotenüberdeckung von* G *konstruiert.*

7.2 Knoten– und Kantenüberdeckungen

Unabhängige Knoten- und Kantenmengen wurden bereits definiert. Der Begriff der Knotenüberdeckung läßt sich ebenfalls dualisieren, indem man Überdeckungen aller Knoten durch Kanten betrachtet.

Definition 7.2.1 *Eine Kantenmenge* $E' \subseteq E$ *heißt* Kantenüberdeckung ("edge cover") *von* $G = (V, E)$ *gdw.*

für alle Knoten $v \in V$ *existiert eine Kante* $e \in E'$ *mit* $v \in e$.

Offenbar hat ein Graph G genau dann eine Kantenüberdeckung, wenn er keine isolierten Knoten v (d.h. $deg(v) = 0$) enthält, d.h. $\delta(G) > 0$ ist.

$$\beta_E(G) = \begin{cases} \min\{|E'| : E' \text{ Kantenüberdeckung von } G\} & \text{falls } \delta(G) > 0 \text{ ist.} \\ \infty & \text{sonst} \end{cases}$$

In diesem Zusammenhang schreiben wir $\alpha_V(G)$ für $\alpha(G)$, die maximale Größe einer unabhängigen Knotenmenge.
Über den Satz von *König* (Folgerung 7.1.2) hinaus existieren weitere Zusammenhänge zwischen unabhängigen Knoten- bzw. Kantenmengen und Knoten- bzw. Kantenüberdeckungen:

Eigenschaft 7.2.1 *Für beliebige Graphen $G = (V, E)$ gilt:*
$S \subseteq V$ ist unabhängige Knotenmenge genau dann, wenn $V \setminus S$ Knotenüberdeckung ist.

Beweis: Ist S unabhängig, so gilt für jede Kante $e = uv \in E$ für die Knoten $u \in V \setminus S$ oder $v \in V \setminus S$, d.h. $V \setminus S$ ist Knotenüberdeckung und umgekehrt. □

Folgerung 7.2.1

$$\alpha_V(G) + \beta_V(G) = |V|.$$

Weniger einfach ist der folgende Satz:

Satz 7.2.1 *(Gallai) Für beliebige Graphen $G = (V, E)$ mit Minimalgrad $\delta(G) > 0$ gilt:*

$$\alpha_E(G) + \beta_E(G) = |V|.$$

Beweis:
1. $\alpha_E(G) + \beta_E(G) \leq |V|$:
Es sei M eine größte Zuordnung in G, und U sei die Menge der nicht von M überdeckten Knoten. Damit ist zunächst $|V| = 2|M| + |U|, |U| = |V| - 2\alpha_E(G)$.
Jeder Knoten aus U läßt sich durch eine weitere Kante überdecken, und da M größte Zuordnung ist, existiert keine Kante $e = xy \in E$ mit $x, y \in U$. E' sei die Menge der Kanten, die U überdecken. Also ist $M \cup E'$ eine Kantenüberdeckung und somit gilt

$$\beta_E(G) \leq |M| + |E'| = |M| + |U| = \alpha_E(G) + |V| - 2\alpha_E(G) = |V| - \alpha_E(G), \text{ d.h.}$$

$$\alpha_E(G) + \beta_E(G) \leq |V|.$$

2. $|V| \leq \alpha_E(G) + \beta_E(G)$:
Es sei L eine kleinste Kantenüberdeckung von G, d.h. $|L| = \beta_E(G)$. Es sei $H = (V, L)$ der von L induzierte Teilgraph. M sei eine größte Zuordnung in H, und U sei die Menge der von M in H nicht überdeckten Knoten. U enthält keine Kante aus L, da sonst M nicht maximal ist. Wegen $M \subseteq L$ ist $|L| - |M| = |L \setminus M|$.
$L \setminus M$ überdeckt U, und jede Kante aus $L \setminus M$ überdeckt auch nur einen Knoten aus U, also ist $|L| - |M| \geq |U| = |V| - 2|M|$, da M Zuordnung ist. Also ist $|V| \leq |L| + |M|$, d.h.

$$|V| \leq \beta_E(G) + \alpha_E(G).$$

□

Folgerung 7.2.2 *Für paare Graphen* $G = (X, Y, E)$ *mit* $\delta(G) > 0$ *gilt* $\alpha_V(G) = \beta_E(G)$.

Selbsttestaufgabe 7.2.1 *Beweisen Sie die Folgerung 7.2.2.*

Wir erwähnen noch folgende Eigenschaft paarer Graphen, die ein einfaches Kriterium für die Existenz vollständiger Zuordnungen liefert:

Definition 7.2.2 *Es sei* $G = (X, Y, E)$ *ein paarer Graph,* $S \subseteq X$ *und wie üblich für* $x \in X$ $N(x) = \{y : y \in Y \wedge xy \in E\}$ *sowie* $N(S) = \bigcup_{x \in S} N(x)$.
Das X-Defizit von G *ist*

$$\sigma_X(G) = \max\{|S| - |N(S)| : S \subseteq X\} \text{ (analog } \sigma_Y(G)).$$

Für $S = \emptyset$ ist $N(S) = \emptyset$, also ist stets $\sigma_X(G) \geq 0$.

Satz 7.2.2 *(Hall) Es sei* $G = (X, Y, E)$ *paarer Graph. Dann gilt*

(1) $\beta_V(G) = |X| - \sigma_X(G)$.

(2) Es existiert genau dann eine Zuordnung, die X *überdeckt, wenn* $\sigma_X(G) = 0$ *ist.*

Beweis: Zu (1): a) $\beta_V(G) \leq |X| - \sigma_X(G)$:
Es sei $S_0 \subseteq X$ eine Teilmenge mit $|S_0| - |N(S_0)| = \sigma_X(G)$. Offenbar ist $(X \setminus S_0) \cup N(S_0)$ eine Knotenüberdeckung, denn für $xy \in E, x \in X, y \in Y$ gilt im Fall $x \notin X \setminus S_0$, d.h. $x \in S_0$ auch $y \in N(S_0)$, also ist die Kante überdeckt. Folglich ist

$$\beta_V(G) \leq |X| - |S_0| + |N(S_0)| = |X| - \sigma_X(G).$$

b) $\beta_V(G) \geq |X| - \sigma_X(G)$:
Es sei $X' \cup Y'$ kleinste Knotenüberdeckung mit $X' \subseteq X, Y' \subseteq Y$, $\beta_V(G) = |X'| + |Y'|$. Dann haben alle Knoten aus $X \setminus X'$ Nachbarn nur in Y', d.h. $N(X \setminus X') \subseteq Y'$.
Also ist

$$\beta_V(G) = |X'| + |Y'| \geq |X'| + |N(X \setminus X')| = |X| - (|X \setminus X'| - |N(X \setminus X')|) \geq |X| - \sigma_X(G).$$

Zu (2): Nach Folgerung 7.1.2 gilt $\beta_V(G) = \alpha_E(G)$. Also ist im Fall $\sigma_X(G) = 0$ $\alpha_E(G) = |X|$, und damit existiert eine Zuordnung, die X überdeckt.
Umgekehrt sei Z eine Zuordnung, die X überdeckt, also speziell $|Z| = |X|$. Damit ist auch $\alpha_E(G) = |X| = |X| - \sigma_X(G)$, d.h. $\sigma_X(G) = 0$. □

7.3 Zuordnungen in beliebigen Graphen

Es sei $G = (V, E)$ ein ungerichteter schlichter Graph und $M \subseteq E$ eine Zuordnung in G.

Definition 7.3.1 *Ein M-alternierender Weg $P = (e_1, \ldots, e_k)$ in G ist ein Weg, dessen Kanten abwechselnd in M und $E \setminus M$ liegen, d.h.*

$$e_i \in M \iff e_{i+1} \in E \setminus M \text{ für } i \in \{1, \ldots, k-1\}.$$

Ein M-Ergänzungsweg ("augmenting path") P ist ein M-alternierender Weg, der mit Knoten x beginnt und y endet, die nicht durch M überdeckt werden.

Beispiel 7.3.1 *Es sei G der in Abbildung 7.4 angegebene Beispielgraph mit "matching" $M = \{be, cf\}$.*

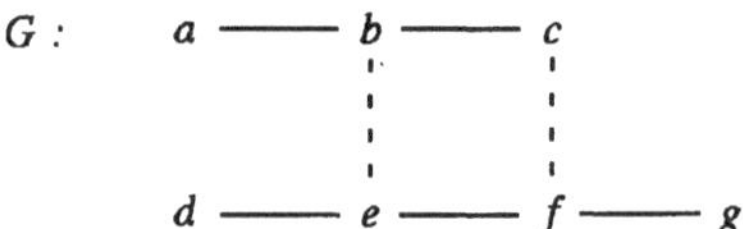

Abbildung 7.4: Beispielgraph G

Abbildung 7.5 zeigt einen M-Ergänzungsweg.

d —— e - - - - b —— c - - - - f —— g

Abbildung 7.5: Ein M-Ergänzungsweg

Lemma 7.3.1 *Es seien M_1, M_2 Zuordnungen in G, und $G' = (V', E')$ sei der durch die symmetrische Differenz $M_1 \Delta M_2 = (M_1 \setminus M_2) \cup (M_2 \setminus M_1)$ induzierte Teilgraph in G. Dann enthält G' nur Zusammenhangskomponenten der folgenden Art:*

(1) Einfache Kreise gerader Länge, deren Kanten abwechselnd in M_1 und M_2 liegen.

(2) Einfache alternierende Wege, die keine Kreise sind.

Beweis: Da M_1 und M_2 Zuordnungen sind, gibt es zu jedem Knoten $v \in V$ höchstens eine Kante in M_1 und in M_2, die zu v inzident sind. Jeder Weg in G' ist also alternierend und einfach. Schließt sich ein solcher Weg zu einem Kreis, so muß die Zahl der Kanten gerade sein, da im ungeraden Fall zwei Kanten aus einer Zuordnung einen Knoten gemeinsam haben. □

Satz 7.3.1

(1) M ist genau dann eine Zuordnung maximaler Größe, wenn kein M-Ergänzungsweg existiert.

(2) Ist M eine Zuordnung, M' eine Zuordnung maximaler Größe und $k = |M'| - |M|$, so existieren k knotendisjunkte M-Ergänzungswege, von denen mindestens einer höchstens n/k Knoten (falls $k \neq 0$ ist) hat.

Beweis: Zu (1): Angenommen, es existiert ein M–Ergänzungsweg P. P beginnt und endet mit Knoten, die nicht durch M überdeckt sind, d.h. die erste und letzte Kante von P ist aus $E \setminus M$: P enthält j Kanten aus M und $j+1$ Kanten aus $E \setminus M$. Außerdem ist zu keinem Knoten aus P eine weitere Kante aus M inzident, da M Zuordnung ist. Setzt man nun $M' = (M \setminus P) \cup (P \setminus M)$, so ist $|M'| = |M| + 1$, und M' ist ebenfalls Zuordnung.
Angenommen, es existiert kein M–Ergänzungsweg P. Dann folgt die Behauptung aus (2).
Zu (2): Wir betrachten die symmetrische Differenz $M \Delta M'$. Nach Lemma 7.3.1 sind die Zusammenhangskomponenten des durch $M \Delta M'$ induzierten Graphen alternierende Kreise gerader Länge und alternierende Wege. Da $M \Delta M'$ k Kanten mehr aus M' als aus M enthält (denn $M \Delta M' = (M \setminus M') \cup (M' \setminus M) = (M \cup M') \setminus (M \cap M')$), müssen k Wege existieren, die mit Kanten aus M' beginnen und enden. Diese sind knotendisjunkt und M–Ergänzungswege. Mindestens einer von ihnen hat höchstens n/k Knoten. □

Definition 7.3.2 *Ist M Zuordnung und P M-Ergänzungsweg, so ist*

$M' = (M \setminus P) \cup (P \setminus M)$ *die* Ergänzung *von M.*

Beispiel 7.3.2 *Die Ergänzung des Graphen aus Abbildung 7.4 hat die Gestalt*

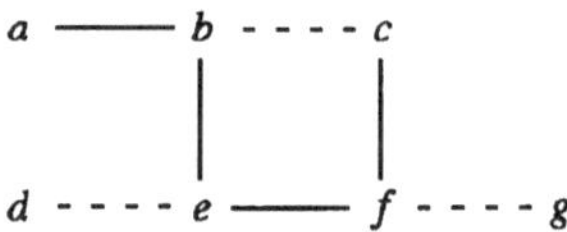

Abbildung 7.6: Ergänzung der Zuordnung aus obigem Beispiel

$M' = \{bc, de, fg\}$

Die *Ergänzungswegmethode* ist die Bestimmung einer größten Zuordnung, indem mit leerer Zuordnung begonnen wird und so lange Ergänzungen ausgeführt werden, bis kein Ergänzungsweg mehr existiert. Das Problem dabei ist das Auffinden der Ergänzungswege. Für paare Graphen wurde nachgewiesen, daß diese Methode zum Ziel führt, indem man mit einem Knoten beginnt, der nicht von M überdeckt wird, und entlang alternierender Wege versucht, Knoten zu erreichen, die nicht von M überdeckt werden. Für nicht paare Graphen, d.h. Graphen, die Kreise ungerader Länge enthalten, treten hierbei zusätzliche Schwierigkeiten auf, die dadurch entstehen, daß ein Knoten von einem Anfangsknoten aus sowohl mit einer geraden als auch einer ungeraden Anzahl alternierender Kanten erreicht werden kann.

In der Arbeit [44] von *J. Edmonds* wurde das Problem der effizienten Bestimmung größter Zuordnungen in nichtpaaren Graphen untersucht (vgl. z.B. [126], [116]).
Die derzeit beste Zeitschranke $O(\sqrt{n} \cdot m)$ wurde in [107] erreicht.
In [96], [116], [126] ist ebenfalls der Fall zusätzlicher Kantengewichte beschrieben (Zeitschranke $O(\min\{n^3, n \cdot m \cdot logn\})$.
Die Lösung dieses Problems hat z.B. eine interessante Anwendung bei der 3/2–Approximation des TSP–Problems mit Dreiecksungleichung (Algorithmus von *Christofides*, vgl. [97]).

Für den Spezialfall vollständiger Zuordnungen erwähnen wir noch zwei wichtige Existenzaussagen. Die erste ist der Satz von *Petersen* (1891) über kubische Graphen.

Definition 7.3.3 *$G = (V, E)$ sei ein ungerichteter Graph. Der Teilgraph $H = (V, E')$ heißt k–*Faktor *von G gdw.*

für alle $v \in V$ ist $deg_H(v) = k$.

Man beachte, daß die 1–Faktoren gerade die vollständigen Zuordnungen sind.
Eine Kante $e \in E$ heißt Brücke *von G gdw.*

$G' = (V, E \setminus \{e\})$ hat mehr Zusammenhangskomponenten als G.

G heißt regulär vom Grad *k gdw.*

für alle $v \in V$ ist $deg(v) = k$.

G heißt kubisch *gdw.*

G ist regulär vom Grad 3.

Satz 7.3.2 *(Petersen 1891) Es sei $G = (V, E)$ kubischer Graph ohne Brücken. Dann existiert eine Zerlegung von E in einen 1–Faktor (V, E_1) und einen 2–Faktor $(V, E_2), E_1 \cap E_2 = \emptyset, E_1 \cup E_2 = E$.*

Insbesondere besitzt also jeder solche Graph eine vollständige Zuordnung.

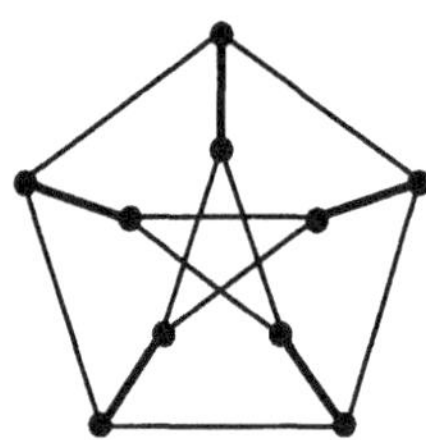

Abbildung 7.7: Der *Petersen*–Graph

Selbsttestaufgabe 7.3.1 *Geben Sie ein Beispiel dafür an, daß die Voraussetzung "G hat keine Brücken" wesentlich ist.*

Definition 7.3.4 *Eine Zusammenhangskomponente H des Graphen G heißt* gerade (ungerade) *gdw.*

die Zahl der Knoten von H ist gerade (ungerade).

$p_{odd}(S)$ sei die Zahl der ungeraden Komponenten von $G(V \setminus S)$ für $S \subseteq V$.

Satz 7.3.3 *(Tutte 1947) $G = (V, E)$ besitzt genau dann eine vollständige Zuordnung, wenn $p_{odd}(S) \leq |S|$ für alle $S \subseteq V$ ist.*

Eine Vielzahl weiterer Eigenschaften im Zusammenhang mit Zuordnungen findet sich in *Lovász/Plummer* [102].

7.4 Verallgemeinerungen des Zuordnungsproblems

Wir beginnen mit einer Verallgemeinerung des in Abschnitt 7.1 angegebenen Heiratsproblems.

Definition 7.4.1 *Es seien W, X, Y Mengen mit $|W| = |X| = |Y| = q$ und $M \subseteq W \times X \times Y$.*
$M' \subseteq M$ heißt vollständige 3–dimensionale Zuordnung *gdw.*

1) *für alle $t_1 = (w_1, x_1, y_1), t_2 = (w_2, x_2, y_2) \in M'$ mit $t_1 \neq t_2$ gilt: $w_1 \neq w_2$ und $x_1 \neq x_2$ und $y_1 \neq y_2$ (M' ist 3-dimensionale Zuordnung)*

2) a) *für alle $w \in W$ existieren $t \in M', x \in X, y \in Y$ mit $t = (w, x, y)$*

   b) *für alle $x \in X$ existieren $t \in M', w \in W, y \in Y$ mit $t = (w, x, y)$*

   c) *für alle $y \in Y$ existieren $t \in M', w \in W, x \in X$ mit $t = (w, x, y)$ (M' ist* vollständig*)*

$$3DM = \{M : M \subseteq W \times X \times Y \text{ und es existiert eine vollständige } 3\text{-dimensionale Zuordnung } M' \subseteq M\}$$

Satz 7.4.1 *3DM ist* **NP***-vollständig.*

Ein Beweis ist in [59] angegeben.

Das analoge 2DM–Problem, also die Frage, ob ein gegebener paarer Graph eine vollständige Zuordnung enthält, ist entsprechend Folgerung 7.1.1 in polynomialer Zeit lösbar.

Die zweite Verallgemeinerung betrifft den Abstand der matching–Kanten:

Definition 7.4.2 *Es sei $G = (V, E)$ ungerichteter Graph.*
Der Abstand $dist(e, e')$ zweier Kanten $e, e' \in E$ ist die Länge (Zahl der Kanten) eines kürzesten Weges zwischen einem Knoten von e und einem Knoten von e'.
Eine Zuordnung $M \subseteq E$ heißt δ-separiert *für $\delta \in \mathcal{N}$ gdw.*

$$\text{für alle } e, e' \in M, e \neq e' \text{ ist } dist(e, e') \geq \delta.$$

$$MAX\ \delta\text{-}SEP\ MATCHING = \{(G, k) : G = (V, E) \text{ ist schlichter ungerichteter Graph und es existiert eine } \delta\text{-separierte Zuordnung } M \text{ in } G \text{ mit } |M| \geq k\}.$$

Satz 7.4.2 *(Stockmeyer, Vazirani) Für alle $\delta \geq 2$ ist MAX δ–SEP MATCHING* **NP**-*vollständig.*

Beweis: Wir führen den Beweis nur für $\delta = 2$. Für größere δ geht der Beweis analog. Die Reduktion erfolgt von VERTEX COVER. Zunächst ist klar, daß das Problem in **NP** liegt. Es sei $G = (V, E)$ ein schlichter ungerichteter Graph, $V = \{v_1, \ldots, v_n\}$, $E = \{e_1, \ldots, e_m\}$. Es wird nun folgender Graph $G' = (V', E')$ konstruiert:

1) V' enthält die Knoten u_i, v_i, $i \in \{1, \ldots, n\}$, und E' enthält $\{u_i, v_i\}$, $i \in \{1, \ldots, n\}$ (*v-Kanten*).

2) Für jedes j, $1 \leq j \leq m$, enthält V' die Knoten a_j, b_j, c_j und E' die Kanten $\{a_j, c_j\}, \{b_j, c_j\}$.

3) Für jedes j, $1 \leq j \leq m$, gilt: Falls $e_j = \{v_p, v_q\} \in E$ mit $p < q$ ist, enthält E' die Kanten $\{v_p, a_j\}, \{v_q, b_j\}$ (*Querkanten*).

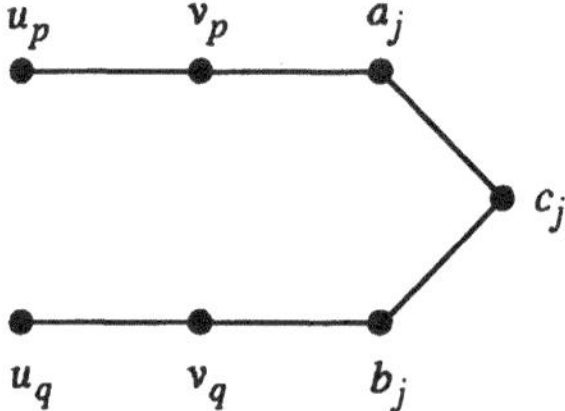

Behauptung:
G besitzt genau dann eine Knotenüberdeckung der Größe k, wenn G' eine 2-separierte Zuordnung der Größe $m + n - k$ besitzt.

1. Angenommen, G besitzt eine Knotenüberdeckung C mit $|C| \leq k$. Wir wählen nun folgende Zuordnung M:

a) Für jedes i, $1 \leq i \leq n$ sei $\{u_i, v_i\} \in M \iff v_i \notin C$ (dies sind $\geq n - k$ Kanten)

b) Für jedes j, $1 \leq j \leq m$, enthält $e_j \in E$ einen Knoten aus C, so daß eine der v–Kanten, die mit a_j oder b_j durch eine Kante verbunden ist, nicht in M ist.

Daher kann eine der beiden Kanten $\{a_j, c_j\}, \{c_j, b_j\}$ in M aufgenommen werden, ohne daß der Abstand zur nächsten Kante aus M kleiner als 2 wird.
M enthält also insgesamt $\geq m + n - k$ Kanten und ist 2–separierte Zuordnung in G'.
2. Angenommen, G' besitzt eine 2–separierte Zuordnung M mit $|M| \geq m + n - k$. Dann hat M o.B.d.A. folgende Eigenschaften:

α) M enthält keine Querkanten.

β) Für jedes j, $1 \leq j \leq m$, enthält M entweder $\{a_j, c_j\}$ oder $\{b_j, c_j\}$.

Zu α): Enthält M eine Querkante e, die zu v_i inzident ist, so enthält M $\{u_i, v_i\}$ nicht. Damit ist e durch $\{u_i, v_i\}$ ersetzbar.
Zu β): Falls M weder $\{a_j, c_j\}$ noch $\{b_j, c_j\}$ enthält, kann man $\{a_j, c_j\}$ in M aufnehmen. Falls die v–Kante im Abstand 1 von $\{a_j, c_j\}$ in M war, wird sie gestrichen.
Damit erfüllt M die Bedingungen α), β).
Wir setzen nun $C = \{v_i : \{u_i, v_i\} \notin M\}$.
Da $|M| \geq m+n-k$ ist, und m Kanten der Form $\{a_j, c_j\}, \{b_j, c_j\}$ in M enthalten sind, sind höchstens k Kanten $\{u_i, v_i\}$ nicht in M. Also ist $|C| \leq k$.
C ist Knotenüberdeckung von G:
Angenommen, $e = \{v_p, v_q\} \in E$ mit $p < q$. Dann ist für diese Kante $\{a_j, c_j\} \in M$ oder $\{b_j, c_j\} \in M$. O.B.d.A. sei $\{a_j, c_j\} \in M$. Dann ist jedoch $\{u_p, v_p\} \notin M$ und damit $v_p \in C$. □

Selbsttestaufgabe 7.4.1 *Zeigen Sie: MAX 2-SEP MATCHING ist* **NP***-vollständig für paare Graphen mit Maximalgrad* 4. *(Hinweis: Nutzen Sie Satz 1.4.2).*

Eine dritte Verallgemeinerung des Zuordnungsproblems betrifft die Frage nicht nur nach der Existenz, sondern nach der Zahl der vollständigen Zuordnungen eines Graphen.
Es ist klar, daß das Anzahlproblem mindestens so schwierig wie das Existenzproblem ist.
Ein Beispiel für ein Problem, in dem beide – das Anzahl- und das Existenzproblem – schwierig bestimmbar zu sein scheinen, ist das Erfüllbarkeitsproblem SAT. Das Anzahlproblem zu SAT ist die Frage nach der Zahl der erfüllenden Belegungen einer KNF. Die Komplexitätsklassen **P** und **NP** erfassen diese Fragestellung nicht adäquat. Daher wird eine neue Komplexitätsklasse **#P** (lies: number–P) wie folgt eingeführt (vgl. [59]):

Definition 7.4.3 *Ein zu einem Entscheidungsproblem π gehörendes Anzahlproblem liegt in* **#P** *gdw.*

ist $S_\pi(I)$ die Zahl der Lösungen für eine Eingabe I von π, so existiert ein nichtdeterministischer Algorithmus, der genau $S_\pi(I)$ akzeptierende Berechnungen liefert, wobei die Länge (d.h. die Zahl der Takte) der akzeptierenden Berechnungen durch ein Polynom $p(|I|)$ beschränkt ist.

Ein Anzahlproblem π' zu einem Entscheidungsproblem π heißt **#P***-vollständig gdw.*

$\pi' \in$ **#P** *und für alle $\pi'' \in$* **#P** *ist π'' Turing-reduzierbar auf π' (vgl. [59],[117]).*

Das Anzahlproblem für SAT wie auch das vieler anderer **NP**-vollständiger Probleme ist **#P**-vollständig.
Erstaunlicher ist, daß auch in **P** Probleme existieren, deren Anzahlproblem **#P** -vollständig ist. Dazu noch folgende Definition:

Definition 7.4.4 *Es sei $\mathcal{S}_n$ die Menge der Permutationen der Menge $\{1, \ldots, n\}$. Wie üblich ist für $\sigma \in \mathcal{S}_n$ $I(\sigma)$ = Zahl der Inversionen in σ und*

$$sgn(\sigma) = (-1)^{I(\sigma)} = \begin{cases} +1 & \text{falls die Zahl der Inversionen in } \sigma \text{ gerade ist} \\ -1 & \text{sonst} \end{cases}$$

Bekanntlich ist für eine $n \times n)$-Matrix $A = (A_{ij})_{i,j=1}^n$ reeller Zahlen die Determinante

$$det A = \sum_{\sigma \in \mathcal{S}_n} sgn(\sigma) \cdot \prod_{i=1}^{n} A_{i\sigma(i)}.$$

Die Permanente *einer Matrix A ist*

$$perm A = \sum_{\sigma \in \mathcal{S}_n} \prod_{i=1}^{n} A_{i\sigma(i)}.$$

Während die Berechnung der Determinante einer Matrix "einfach" ist, ist das Problem einfacher Permanentenberechnungen ungelöst. Wir betrachten nun $\{0,1\}$-Matrizen A und interpretieren diese wie folgt als paare Graphen:
$G_A = (X, Y, E_A)$ mit $X = \{x_1, \ldots, x_n\}, Y = \{y_1, \ldots, y_n\}$ und $\{x_i, y_j\} \in E_A \iff A_{ij} = 1$.
Dann ist eine vollständige Zuordnung Z von G_A beschrieben durch eine Permutation $\sigma \in \mathcal{S}_n$ mit $\prod_{i=1}^n A_{i\sigma(i)} = 1$. Also ist

$$perm(A) = \text{Zahl der vollständigen Zuordnungen von } G_A.$$

Satz 7.4.3 *(Valiant 1979) Die Berechnung der Zahl der vollständigen Zuordnungen von paaren Graphen ist* **#P***-vollständig.*

Damit ist auch die Permanentenberechnung von symmetrischen $\{0,1\}$-Matrizen nachweislich schwierig.
Der Beweis des Satzes 7.4.3 ist lang und beruht auf einer Reduktion vom Anzahlproblem bei SAT. Dabei werden die Zyklenzerlegungen von Permutationen verwendet.

7.5 Knotenfärbungen

Das Problem der Färbung von Graphen führt zu den Anfängen der Graphentheorie zurück und läßt sich anschaulich darstellen durch das Färben von Landkarten, wobei Länder mit gemeinsamer Grenze verschiedene Farben erhalten (man kann jedoch nicht behaupten, daß das "praktische" Problem der möglichst geringen Farbenzahl bei Landkarten eine ernsthafte Motivation für die daraus resultierenden umfangreichen und für die Entwicklung der Graphentheorie außerordentlich wichtigen mathematischen Untersuchungen war – das 4–Farben–Problem hat offenbar für Kartographen keine ernsthafte Rolle gespielt).
Es gibt jedoch auch eine ganze Reihe von anderen Problemen, in deren Zusammenhang Färbungsprobleme auftreten.

Definition 7.5.1 *Es sei* $= (V, E)$ *ein Graph. Eine Zerlegung* $V = V_1 \cup V_2 \cup \ldots \cup V_k$, $V_i \cap V_j = \emptyset$ *für* $i \neq j$ *heißt* (zulässige) Knotenfärbung *von* G *gdw.*

für alle $i \in \{1, \ldots, k\}$ *ist* V_i *unabhängige Knotenmenge.*

(Die Mengen V_i *werden als Farben interpretiert. Damit haben keine zwei Knoten* u, v *mit* $uv \in E$ *dieselbe Farbe.)*
Wir setzen

$$\chi_V(G) = \min\{k : \text{es existiert eine Knotenfärbung } V_1 \cup \ldots \cup V_k \text{ von } G\}$$

$\chi_V(G)$ *heißt die* chromatische Zahl *von* G.

In Definition 1.1.4 wurden bereits der Begriff der Clique und die maximale Cliquengröße $\omega(G)$ von G eingeführt. Offenbar gilt stets

(1) $\omega(G) \leq \chi_V(G)$,

und der induzierte Kreis C_5 der Länge 5 ist ein Beispiel für $\omega(G) < \chi_V(G)$. Es gibt auch eine einfache obere Schranke für $\chi_V(G)$, wie folgende Aussage zeigt:

Satz 7.5.1 *Es sei* $G = (V, E)$ *Graph und* $\Delta = \Delta(G)$ *der Maximalgrad von* G. *Dann ist* $\chi_V(G) \leq \Delta + 1$.

Beweis: Man erhält eine Knotenfärbung mit $\leq \Delta + 1$ Farben, indem man wie folgt vorgeht:
Wähle einen ersten Knoten v_1 und ordne ihm eine der $\Delta + 1$ Farben zu. Danach wird jeweils ein noch nicht gefärbter Knoten gewählt und erhält eine Farbe, die keiner seiner (schon gefärbten) Nachbarn hat, solange, bis alle Knoten gefärbt sind. Dies ist stets möglich, da jeder Knoten höchstens Δ Nachbarn hat. □

Also ist $\omega(G) \leq \chi_V(G) \leq \Delta(G) + 1$.
Interessant in diesem Zusammenhang ist folgender Satz:

Satz 7.5.2 *(Brooks 1941) Für zusammenhängende Graphen $G = (V, E)$ mit $\Delta(G) \leq 3$ gilt: $\chi_V(G) \leq 3$ genau dann, wenn G nicht der vollständige Graph K_4 mit 4 Knoten ist.*

Die ursprünglich betrachteten, aus Landkarten resultierenden Graphen haben folgende spezielle Eigenschaft:

Definition 7.5.2 *Ein Graph $G = (V, E)$ heißt* planar *gdw.*

> *es existiert eine Darstellung der Knoten $v \in V$ durch Punkte p_v und der Kanten $uv \in E$ durch Linien (sogenannte* Jordan-Kurven*) l_{uv}, die p_v und p_u verbinden, in der euklidischen Ebene, so daß keine zwei Linien l_{uv}, l_{xy} einander kreuzen (d.h. die Linien dürfen nur die Endknoten gemeinsam haben).*

Man merkt leicht, daß eine solche Darstellung für die Graphen K_5 und $K_{3,3}$ aus Abbildung 7.8 nicht möglich ist.

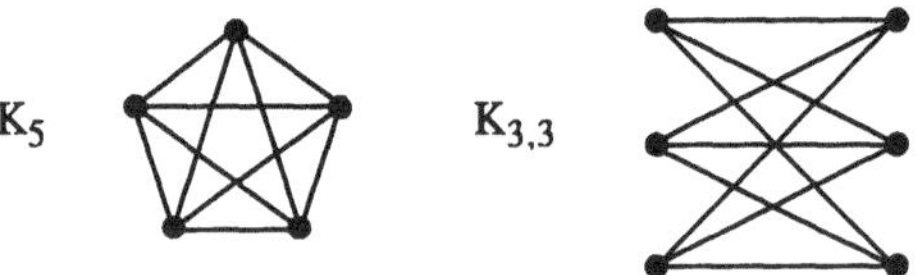

Abbildung 7.8: Die Graphen K_5 und $K_{3,3}$

Die Graphen K_5 und $K_{3,3}$ sind nicht planar, und ein berühmter Satz von *Kuratowski* besagt, daß sich die planaren Graphen mittels dieser beiden Graphen charakterisieren lassen:

Definition 7.5.3 *Die ungerichteten Graphen $G = (V, E)$ und $H = (V', E')$ sind zueinander* homöomorph *gdw.*

> *G und H gehen beide aus einem gemeinsamen Ausgangsgraphen durch Einfügen von neuen Knoten vom Grad 2 in bereits existierende Kanten hervor.*

Satz 7.5.3 *(Kuratowski 1930) Ein Graph $G = (V, E)$ ist planar genau dann, wenn kein Teilgraph von G zu K_5 oder $K_{3,3}$ homöomorph ist.*

Zum Beweis dieses Satzes vgl. z.B. *Even* [46].

So schön der Satz von *Kuratowski* aus mathematischer Sicht auch ist – er liefert kein effizientes Kriterium, um die Planarität eines vorgegebenen Graphen zu testen.
Dazu wurden ganz andere Mittel verwendet, z.B. tiefgehende Anwendungen von Tiefensuche (DFS) (vgl. [82], [112], die eine Linearzeiterkennung planarer Graphen liefern.

Die bereits erwähnte, aus dem vorigen Jahrhundert stammende 4–Farben–Vermutung für planare Graphen besagt, daß sich solche Graphen stets mit 4 Farben färben lassen.

Dieses Problem hat eine lange und interessante Geschichte, und erst 1977 erschien eine Arbeit, die den Anspruch erhob, die Richtigkeit der Vermutung nachgewiesen zu haben ([6]).
Die beiden Autoren verwendeten jedoch ein Computerprogramm, um eine umfangreiche Fallunterscheidung auszuführen, und das Problem dabei ist der Beweis der Korrektheit des Programms und der Arbeit des verwendeten Computers. Eine Reihe von Graphentheoretikern erkennt diese Arbeit als Lösung der 4–Farben–Vermutung nach wie vor nicht an – Informatiker neigen offenbar eher dazu, dieses Vorgehen als Beweis zu akzeptieren, wie entsprechende Zitate in der Fachliteratur erkennen lassen.
Zum 4–Farben Problem für planare Graphen vgl. auch *Sachs* [119], Teil II.
Schon wesentlich eher war bekannt, daß sich planare Graphen stets mit 5 Farben färben lassen.

Satz 7.5.4 *(Heawood 1890) Für planare Graphen G gilt* $\chi_V(G) \leq 5$.

Definition 7.5.4 *Ein Graph* $G = (V, E)$ *heißt* dreiecksfrei (Δ–frei) *gdw.*

$$\omega(G) \leq 2.$$

Satz 7.5.5 *(Grötzsch) Für dreiecksfreie planare Graphen G gilt* $\chi_V(G) \leq 3$.

Wir wollen für keinen dieser Sätze den Beweis angeben, da die Beweise oftmals lang sind und nicht unmittelbar das Hauptanliegen dieses Buches, nämlich algorithmische Fragen, betreffen. Denoch sind natürlich Aussagen dieser Art von großer Wichtigkeit für die algorithmische Graphentheorie.

Nun zur Frage der Berechnungskomplexität von Färbungsproblemen:

Definition 7.5.5 $COL = \{(G, k)$: *G ist endlicher Graph und* $\chi_V(G) \leq k\}$.

Es ist also genau dann $(G, 2) \in$ COL,wenn G paarer Graph ist. Dies läßt sich bekanntlich in Linearzeit $O(|V| + |E|)$ entscheiden. Ähnlich wie bei 2SAT und 3SAT ändert sich der Komplexitätsstatus beim Übergang von 2 zu 3:

Satz 7.5.6 *(Stockmeyer)* $3COL = \{G : G$ *Graph und* $\chi_V(G) \leq 3\}$ *ist* **NP**–*vollständig.*

Beweis: Es ist klar, daß 3COL in **NP** ist. Um die Vollständigkeit zu zeigen, wird eine Polynomialzeitreduktion von 3SAT auf 3COL angegeben. Es sei $C = C_1 \wedge \ldots \wedge C_m$ ein Ausdruck in KNF mit Variablen $x_1, \ldots, x_n$ und 3 Literalen pro Klausel:

$$C_i = x_{i_1}^{\alpha_{i_1}} \vee x_{i_2}^{\alpha_{i_2}} \vee x_{i_3}^{\alpha_{i_3}}.$$

Ausgehend von C wird ein Graph G_C wie folgt konstruiert:
G_C enthält die Knoten v_1, v_2, v_3, die ein Dreieck bilden und in Dreifärbungen auch die Farben 1, 2, 3 erhalten:

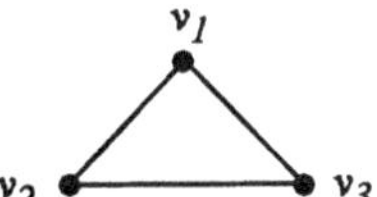

Für jede Variable x_i wird an v_3 ein Dreieck

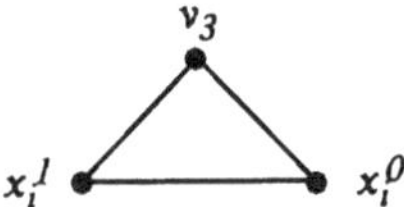

angehängt. In der 3–Färbung von G_C erhalten also die Literale x_i^1, x_i^0 die Farben 1 oder 2. Im weiteren beschränken wir uns auf diesen Fall. Für jede Klausel C_i wird ein Teilgraph H_i gebildet (vgl. Abbildung 7.9), wobei a_i Kanten zu 2 und 3 hat sowie für

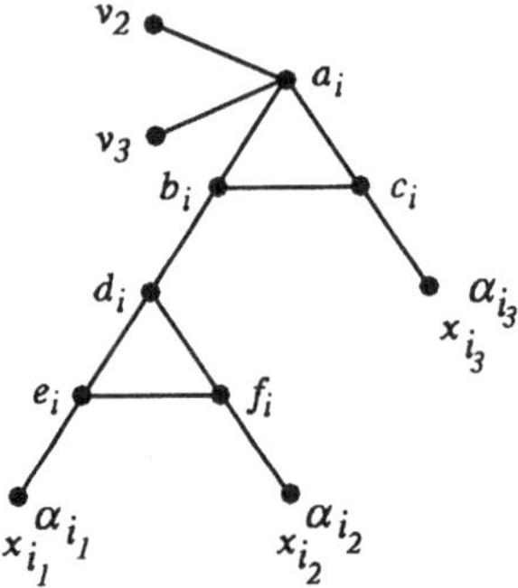

Abbildung 7.9: Der Teilgraph H_i

die Klausel $C_i = x_{i_1}^{\alpha_{i_1}} \vee x_{i_2}^{\alpha_{i_2}} \vee x_{i_3}^{\alpha_{i_3}}$ der Teilgraph G_{H_i} die Kanten $e_i - x_{i_1}^{\alpha_{i_1}}$, $f_i - x_{i_2}^{\alpha_{i_2}}$, $c_i - x_{i_3}^{\alpha_{i_3}}$ enthält.

Wir zeigen zunächst:

$$H_i \text{ ist 3-färbbar} \iff \text{die Farben von } x_{i_j}^{\alpha_{i_j}} \text{ sind nicht } (2,2,2).$$

Es sei $c(x)$ die Farbe von x. Sind die Farben von $x_{i_j}^{\alpha_{i_j}}$ $(2,2,2)$, so ist $c(c_i) = 3, c(b_i) = 2$ und $c(d_i) \neq 2$, d.h. $2 \in \{c(e_i), c(f_i)\}$ - Widerspruch.
Umgekehrt sieht man leicht, daß in allen übrigen Fällen die 3–Färbung von H_i möglich ist.
Es sei nun C erfüllbar und $\beta = (\beta_1, \ldots, \beta_n)$ eine erfüllende Belegung von $x_1, \ldots, x_n$. Dann existiert in jeder Klausel C_i ein erfülltes Literal l_i. Wir setzen die Farbe von l_i gleich 1. Also hat zu jedem H_i mindestens einer der Knoten $x_{i_j}^{\alpha_{i_j}}$, $j \in \{1,2,3\}$, die Farbe 1, und H_i ist 3–färbbar. Also ist ganz G_C 3–färbbar.

Ist umgekehrt G_C 3–färbbar, wobei wir wieder annehmen, daß die Knoten v_1, v_2, v_3 die Farben $1, 2, 3$ bekommen, so haben wegen der Dreiecke

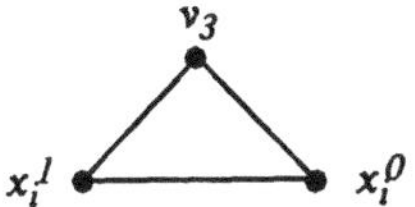

die Knoten x_i^1, x_i^0 die Farben $\{1,2\}$. Außerdem haben für keine Klausel $C_i = x_{i_1}^{\alpha_{i_1}} \vee x_{i_2}^{\alpha_{i_2}} \vee x_{i_3}^{\alpha_{i_3}}$ die Knoten $x_{i_1}^{\alpha_{i_1}}, x_{i_2}^{\alpha_{i_2}}, x_{i_3}^{\alpha_{i_3}}$ alle die Farbe 2. Also enthält jede Klausel ein Literal mit Farbe 1.
Wir definieren nun folgende Belegung β:

$$\beta(x_i) = 1 \iff \text{die Farbe von } x_i \text{ ist } 1.$$

β ist offenbar eine erfüllende Belegung für C. □

Interessant ist, daß man Satz 7.5.6 noch wesentlich verschärfen kann:

Satz 7.5.7 *(Garey, Johnson, Stockmeyer 1976) 3COL ist* **NP***–vollständig für planare Graphen mit Maximalgrad* 4.

Selbsttestaufgabe 7.5.1 *Zeigen Sie, daß folgende Färbungsheuristik nicht notwendig optimal ist:*

Eingabe: *Ein Graph $G = (V, E)$ mit $|V| = n$.*

Prinzip:

1) Wähle eine Reihenfolge $(v_1, \ldots, v_n)$ von V.

2) Färbe für alle $i \in \{1, \ldots, n\}$ den Knoten v_i mit der jeweils ersten bei den Nachbarn von v_i, die links von v_i stehen, noch nicht verwendeten Farbe.

7.6 Kantenfärbungen

Definition 7.6.1 *Es sei $G = (V, E)$ Graph. Eine Zerlegung $E_1, \ldots, E_k$ von E heißt* (zulässige) Kantenfärbung *von G gdw.*

für alle $i \in \{1, \ldots, k\}$ ist E_i Zuordnung ("matching") in G (d.h. keine zwei Kanten gleicher Farbe haben einen Knoten gemeinsam).

Wir definieren

$\chi_E(G) = \min\{k$: es existiert eine Kantenfärbung $E_1, \ldots, E_k$ von $G\}$ ist der chromatische Index *von G.*

Folgendes einfache Stundenplanproblem läßt sich als Kantenfärbungsproblem auf paaren Graphen interpretieren:
Gegeben sind Lehrer $L_1, \ldots, L_k$ und Klassen $K_1, \ldots, K_l$. Eine Kante L_iK_j soll eine von Lehrer L_i in Klasse K_j zu haltende Stunde darstellen. Eine Kantenfarbe entspricht dann einer möglichen Zeitstunde.

Beispiel 7.6.1 *Die in Abbildung 7.10 angegebene Kantenfärbung ist zulässig, aber nicht optimal.*

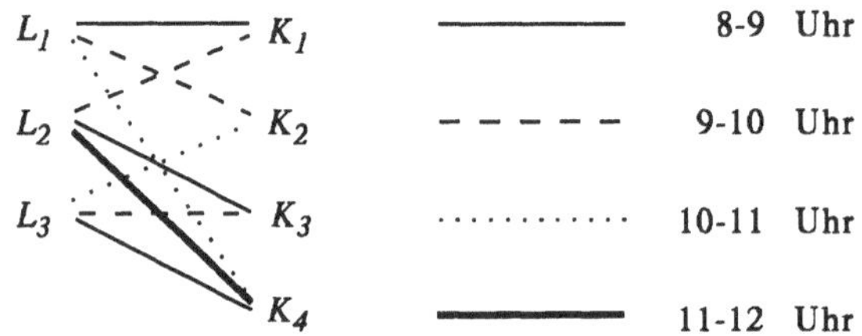

Abbildung 7.10: Zulässige Kantenfärbung

Die in Abbildung 7.11 angegebene Kantenfärbung ist optimal.

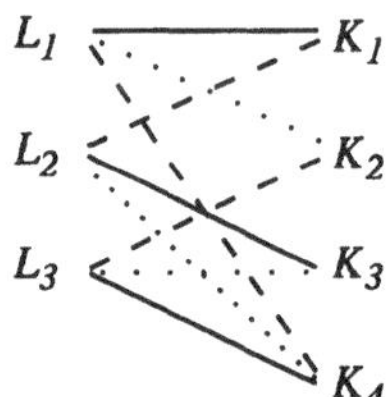

Abbildung 7.11: Optimale Kantenfärbung

Wir zeigen nun im folgenden, daß für paare Graphen B $\chi_E(B) = \Delta(B)$ gilt. Dazu folgende Vorbereitungen:
Entsprechend dem Satz von *Hall* (Satz 7.2.2) gilt:
In paaren Graphen $B = (X, Y, E)$ existiert genau dann eine Zuordnung, die X überdeckt, wenn $\sigma_X(B) = \max_{S \subseteq X}(|S| - |N(S)|) = 0$ ist, d.h. für alle $S \subseteq X$ ist $|S| \leq |N(S)|$.

Folgerung 7.6.1 *Ist in einem paaren Graphen $B = (X, Y, E)$ die Bedingung $\min_{x \in X} deg(x) \geq \max_{y \in Y} deg(y) \geq 1$ erfüllt, so existiert eine Zuordnung, die ganz X überdeckt.*

Beweis: Es bezeichne $d_1 = \min_{x \in X} deg(x)$ und $d_2 = \max_{y \in Y} deg(y)$. Nach Voraussetzung gilt $d_1 \geq d_2$. Für $S \subseteq X$ sei $E(S) = \{e : e \in E \wedge e \cap S \neq \emptyset\}$ die Menge der zu S inzidenten Kanten. Dann ist $|E(S)| \geq |S| \cdot d_1$.

Es sei $N(S)$ die Menge der Nachbarn von Knoten aus S:
$N(S) = \{y : y \in Y$ und es existiert ein $x \in S$ mit $xy \in E\}$.
$E(N(S))$ bezeichne entsprechend die Menge der zu $N(S)$ inzidenten Kanten. Dann ist $|E(N(S))| \leq d_2 \cdot |N(S)|$.
Da $E(S) \subseteq E(N(S))$ ist, gilt $|S| \cdot d_1 \leq d_2 \cdot |N(S)|$, und wegen $d_1 \geq d_2$ ist somit $|S| \leq |N(S)|$. □

Folgerung 7.6.2 *Es sei $X_1 \subseteq X$ ($Y_2 \subseteq Y$) die Menge der Knoten in X (Y) mit Maximalgrad $\Delta = \Delta(B) \geq 1$. Dann existieren Zuordnungen Z_1, Z_2, die X_1 bzw. Y_2 überdecken.*

Der folgende Satz zeigt, daß sogar eine Zuordnung existiert, die $X_1 \cup Y_2$ überdeckt.

Satz 7.6.1 *(Mendelsohn/Dulmage) Es sei $B = (X, Y, E)$ ein paarer Graph und Z_1, Z_2 Zuordnungen in B mit $X_i = \{x$: es existiert ein $y \in Y$ und $xy \in Z_i\}$, $Y_i = \{y$: es existiert ein $x \in X$ und $xy \in Z_i\}$, i=1,2. Dann existiert eine Zuordnung $Z' \subseteq Z_1 \cup Z_2$, die X_1 und Y_2 überdeckt.*

Der Beweis folgt der Idee des M-Ergänzungsweges (vgl. Abschnitt 7.3).

Folgerung 7.6.3 *In paaren Graphen $B = (X, Y, E)$ mit Maximalgrad $\Delta = \Delta(B) > 0$ existiert eine Zuordnung Z, die alle Knoten mit Grad Δ überdeckt.*

Folgerung 7.6.4 *(König 1916) Ist $B = (X, Y, E)$ paarer Graph mit Maximalgrad $\Delta(B) = \Delta$, so läßt sich E in Δ Zuordnungen zerlegen, d.h. $\chi_E(B) = \Delta$.*

Beim Übergang von paaren zu allgemeinen Graphen wird das Kantenfärbungsproblem schwieriger:

Satz 7.6.2 *(Vizing 1964) Ist $G = (V, E)$ Graph, so gilt*

$$\chi_E(G) = \Delta(G) \text{ oder } \chi_E(G) = \Delta(G) + 1.$$

Erstaunlicherweise ist die Entscheidung der Frage, welcher der beiden Fälle für $\chi_E(G)$ eintritt, **NP**-vollständig.

Satz 7.6.3 *(Holyer 1981) CHROMATIC INDEX = $\{G : G = (V, E)$ Graph und $\chi_E(G) = \Delta(G)\}$ ist **NP**-vollständig für kubische Graphen.*

Der Beweis beruht auf einer nichttrivialen Reduktion von 3SAT.

7.7 Weitere Übungen

Aufgabe 7.7.1

a) Es sei $G = (X, Y, E)$ paarer Graph und J_Z = Menge aller Zuordnungen in E. Ist (E, J_Z) Matroid ?

b) Es sei $J_X = \{E' : E' \subseteq E \wedge \bigwedge_{e,e' \in E'} e \cap e' \cap X = \emptyset\}$. Ist (E, J_X) Matroid ?

c) Es seien $M_1 = (E, J_1), M_2 = (E, J_2)$ Matroide. $M = (E, J)$ heißt Durchschnitt zweier Matroide *gdw. $J = J_1 \cap J_2$.*
Zeigen Sie: (E, J_Z) ist Durchschnitt zweier Matroide.

Aufgabe 7.7.2 *Zeigen Sie, daß das Problem INDEPENDENT SET (IS) (vgl. Selbsttestaufgabe 1.4.1 aus Kapitel 1) für dreiecksfreie Graphen* **NP***-vollständig bleibt. (*Hinweis*: Konstruieren Sie eine Reduktion von IS für beliebige Graphen, indem die Kanten des Graphen durch zusätzliche Hilfsknoten geeignet unterteilt werden.)*

Aufgabe 7.7.3 *Es sei $G = (V, E)$ ungerichteter Graph.*
Eine Menge F von gerichteten Kanten heißt azyklische Orientierung von *G gdw.*

(1) Der (V, F) zugrundeliegende ungerichtete Graph ist $G = (V, E)$ und

(2) (V, F) ist dag.

Die Höhe *$h(v)$ eines Knotens in (V, F) wird definiert als*

$$h(v) = \begin{cases} 0 & \text{falls } indeg(v) = 0 \\ 1 + max\{h(u) : (u, v) \in F\} & \text{sonst} \end{cases}$$

Es sei $H_k = \{v : h(v) = k\}$ und $h_0 = \max\{h(v) : v \in V\}$.
Zeigen Sie:

a) Jeder ungerichtete Graph G besitzt eine azyklische Orientierung F.

b) $\{H_k : k \in \{0, \ldots, h_0\}\}$ definiert eine Knotenfärbung auf G.

c) Diese Knotenfärbung ist i.a. nicht optimal.

d) Ist F transitiv (im Sinne von Definition 1.1.12), so ist diese Knotenfärbung optimal.

7.8 Lösungshinweise zu den Selbsttestaufgaben von Kapitel 7

Selbsttestaufgabe 7.1.1
Nach dem Satz von König (Folgerung 7.1.2) ist $\beta_V(G) = \alpha_E(G)$, und zwar ergibt sich eine kleinste Knotenüberdeckung aus einem durch S definierten Schnitt minimaler Kapazität: $V' = (S \cap Y) \cup (\overline{S} \cap X)$.
Durch Anwendung des Algorithmus von Dinitz auf das Netzwerk $N(G)$ läßt sich in $O((|X| + |Y|) \cdot |E|)$ Schritten eine solche Menge S und daraus V' konstruieren.

Selbsttestaufgabe 7.2.1
Nach dem Satz von König gilt für paare Graphen G $\beta_V(G) = \alpha_E(G)$. Also ist nach Folgerung 7.2.1 und dem Satz 7.2.1 $|V| - \alpha_V(G) = \beta_V(G) = \alpha_E(G) = |V| - \beta_E(G)$, und damit auch $\alpha_V(G) = \beta_E(G)$.

Selbsttestaufgabe 7.3.1

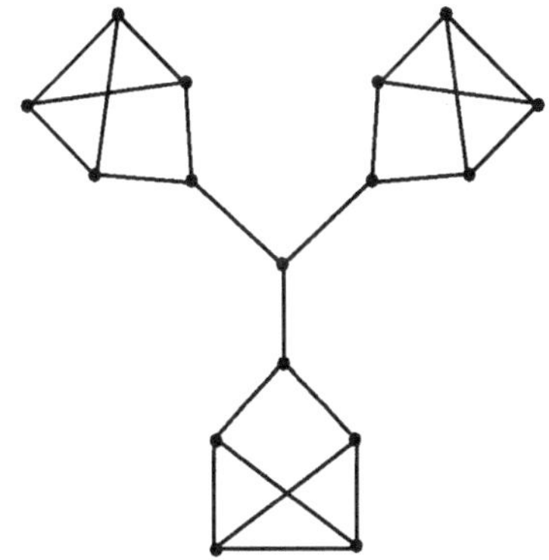

Selbsttestaufgabe 7.4.1
Nach Satz 1.4.2 ist VERTEX COVER **NP**-vollständig für Graphen mit Maximalgrad 3. Man kann also voraussetzen, daß $\Delta(G) \leq 3$ ist. Dann liefert die Konstruktion im Beweis von Satz 7.4.2 $\Delta(G') \leq 4$.
Außerdem sind folgende Knotenmengen unabhängig:

$$X = \{v_i : i \in \{1, \ldots, n\}\} \cup \{c_j : j \in \{1, \ldots, m\}\}$$

$$Y = \{a_j : j \in \{1, .., m\}\} \cup \{b_j : j \in \{1, \ldots, m\}\} \cup \{u_i : i \in \{1, \ldots, n\}\}.$$

Selbsttestaufgabe 7.5.1
Beispiel: $G = a - b - c - d$
Reihenfolge (a, b, d, c):

$\chi_V(G) = 2$, aber die Färbungsheuristik führt zu drei Farben.

7.9 Literaturhinweise

Das "Maximum matching"-Problem für paare Graphen wird bereits in [55] über Maximalfluß gelöst. In [80] wurde als Zeitschranke zur Lösung dieses Matchingproblems $n^{5/2}$ angegeben. Die beste bekannte Zeitschranke stammt aus [4].

Das "Maximum matching"-Problem für beliebige Graphen basiert wesentlich auf Satz 7.3.1, der in [13] bewiesen wurde. [44] diskutiert die Frage, ob die Ergänzungswegmethode zu einer Polynomialzeitlösung führt. Die beste bekannte Zeitschranke $O(\sqrt{|V|} \cdot |E|)$ stammt aus [107].

Die Sätze von *Petersen* und von *Tutte* findet man in Darstellungen der Graphentheorie oder z.B. in [102].

Die **NP**-Vollständigkeit von 3DM ist mit Beweis in [59] angegeben und stammt aus [88]. Die **NP**-Vollständigkeit des Problems MAX δ-SEP MATCHING stammt aus einer Arbeit von *Stockmeyer* und *Vazirani.*

Der Begriff der #**P**-Vollständigkeit wurde im Zusammenhang mit Satz 7.4.3 in [128] eingeführt.

Das Problem der Knotenfärbung von Graphen ist ein sehr altes Problem der Graphentheorie und hat u.a. als 4-Farben-Problem stark zur Entwicklung der Graphentheorie beigetragen. Gute Darstellungen dieses Problemkreises sind z.B. [3], [119], Teil II.

Ein speziell planaren Graphen gewidmetes Buch ist [112].

Die **NP**-Vollständigkeit des 3-Färbbarkeitsproblems 3COL findet sich in [60].
Das Problem der Kantenfärbung von Graphen ist ebenso wie das Problem der Knotenfärbung ein klassisches Thema der Graphentheorie. Der Satz von *Vizing* (Satz 7.6.2) stammt aus [129]. Die **NP**-Vollständigkeit des Problems CHROMATIC INDEX ist von *Holyer* in [79] gezeigt worden.

8 Graphen und Hypergraphen mit Baumstruktur

8.1 Chordale Graphen

Bäume sind im Zusammenhang mit Graphenalgorithmen und Anwendungen von Graphen von herausragender Bedeutung. In diesem Kapitel werden wichtige Verallgemeinerungen von Bäumen betrachtet, die weitgehende algorithmische Anwendungen erlauben. Ein zentraler Punkt ist dabei die Baumstruktur der maximalen Cliquen der im folgenden definierten chordalen Graphen.

Definition 8.1.1 *$G = (V, E)$ sei endlicher schlichter ungerichteter Graph. G heißt* chordal *gdw.*

> *G enthält keine induzierten Kreise C_n (vgl. Definition 1.1.8), $n \geq 4$, als induzierte Teilgraphen.*

Offenbar sind Bäume chordal. Die Analogie geht jedoch tiefer. In Bäumen spielen Blätter eine besondere Rolle, und Algorithmus 1.3.2 beschreibt ein Verfahren zur Wegnahme der Knoten $(v_1, \ldots, v_n)$ eines Baumes, so daß für jedes $i \in \{1, \ldots, n\}$ der Knoten v_i Blatt im Restgraphen $G_i = G(\{v_i, \ldots, v_n\})$ ist.

Definition 8.1.2 *Ein Knoten $v \in V$ heißt* simplizial in $G = (V, E)$ *gdw.*

> *$N(v)$ induziert eine Clique.*

Es sei $(v_1, \ldots, v_n)$ eine Reihenfolge von V und $G_i = G(\{v_i, \ldots, v_n\})$.
$(v_1, \ldots, v_n)$ heißt perfekte Eliminationsordnung (p.e.o.) von G *gdw.*

> *für alle $i \in \{1, \ldots, n\}$ ist v_i simplizial in G_i.*

Selbsttestaufgabe 8.1.1 *Zeigen Sie: In einem Baum $G = (V, E)$ ist jedes Blatt simplizial, und jeder Baum besitzt eine perfekte Eliminationsordnung.*

Definition 8.1.3 *Es sei $G = (V, E)$ endlicher ungerichteter schlichter Graph.*
Eine Knotenmenge $S \subseteq V$ heißt Separator *für nicht benachbarte Knoten $a, b \in V$* (a–b-Separator) *gdw.*

in $G(V \setminus S)$ liegen a und b in verschiedenen Zusammenhangskomponenten.

S heißt minimaler a–b–Separator *gdw.*

keine echte Teilmenge von S ist a–b–Separator.

*S heißt (*minimaler*)* Separator *gdw.*

es existieren Knoten a, b, so daß S (minimaler) a–b–Separator ist.

Satz 8.1.1 *Es sei G endlicher ungerichteter schlichter Graph. G ist genau dann chordal, wenn jeder minimale Separator eine Clique induziert.*

Beweis: 1. "$\Longleftarrow$": Es sei $(a, x, b, y_1, y_2, \ldots, y_k, a)$ ein einfacher Kreis von $G, k \geq 1$. Jeder Kreis der Länge ≥ 4 ist von dieser Form (falls überhaupt einer existiert).
Ist $ab \in E$, so enthält der Kreis eine Sehne. Ist $ab \notin E$, so lassen sich die Knoten a und b separieren. Jeder minimale a–b–Separator enthält x und y_i für ein i, $1 \leq i \leq k$, und da der Separator eine Clique induziert, ist $xy_i \in E$, also enthält der Kreis eine Sehne.
2. "$\Longrightarrow$": Es sei S ein minimaler a–b–Separator, und es sei $G(A)$ (bzw. $G(B)$) die Zusammenhangskomponente von $G(V \setminus S)$, die a (bzw. b) enthält. Da S minimal ist, ist jedes $x \in S$ zu einem Knoten in $G(A)$ und zu einem Knoten in $G(B)$ benachbart. Also existieren für jedes Paar $x, y \in S$ mit $x \neq y$ Wege $P_1 = (x, a_1, \ldots, a_r, y)$ und $P_2 = (y, b_1, \ldots, b_s, x)$, $a_i \in G(A), b_j \in G(B)$, $i \in \{1, \ldots, r\}$, $j \in \{1, \ldots, s\}$. O.B.d.A. wählen wir solche Wege minimaler Länge. Damit ist $(x, a_1, \ldots, a_r, y, b_1, \ldots, b_s, x)$ ein einfacher Kreis mit Länge ≥ 4. Dieser Kreis muß nach Voraussetzung eine Sehne enthalten. Da außerdem die Wege P_1, P_2 minimale Länge haben, ist die einzig mögliche Sehne $xy \in E$. Also induziert S eine Clique. □

Lemma 8.1.1 *Jeder chordale Graph $G = (V, E)$, $|V| \geq 1$, enthält einen simplizialen Knoten. Ist G keine Clique, so enthält G sogar zwei nicht benachbarte simpliziale Knoten.*

Beweis: Für vollständige Graphen G ist die Behauptung erfüllt. Es sei nun $a, b \in V$, $ab \notin E$, und das Lemma sei erfüllt für alle Graphen mit weniger Knoten als G. Es sei S ein minimaler a–b–Separator mit $a \in G(A)$, $b \in G(B)$, wobei $G(A), G(B)$ die a, b enthaltenden Zusammenhangskomponenten von $G(V \setminus S)$ sind.
Nach Induktionsvoraussetzung enthält $G(A \cup S)$ entweder zwei nichtbenachbarte simpliziale Knoten, von denen einer in A ist, da S eine Clique induziert, oder $G(A \cup S)$ ist selber eine Clique, und jeder Knoten von A ist simplizial in $G(A \cup S)$. Da $N(A) \subseteq A \cup S$ gilt, ist ein simplizialer Knoten von $G(A \cup S)$, der in A liegt, auch simplizial in G. Analog enthält $G(B)$ einen in G simplizialen Knoten. □

Folgerung 8.1.1 *G ist genau dann chordal, wenn G eine perfekte Eliminationsordnung besitzt.*
Außerdem kann eine perfekte Eliminationsordnung eines chordalen Graphen mit jedem simplizialen Knoten beginnen.

Beweis: 1. Es sei G chordal. Dann enthält G nach Lemma 8.1.1 einen simplizialen Knoten x. Da $G(V \setminus \{x\})$ ebenfalls chordal ist, liefert die wiederholte Wegnahme simplizialer Knoten die gewünschte perfekte Eliminationsordnung .
2. Es sei $(x_1, \ldots, x_n)$ eine perfekte Eliminationsordnung von G und C ein einfacher Kreis von G, wobei x der Knoten von C sei, der in der perfekten Eliminationsordnung am weitesten links steht. Da $|N(x) \cap C| \geq 2$ ist, haben die Nachbarn von x in C eine Sehne. Also ist G chordal. □

Um die Baumstruktur der maximalen Cliquen chordaler Graphen näher zu beschreiben, brauchen wir einige Grundbegriffe und Eigenschaften von Hypergraphen.

8.2 Hypergraphen

Hypergraphen sind eine naheliegende Verallgemeinerung von ungerichteten Graphen, bei denen (Hyper-)Kanten nicht notwendig zweielementig sind. In der Informatik sind Hypergraphen ein wichtiges Mittel zur Modellbildung, so z.B. bei der Beschreibung relationaler Datenbankschemata, bei denen Attributmengen Hyperkanten definieren. *Berge* [17] enthält eine umfassende Grundlagendarstellung der Theorie der Hypergraphen. Wir beschränken uns hier auf wenige Grundbegriffe.

Definition 8.2.1 *$H = (V, \mathcal{E})$ ist ein endlicher* Hypergraph *gdw.*

> *V ist eine endliche Knotenmenge und $\mathcal{E}$ ist eine Menge von Teilmengen aus V (den* Kanten *oder* Hyperkanten *von H).*

Der von der Teilmenge $A \subseteq V$ induzierte Subhypergraph *ist der Hypergraph $H(A) = (A, \mathcal{E}_A)$ mit Kantenmenge $\mathcal{E}_A = \{e \cap A : e \in \mathcal{E}\}$.*
Der zu H duale Hypergraph *$H^* = (\mathcal{E}, \mathcal{E}^*)$ hat die Knotenmenge $\mathcal{E}$ und die Kantenmenge $\{\{e \in \mathcal{E} : v \in e\} : v \in V\}$.*
Der "2-section graph" *$2SEC(H)$ des Hypergraphen $H = (V, \mathcal{E})$ hat die Knotenmenge V, und zwei verschiedene Knoten u, v sind benachbart gdw.*

> *u und v sind in einer gemeinsamen Kante von $\mathcal{E}$ enthalten.*

Der "line graph" *$L(H) = (\mathcal{E}, E)$ ist der Durchschnittsgraph von $\mathcal{E}$, d.h.*

$$ee' \in E \iff e \cap e' \neq \emptyset.$$

Ein Hypergraph $H = (V, \mathcal{E})$ heißt reduziert *gdw.*

> *keine Kante $e \in \mathcal{E}$ ist enthalten in einer anderen Kante $e' \in \mathcal{E}$.*

Ein Hypergraph $H = (V, \mathcal{E})$ heißt konform ("conformal") *gdw.*

> *jede Clique C in $2SEC(H)$ ist enthalten in einer Kante $e \in \mathcal{E}$.*

Eine Menge von Teilmengen $\mathcal{E}$ einer Menge V hat die Helly-Eigenschaft *gdw.*

jede Teilfamilie $\mathcal{E}' \subseteq \mathcal{E}$ von paarweise nicht disjunkten Kanten hat einen nichtleeren Gesamtdurchschnitt, d.h.
$\bigwedge_{\mathcal{E}' \subseteq \mathcal{E}}((\bigwedge_{e,e' \in \mathcal{E}'} e \cap e' \neq \emptyset) \Longrightarrow \bigcap \mathcal{E}' \neq \emptyset)$.

Der Hypergraph $H = (V, \mathcal{E})$ hat die Helly–Eigenschaft *gdw.*

$\mathcal{E}$ hat die Helly-Eigenschaft.

Beispiel 8.2.1 *Es sei $V = \{1, 2, \ldots, 6\}$ und $e_1 = \{1, 2, 6\}, e_2 = \{2, 3, 4\}, e_3 = \{4, 5, 6\}, e_4 = \{2, 4, 6\}$ sowie $\mathcal{E} = \{e_1, e_2, e_3, e_4\}$ und $H = (V, \mathcal{E})$.*

Dann ist für $A = \{1, 2, 4\}$ $\mathcal{E}_A = \{\{1, 2\}, \{2, 4\}, \{4\}\}$, d.h. der Subhypergraph

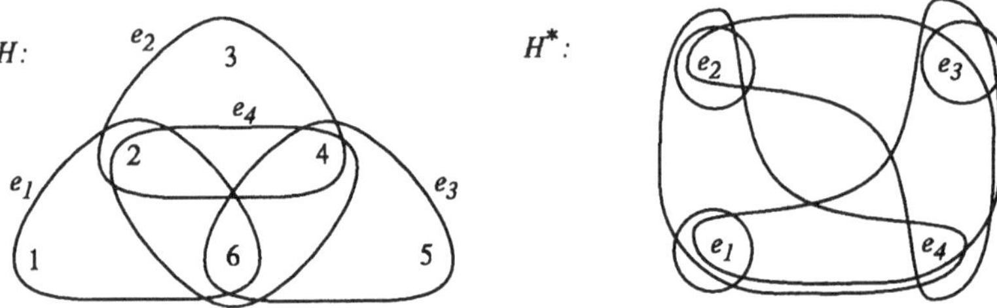

Abbildung 8.1: Beispiel H und sein dualer Hypergraph H^*

$H(A) = (A, \mathcal{E}_A)$ ist nicht mehr reduziert.
Es ist $\mathcal{E}^* = (\mathcal{E}, \{\{e_1\}, \{e_1, e_2, e_4\}, \{e_2\}, \{e_2, e_3, e_4\}, \{e_3\}, \{e_1, e_3, e_4\}\})$.

Abbildung 8.2 zeigt den "2–section graph" $2SEC(H)$ von H.

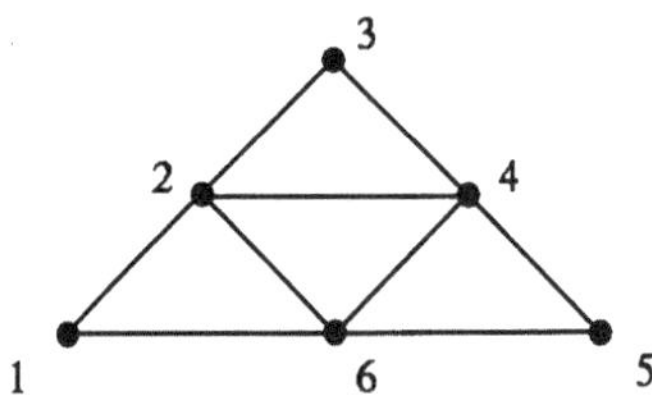

Abbildung 8.2: $2SEC(H)$

Abbildung 8.3 zeigt den "line graph" $L(H)$ von H.
Wie man leicht sieht, ist H konform. $\mathcal{E}$ hat nicht die Helly - Eigenschaft: Die Hyperkanten haben paarweise nichtleeren Durchschnitt, der Gesamtdurchschnitt ist jedoch leer.

Wir geben zunächst eine Liste von bekannten Eigenschaften an, die leicht zu beweisen sind und im folgenden eine wichtige Rolle spielen.

Satz 8.2.1 *Es sei $H = (V, \mathcal{E})$ ein Hypergraph.*

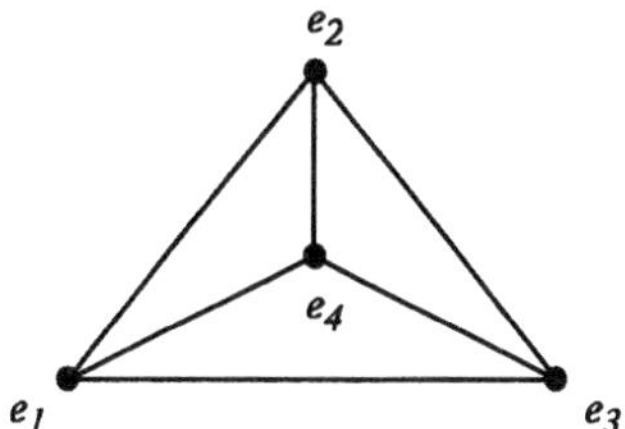

Abbildung 8.3: $L(H)$

(1) Der duale Hypergraph des dualen Hypergraphen ist isomorph zum Hypergraphen selber, d.h. $(H^*)^* \sim H$.

(2) $L(H) \sim 2SEC(H^*)$

(3) $H = (V, \mathcal{E})$ *ist genau dann konform, wenn* H^* *die Helly–Eigenschaft hat.*

Beweis: Es sei $V = \{1, \dots, n\}$, $\mathcal{E} = \{e_1, \dots, e_m\}$ und $E_i = \{e : e \in \mathcal{E} \wedge i \in e\}$. Hierbei ist $\{E_i : i \in \{1, \dots, n\}\}$ eine Multimenge, d.h. gleiche Kanten E_i, E_j werden auch mehrfach aufgeführt.
Zu (1): Es ist $H^* = (\mathcal{E}, \{E_i : i \in \{1, \dots, n\}\}) = (\mathcal{E}, \mathcal{E}^*)$. Es sei $E_{e_j} = \{E_i : e_j \in E_i\}$. Offenbar ist

$$e_j \in E_i \Longleftrightarrow i \in e_j$$

Es ist $(H^*)^* = (\mathcal{E}^*, \{E_{e_j} : j \in \{1, \dots, m\}\}) = (\mathcal{E}^*, (\mathcal{E}^*)^*)$. Die Abbildung $f : V \to \mathcal{E}$ mit $f(i) = E_i$ ist Isomorphismus von H auf $(H^*)^*$:
Es gilt

$$i \in e_j \Longleftrightarrow E_i \in E_{e_j}$$

Zu (2): Die Hyperkanten $e_1, e_2 \in \mathcal{E}$ haben eine Kante in L(H) $\Longleftrightarrow e_1 \cap e_2 \neq \emptyset \Longleftrightarrow$ es existiert ein Knoten $v \in V$ mit $e_1 \in E_v$ und $e_2 \in E_v$, d.h. e_1, e_2 haben eine Kante in $2SEC(H^*)$.

Zu (3): "$\Longrightarrow$": Es sei $H = (V, \mathcal{E})$ konform, d.h. ist C eine Clique in $2SEC(H)$, so existiert ein $e \in \mathcal{E}$ mit $C \subseteq e$. Es sei $\mathcal{E}' \subseteq \{E_v : v \in V\}$ ein Teilsystem, dessen Elemente paarweise nichtleeren Durchschnitt besitzen. $E_{v_i} \cap E_{v_j} \neq \emptyset$ bedeutet: Es existiert eine Hyperkante $e \in \mathcal{E}$, die v_i und v_j enthält, d.h. $v_i v_j$ ist Kante in $2SEC(H)$. Also bildet für $\mathcal{E}' = \{E_{v_{i_1}}, \dots, E_{v_{i_k}}\}$ die Knotenmenge $\{v_{i_1}, \dots, v_{i_k}\}$ eine Clique in $2SEC(H)$. Da H konform ist, existiert dann ein $e \in \mathcal{E}$ mit $\{v_{i_1}, \dots, v_{i_k}\} \subseteq e$. Damit ist $e \in E_{v_{i_1}}, \dots, e \in E_{v_{i_k}}$, und $\mathcal{E}'$ hat nichtleeren Gesamtdurchschnitt.

"$\Longleftarrow$": Es sei $\{v_{i_1}, \dots, v_{i_k}\}$ Clique in $2SEC(H)$, d.h. je zwei dieser Knoten bilden eine Kante. Also ist der paarweise Durchschnitt der Elemente der Menge $\mathcal{E}' = \{E_{v_{i_1}}, \dots, E_{v_{i_k}}\}$ nichtleer, und wegen der Helly – Eigenschaft ist somit auch der Gesamtdurchschnitt $\bigcap \mathcal{E}'$ nichtleer. Damit existiert ein $e \in \bigcap \mathcal{E}'$, d.h. es existiert ein $e \in \mathcal{E}$ mit $v_{i_1}, \ldots, v_{i_k} \in e$. □

Es gibt eine Reihe von Standard–Hypergraphen zu Graphen. Wir verwenden im weiteren besonders häufig die folgenden Hypergraphen:

Definition 8.2.2 *Es sei*

$$\mathcal{N}(G) = (V, \{N[v] : v \in V\})$$

der Nachbarschafts–Hypergraph *des Graphen* $G = (V, E)$,

$$\mathcal{C}(G) = (V, \{C : C \text{ ist eine maximale Clique in } G\})$$

der Cliquen–Hypergraph *von* G *sowie*

$$\mathcal{D}(G) = (V, \{N^k[v] : v \in V, k \text{ eine natürliche Zahl }\})$$

der Hypergraph der iterierten Nachbarschaften *bzw.* Disk–Hypergraph *von* G, *wobei die iterierten Nachbarschaften wie folgt definiert sind:*

$$N^1[v] = N[v] \text{ und } N^{k+1}[v] = N[N^k[v]]$$

Selbsttestaufgabe 8.2.1

(a) $2SEC(\mathcal{C}(G))$ *ist isomorph zu* G *(und damit ist* $\mathcal{C}(G)$ *konform).*

(b) $(\mathcal{N}(G))^*$ *ist isomorph zu* $\mathcal{N}(G)$ *(wobei angenommen wird, daß der Hypergraph* $\mathcal{N}(G) = \{N[v] : v \in V\}$ *eine Multimenge ist, d.h. mehrfach auftretende Nachbarschaftsmengen werden auch mehrfach aufgeführt).*

Später verwenden wir noch folgende nützliche Eigenschaft:

Lemma 8.2.1 *Jeder konforme reduzierte Hypergraph* H *ist der Cliquenhypergraph eines geeigneten Graphen (nämlich von* $2SEC(H)$*).*

Beweis: H sei konform und reduziert. Dann gilt: Für alle maximalen Cliquen C in $2SEC(H)$ existiert eine Hyperkante $e \in \mathcal{E}$ mit $C \subseteq e$. Umgekehrt induziert jede Hyperkante e in $2SEC(H)$ eine Clique, ist also in einer maximalen Clique C_e enthalten. Da e in keiner anderen Hyperkante e' enthalten ist, gilt $e \subseteq C_e \subseteq e$, also $e = C_e$. Daher sind die Hyperkanten in H gerade die maximalen Cliquen von $2SEC(H)$. □

8.3 Hyperbäume und duale Hyperbäume

Definition 8.3.1
Ein Hypergraph $H = (V, \mathcal{E})$ *heißt* Hyperbaum *gdw.*

> *es existiert ein Baum* T *mit Knotenmenge* V*, so daß jede Kante* $e \in \mathcal{E}$ *einen Teilbaum in* T *induziert.*

Ein Hypergraph $H = (V, \mathcal{E})$ *heißt* dualer Hyperbaum *(in der Literatur oft* azyklischer Hypergraph *genannt) gdw.*

> *es existiert ein Baum* T *mit Knotenmenge* $\mathcal{E}$*, so daß für alle Knoten* $v \in V$ *die Menge der Kanten, die* v *enthalten, d.h.* $E_v = \{e \in \mathcal{E} : v \in e\}$*, einen Teilbaum in* T *induziert.*

Selbsttestaufgabe 8.3.1 *H ist Hyperbaum $\Longleftrightarrow$ H^* ist dualer Hyperbaum.*

Der folgende Satz ist eine wichtige Charakterisierung von Hyperbäumen.

Satz 8.3.1 *(Duchet/Flament) H ist Hyperbaum $\Longleftrightarrow$ H erfüllt die Helly-Eigenschaft und $L(H)$ ist chordal.*

Wegen Satz 8.2.1 gibt es verschiedene Varianten, den Satz 8.3.1 zu formulieren, die alle äquivalent sind, so z.B.

Folgerung 8.3.1 *H ist dualer Hyperbaum $\Longleftrightarrow$ H ist konform und $2SEC(H)$ ist chordal.*

Kehrt man wieder zur Ebene der Graphen zurück, so ergibt sich

Folgerung 8.3.2 *G ist chordaler Graph $\Longleftrightarrow$ $\mathcal{C}(G)$ ist dualer Hyperbaum.*

Wir beweisen nun Satz 8.3.1 schrittweise:

Lemma 8.3.1 *Ist $H = (V, \mathcal{E})$ Hyperbaum, so hat H die Helly-Eigenschaft.*

Beweis: Es sei T ein Baum mit Knotenmenge V, so daß für alle $e \in \mathcal{E}$ $T(e)$ Teilbaum in T ist. Es sei nun $\mathcal{E}' \subseteq \mathcal{E}$ eine Menge von paarweise nichtdisjunkten Hyperkanten. Wir beweisen die Behauptung induktiv. Für $|\mathcal{E}'| \leq 2$ ist die Behauptung klar.
Induktionsannahme:
Für $|\mathcal{E}'| \leq k$ sei die Behauptung erfüllt.
Es sei nun $|\mathcal{E}'| = k + 1 \geq 3$, $\mathcal{E}' = \{e_1, \ldots, e_{k+1}\}$. Für $i \in \{1, \ldots, k+1\}$ bezeichne $T_i = T(e_i)$ den von e_i in T induzierten Teilbaum von T. Nach Induktionsannahme existieren Knoten

$$a \in \bigcap_{j=1}^{k} e_j, \quad b \in \bigcap_{j=2}^{k+1} e_j, \quad c \in e_1 \cap e_{k+1}.$$

Dabei gilt: Jedes T_j enthält mindestens zwei der Knoten a, b, c.
Zwischen den Knotenpaaren aus $\{a, b, c\}$ existieren in T eindeutig bestimmte Wege, deren Knotenmengen wir mit P_{ab}, P_{bc}, P_{ac} bezeichnen. Also enthält jedes T_i, $i \in \{1, \ldots, k+1\}$, mindestens einen dieser Wege. Außerdem gilt: $P_{ab} \cap P_{bc} \cap P_{ac} \neq \emptyset$, da sonst ein Kreis in T existiert. Also ist die Behauptung für $\mathcal{E}'$ erfüllt:

$$\emptyset \neq P_{ab} \cap P_{bc} \cap P_{ac} \subseteq \bigcap_{i=1}^{k+1} e_i = \bigcap \mathcal{E}'.$$

□

Lemma 8.3.2 *Ist $H = (V, \mathcal{E})$ Hyperbaum, so ist der Durchschnittsgraph $L(H) = (\mathcal{E}, E)$ chordal.*

Beweis: Es sei T ein Baum, für den die Hyperkanten aus $\mathcal{E}$ jeweils Teilbäume in T induzieren. Angenommen, $L(H)$ enthalte einen sehnenlosen Kreis $(e_0, e_1, \ldots, e_{k-1}, e_0)$ der Länge $k \geq 4$, d.h. die Teilbäume $T_i = T(e_i)$ haben die Eigenschaft $T_i \cap T_j \neq \emptyset \Longleftrightarrow$ i und j unterscheiden sich höchstens um 1 (modulo k - die Indexarithmetik erfolgt im folgenden immer modulo k). Wir zeigen, daß es dann auch einen Kreis in T gibt.
Es sei $a_i \in T_i \cap T_{i+1}, i \in \{0, \ldots, k-1\}$. Es sei b_i der letzte gemeinsame Knoten auf den eindeutig bestimmten Wegen von a_i nach a_{i-1} bzw. nach a_{i+1}. Diese Wege liegen in T_i bzw. T_{i+1}, also liegt b_i in $T_i \cap T_{i+1}$. Es sei P_{i+1} der einfache Weg, der b_i und b_{i+1} verbindet. Offenbar ist $P_i \subseteq T_i$. Damit ist $P_i \cap P_j = \emptyset$, falls sich i und j um mehr als 1 modulo k unterscheiden. Außerdem ist $P_i \cap P_{i+1} = \{b_i\}$ für $i \in \{0, \ldots, k-1\}$. Also ist die Vereinigung der Wege P_i ein Kreis in T - Widerspruch. □

Die nachfolgenden Beispiele zeigen, daß die Helly-Eigenschaft des Hypergraphen H und die Eigenschaft, daß $L(H)$ chordal ist, voneinander unabhängig sind:

Beispiel 8.3.1 $H = (\{1, 2, \ldots, 6\}, \{\{1, 2, 6\}, \{2, 3, 4\}, \{4, 5, 6\}\})$ *hat nicht die Helly-Eigenschaft, aber $L(H)$ ist chordal ($L(H)$ ist ein Dreieck).*

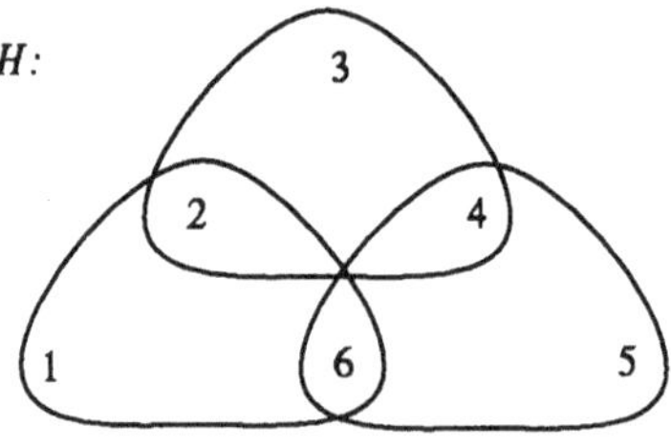

Beispiel 8.3.2 $H = (\{1, 2, 3, 4\}, \{\{1, 2\}, \{2, 3\}, \{3, 4\}, \{4, 1\}\})$ *(der C_4) hat die Helly-Eigenschaft, aber $L(H)$ ist nicht chordal ($L(H)$ ist wieder der C_4).*

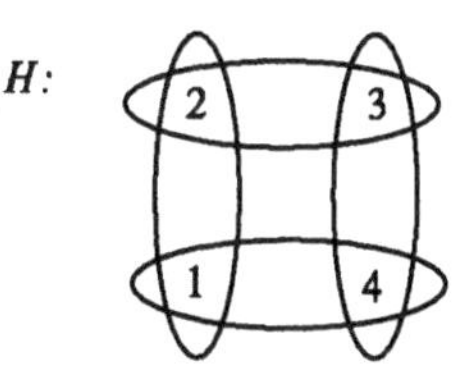

Lemma 8.3.3 *Hat H die Helly–Eigenschaft und ist $L(H)$ chordal, so ist H Hyperbaum.*

Beweis: Wir zeigen eine duale Variante der obigen Behauptung, nämlich: Ist H konform und ist $2SEC(H)$ chordal, so ist H dualer Hyperbaum. O.B.d.A. sei H reduziert. Dann läßt sich nach Lemma 8.2.1 H als Cliquenhypergraph des chordalen Graphen $G = 2SEC(H)$ auffassen. Es bleibt noch zu zeigen, daß dies ein dualer Hyperbaum ist. Dies läßt sich durch Induktion über die Zahl der Knoten $|V|$ von G zeigen. Für $|V| = 1$ ist die Behauptung klar.
Induktionsannahme:
Die Behauptung stimme für alle Graphen mit weniger Knoten als G.
Induktionsschritt:
Ist G vollständig, so existiert nur eine maximale Clique, und die Behauptung ist klar. Ist G nicht zusammenhängend mit den Komponenten $G_1, \ldots, G_k$, dann existiert nach Induktionsvoraussetzung für jedes G_i ein Baum T_i, der die Behauptung für G_i erfüllt. Um einen Baum für G zu konstruieren, wird jeweils ein Knoten von T_i mit einem Knoten von T_{i+1}, $i \in \{1, \ldots, k-1\}$, verbunden.
Es sei nun G zusammenhängend, aber nicht vollständig. Wir wählen einen simplizialen Knoten a aus G. $N[a]$ ist dann maximale Clique in G. Es sei $U = \{u : u \in N[a] \text{ und } N(u) \subset N[a]\}$ sowie $Y = N[a] \setminus U$. Da G zusammenhängend, aber nicht vollständig ist, sind die Mengen U, Y und $V \setminus N[a]$ nichtleer (U enthält z.B. den Knoten a). Betrachte den induzierten Teilgraphen $G' = G(V \setminus U)$, der chordal ist und weniger Knoten als G hat. Es sei T' ein Baum zum dualen Hyperbaum zu G'. K' sei die Menge der maximalen Cliquen von G', so daß für jeden Knoten $v \in V \setminus U$ die Menge $K'_v = \{X : X \in K' \text{ und } v \in X\}$ einen Teilbaum in T' induziert. Wir beschreiben nun die Menge K der maximalen Cliquen von G. Dabei sind zwei Fälle zu unterscheiden:
Entweder ist Y maximale Clique in G' - dann ist $K = (K' \cup \{N[a]\}) \setminus \{Y\}$ - oder Y war keine maximale Clique in G' - dann ist $K = K' \cup \{N[a]\}$.
Es sei C eine maximale Clique von G', die Y enthält. Ist $C = Y$, so entsteht T aus T' durch Umbenennung von C durch $N[a]$. Ist $C \neq Y$, so entsteht T aus T' durch Anhängen des neuen Knotens $N[a]$ an C. Offenbar ist T in beiden Fällen ein dualer Hyperbaum für G. □

Eine Folgerung aus Satz 8.3.1 ist

Folgerung 8.3.3 *Ein Graph G ist chordal $\Longleftrightarrow$ G ist Durchschnittsgraph einer Menge von Teilbäumen eines Baumes.*

8.4 Abpflückordnungen

In Folgerung 8.1.1 wurde bereits gezeigt: Ein Graph G ist chordal $\Longleftrightarrow$ G besitzt eine perfekte Eliminationsordnung . Dies ist eine Verallgemeinerung der wiederholten Wegnahme eines Blattes bei gegebenem Baum. Der Begriff perfekte Eliminationsordnung läßt sich mühelos auf duale Hyperbäume verallgemeinern und ist unter dem Namen *Graham–Reduktion* bekannt:

Definition 8.4.1 *Es sei $H = (V, \mathcal{E})$ ein Hypergraph. Die* Graham–Reduktion *von H besteht in der wiederholten Anwendung folgender zwei Regeln:*

(1) Ist ein Knoten v in nur einer Hyperkante enthalten, so lasse v weg.

(2) Ist eine Hyperkante e in einer anderen Hyperkante e' enthalten, so lasse e weg.

Die Graham–Reduktion ist auf H erfolgreich *gdw.*

die wiederholte Anwendung der beiden Regeln endet mit leerem Hypergraphen.

Satz 8.4.1 *H ist dualer Hyperbaum $\Longleftrightarrow$ die Graham–Reduktion ist auf H erfolgreich.*

Beweis: 1) "$\Longrightarrow$": Es sei H dualer Hyperbaum, d.h. H konform und $2SEC(H)$ chordal. Ist H nicht reduziert, so führt die (evtl. wiederholte) Anwendung von Regel (2) zu einem reduzierten Hypergraphen H', der ebenfalls konform ist und für den ebenfalls $2SEC(H')$ chordal ist. Wegen Lemma 8.2.1 ist H' isomorph zu $\mathcal{C}(2SEC(H'))$. Es sei $(v_1, \ldots, v_n)$ perfekte Eliminationsordnung von $2SEC(H')$. Dann ist v_1 simplizial und demzufolge in nur einer Hyperkante aus H' enthalten, kann also mit Regel (1) weggelassen werden. Eine Wiederholung des obigen Arguments zeigt die Behauptung.
2) "$\Longleftarrow$": Die Graham–Reduktion sei auf H erfolgreich. Es sei H' der verbliebene Hypergraph bei erstmaliger Anwendung von Regel (1), d.h. bis dahin wurde (wenn überhaupt) Regel (2) angewendet (o.B.d.A. wurde solange Regel (2) angewendet, wie dies möglich war). Damit ist H' reduziert. Es sei v_1 der bei erstmaliger Anwendung von Regel (1) weggelassene Knoten. Das heißt, daß v_1 simplizial in $2SEC(H')$ ist. Eine Wiederholung dieses Arguments zeigt, daß $2SEC(H')$ und damit auch $2SEC(H)$ chordal ist. Es sei $(v_1, \ldots, v_n)$ eine perfekte Eliminationsordnung von $2SEC(H')$, die sich aus der Graham–Reduktion ergeben hat. Wir zeigen nun noch: H' und damit auch H ist konform: Es sei C Clique in $2SEC(H')$ und $v_i \in C$ der am weitesten links liegende Knoten in $(v_1, \ldots, v_n)$. Dann gilt: $C \subseteq N_i[v_i]$, wobei N_i die Nachbarschaft in $2SEC(H')(\{v_i, \ldots, v_n\})$ ist. Da $N_i[v_i]$ in einer Hyperkante von H' enthalten ist, ist auch C in einer Hyperkante von H' und damit auch von H enthalten. □

Abpflückordnungen haben, wie in Kapitel 9 gezeigt wird, wichtige algorithmische Konsequenzen, und viele Anwendungen der Baumstruktur werden über die Abpflückordnung realisiert. In diesem Zusammenhang ist die Frage nach solchen Ordnungen für Hyperbäume bzw. Graphen mit "Hyperbaumstruktur" (was das bedeutet, wird noch erläutert) naheliegend. Wir führen nun eine Ordnung ein, die sich in diesem Zusammenhang als passend erweist und ebenfalls wichtige Anwendungen hat:

Definition 8.4.2 *Es sei* $G_i = G(\{v_i, \dots, v_n\})$ *und* $N_i[v]$ *die Einschränkung von* $N[v]$ *auf* G_i*:* $N_i[v] = N[v] \cap \{v_i, \dots, v_n\}$.
Ein Knoten $u \in N[v]$ *heißt* Maximum-Nachbar von v *gdw.*

> *für alle* $w \in N[v]$ *gilt* $N[w] \subseteq N[u]$. *(Beachte, daß* $u = v$ *zugelassen ist).*

Ein Knoten $v \in V$ *heißt* extremal *gdw.*

> v *hat einen Maximum-Nachbarn.*

Eine lineare Ordnung $(v_1, v_2, \dots, v_n)$ *von* V *heißt* Maximum-Nachbarschafts-Ordnung *von* G *gdw.*

> *für alle* $i \in \{1, \dots, n\}$ *ist* v_i *extremal in* G_i*, d.h.*
> *für alle* $i \in \{1, \dots, n\}$ *gibt es einen Maximum-Nachbarn* $u_i \in N_i[v_i]$*:*
> *für alle* $w \in N_i[v_i]$ *gilt* $N_i[w] \subseteq N_i[u_i]$.

Analog lassen sich für paare Graphen solche Ordnungen definieren:

Definition 8.4.3 *Es sei* $B = (X, Y, E)$ *ein paarer Graph mit* $Y = \{y_1, \dots, y_n\}$. *Ein Knoten* $y \in N(x)$ *heißt* Maximum-Nachbar von x *gdw.*

> *für alle* $y' \in N(x)$ *gilt* $N(y') \subseteq N(y)$.

Es sei $B_i^Y = B(X \cup \{y_i, y_{i+1}, \dots, y_n\})$ *und* $N_i(x)$ *die Einschränkung von* $N(x)$ *auf* B_i^Y.
Eine lineare Ordnung $(y_1, \dots, y_n)$ *von* Y *heißt* Maximum-X-Nachbarschafts-Ordnung *von* B *gdw.*

> *für alle* $i \in \{1, \dots, n\}$ *gibt es einen Maximum-Nachbarn* $x_i \in N(y_i)$ *von* y_i*:*
> *für alle* $x \in N(y_i)$ *gilt* $N_i(x) \subseteq N_i(x_i)$.

Analog definiert man Maximum-Y-Nachbarschafts-Ordnung .

Man beachte, daß man zu gegebenem Graphen G, der keine Maximum-Nachbarschafts-Ordnung hat, leicht durch Hinzunahme eines neuen Knotens x, der zu allen Knoten von G adjazent ist, einen Graphen G' mit Maximum-Nachbarschafts-Ordnung erhält: $G' = (V \cup \{x\}, E \cup \{vx : v \in V\})$ hat die Maximum-Nachbarschafts-Ordnung $(v_1, \dots, v_n, x)$.
Diese Konstruktion zeigt auch, daß die Eigenschaft, eine Maximum-Nachbarschafts-Ordnung zu besitzen, sich nicht auf induzierte Teilgraphen vererbt (nicht *hereditär* ist): Hat G eine Maximum-Nachbarschafts-Ordnung und ist G' ein induzierter Teilgraph von G, so hat nicht notwendig auch G' eine Maximum-Nachbarschafts-Ordnung .

Um die Graphen mit Maximum-Nachbarschafts-Ordnung zu charakterisieren, geben wir einen Abschnitt über paare Inzidenzgraphen an, der auch von eigenem Interesse ist.

8.5 Hyperbaum–Charakterisierungen und paare Inzidenzgraphen

Definition 8.5.1 *Es sei* $H = (V, \mathcal{E})$ *ein Hypergraph. Der* paare Knoten–Kanten–Inzidenzgraph *ist der Graph* $\mathcal{I}(H) = (V, \mathcal{E}, E)$ *mit* $ve \in E$ *gdw.* $v \in e$ *für* $v \in V, e \in \mathcal{E}$. *Wir betrachten insbesondere zwei Spezialfälle:*

1. $B(G) = \mathcal{I}(\mathcal{N}(G))$ *ist der paare* Bigraph *von* G.
2. $B_C(G) = \mathcal{I}(\mathcal{C}(G))$ *ist der paare* Knoten–Cliquen–Inzidenzgraph *von* G.

$B(G)$ ist symmetrisch, d.h. bei Vertauschung der beiden unabhängigen Mengen in $B(G)$ bleibt der Graph bis auf Isomorphie gleich. Man sieht leicht, daß man $B(G)$ auch auf folgende Weise erhält:
$B(G) = (V', V'', E')$ mit $V' = \{v' : v \in V\}$, $V'' = \{v'' : v \in V\}$,
$E' = \{\{v', v''\} : v \in V\} \cup \{\{u', v''\} : \{u, v\} \in E\} \cup \{\{u'', v'\} : \{u, v\} \in E\}$.

Auch für paare Graphen lassen sich Standard–Hypergraphen konstruieren. Wir brauchen im folgenden die Nachbarschafts–Hypergraphen:

Definition 8.5.2 *Es sei* $B = (X, Y, E)$ *ein paarer Graph. Der* X–seitige Nachbarschafts–Hypergraph *von* B *ist* $\mathcal{N}^X(B) = (X, \{N(y) : y \in Y\})$ *(analog definiere* $\mathcal{N}^Y(B)$*).*

Beachte, daß $(\mathcal{N}^X(B))^*$ isomorph zu $\mathcal{N}^Y(B)$ ist (und dasselbe bei Vertauschung von X und Y).

Satz 8.5.1
Der Graph G *hat genau dann eine Maximum–Nachbarschafts–Ordnung , wenn* $B(G)$ *eine Maximum–X–Nachbarschafts–Ordnung (Maximum–Y–Nachbarschafts–Ordnung) hat.*

Um den Satz beweisen zu können, geben wir zunächst folgendes Lemma an: Dazu sei wieder $G_i = G(\{v_i, \ldots, v_n\})$ der durch $\{v_i, \ldots, v_n\}$ induzierte Teilgraph und $(v_1, \ldots, v_n)$ eine Maximum–Nachbarschafts–Ordnung von V sowie $(u_1, \ldots, u_n)$ eine entsprechende Folge von Maximum–Nachbarn.

Lemma 8.5.1

1. *Falls* $v_i = u_i$ *(d.h.* v_i *ist sein eigener Maximum–Nachbar), so gilt für alle* j, $i < j \leq n$: *Falls* v_j *in der Zusammenhangskomponente von* v_i *bzgl.* G_i *ist, so ist* $v_i v_j \in E$ *(d.h.* v_i *dominiert alle Knoten in seiner Zusammenhangskomponente bzgl. des Restgraphen* G_i*).*
2. *Falls* G_i *nicht zusammenhängend ist, und* G_{i-1} *ist zusammenhängend, so kann* $u_{i-1} = v_{i-1}$ *gesetzt werden, da* v_{i-1} *Kanten zu allen anderen Knoten in* G_{i-1} *hat.*

Beweis: 1. Ist $v_j, j > i$ in der Zusammenhangskomponente von v_i bzgl. G_i, so ist der Abstand zwischen v_i und v_j endlich. Da v_i sein eigener Maximum–Nachbar ist, ist der Abstand von v_i zu den Nachbarn seiner Nachbarn in G_i gleich 1 anstelle von 2. Dieses Argument kann wiederholt werden und zeigt die Behauptung.
2. Es sei $u_{i-1} = v_j$ der Maximum–Nachbar von $v_{i-1}, j \geq i-1$. Falls $j > i-1$ ist, so ist G_i zusammenhängend, da G_{i-1} zusammenhängend ist und alle Nachbarn von v_{i-1} auch Nachbarn von u_{i-1} sind. Damit folgt die Behauptung. □

Beweis von Satz 8.5.1: 1. "$\Longrightarrow$": Es sei $(v_1, \ldots, v_n)$ eine Maximum–Nachbarschafts–Ordnung von V und $(u_1, \ldots, u_n)$ eine entsprechende Folge von Maximum–Nachbarn. Wir zeigen durch vollständige Induktion, daß dann $(v_1'', \ldots, v_n'')$ Maximum–X–Nachbarschafts–Ordnung von $B(G)$ ist mit entsprechender Folge $(\overline{u}_1, \ldots, \overline{u}_n)$ von Maximum- Nachbarn bzgl. $Y_1, \ldots, Y_n$, $Y_i = \{v_i'', \ldots, v_n''\}$.
Nach Definition von $B(G)$ ist offensichtlich u_1' Maximum–Nachbar von v_1''. Wir nehmen nun an, daß für $(v_1'', \ldots, v_i'')$ und $(\overline{u}_1, \ldots, \overline{u}_i)$ die Behauptung erfüllt ist. Beachte, daß für alle $v_j', j \geq i+1$ mit $v_j'v_{i+1}'' \in E'$ die Inklusion $(*)$ $N_{i+1}(v_j') \subseteq N_{i+1}(u_{i+1}')$ gilt.
Fall 1. Ist für alle $j, 1 \leq j \leq i$ $\quad v_j'v_{i+1}'' \notin E'$, so ist offenbar u_{i+1}' Maximum–Nachbar von v_{i+1}'' bzgl. Y_{i+1}.
Fall 2. Es gebe einen Index $j, 1 \leq j \leq i$ mit $v_j'v_{i+1}'' \in E'$. Es bezeichne $n(v_j')$ einen Maximum–Nachbarn von v_j'' bzgl. Y_j. Falls mehrere solche Knoten existieren, so wähle einen mit kleinstem Index. Offenbar ist $N_{i+1}(v_j') \subseteq N_{i+1}(n(v_j'))$, da v_j' ein Nachbar von v_j'' ist und $j \leq i$ gilt.
Nun betrachten wir für $v_j', 1 \leq j \leq i$ mit $v_j'v_{i+1}'' \in E'$ die iterierten Maximum–Nachbarn $n^k(v_j') = n(n^{k-1}(v_j')), k = 1, 2, \ldots$ (mit $n^0(v_j') = v_j'$), welche entsprechend der Induktionsannahme existieren, solange $n^{k-1}(v_j') \in \{v_1', \ldots, v_i'\}$ erfüllt ist.
Fall 2.1. Falls ein $k \in \{1, 2, \ldots\}$ existiert mit $n^k(v_j') = v_l'$ für $l \geq i+1$, so ist $N_{i+1}(n^k(v_j')) \subseteq N_{i+1}(u_{i+1}')$. Also ist auch $N_{i+1}(v_j') \subseteq N_{i+1}(u_{i+1}')$.
Fall 2.2. Für alle $k \geq 1$ ist $n^k(v_j')$ oberhalb von v_{i+1}', d.h. $n^k(v_j') \in \{v_1', \ldots, v_i'\}$. Dann gibt es k, k' mit $k \neq k'$ und $n^k(v_j') = n^{k'}(v_j')$. Dies bedeutet
$N_{i+1}(n^k(v_j')) \subseteq N_{i+1}(n^{k+1}(v_j')) \subseteq \ldots \subseteq N_{i+1}(n^{k'}(v_j')) = N_{i+1}(n^k(v_j'))$. Also ist $n^k(v_j')$ sein eigener Maximum–Nachbar und dominiert alle Knoten der Zusammenhangskomponente dieses Knotens bzgl. Y_{i+1}. Diese Komponente enthält auch alle Knoten aus $N_{i+1}(v_j')$, $v_j'v_{i+1}'' \in E, 1 \leq j \leq i$.

2. "$\Longleftarrow$": Es sei G zusammenhängend. Angenommen, $B(G)$ habe eine Maximum–X–Nachbarschafts–Ordnung $(v_1'', \ldots, v_n'')$ mit $(u_1, \ldots, u_n)$ als entsprechender Folge von Maximum–Nachbarn. Wenn für alle v_i'' ein Maximum–Nachbar u_i' in $\{v_i', \ldots, v_n'\}$ ist, so liefert diese Ordnung direkt eine Maximum–Nachbarschafts–Ordnung von G.
Es sei nun i der kleinste Index, so daß für v_i'' kein Maximum–Nachbar $u_i' \in \{v_i', \ldots, v_n'\}$ existiert, d.h. für alle Maximum–Nachbarn u_i' von v_i'' gilt $u_i' \in \{v_1', \ldots, v_{i-1}'\}$. Wir betrachten nun wieder die Folge $n^k(u_i'), k \in \{1, 2, \ldots\}$. Wie im "$\Longrightarrow$"-Teil des Beweises liefert dies entweder ein Element $n^k(u_i') \in \{v_i', \ldots, v_n'\}$, oder es gibt k, k' mit $k \neq k'$ und $n^k(v_i') = n^{k'}(v_i')$. Damit ist $n^k(v_i')$ sein eigener Maximum–Nachbar und dominiert

alle Knoten seiner Zusammenhangskomponente. Es sei v'_l der Knoten mit kleinstem Index, der sein eigener Maximum-Nachbar ist. Wenn $B(G_l)$ nicht zusammenhängend ist, so existiert wegen $G_1 = G$ und wegen des Zusammenhangs von G (damit ist auch $B(G)$ zusammenhängend) ein anderer Knoten $v'_m, m < l$, der sein eigener Maximum-Nachbar ist – ein Widerspruch. Also ist $(v_1, \ldots, v_{l-1}, v_{l+1}, \ldots, v_n, v_l)$ eine Maximum-Nachbarschafts-Ordnung von G. □

Definition 8.5.3 *[8]*
*Ein paarer Graph $B = (X, Y, E)$ heißt X-*konform *gdw.*

> *für alle $S \subseteq Y$ mit der Eigenschaft, daß alle Knoten von S paarweise Abstand 2 haben, gibt es ein $x \in X$ mit $S \subseteq N(x)$.*

*B heißt X-*chordal *gdw.*

> *für jeden Kreis C in B der Länge mindestens 8 gibt es einen Knoten $x \in X$, der zu mindestens zwei Knoten aus C benachbart ist, deren Abstand in C mindestens 4 beträgt (x heißt* Brückenknoten*).*

Analog definiere Y-konforme und Y-chordale paare Graphen

Diese Bezeichnungen sind durch folgenden Satz gerechtfertigt:

Satz 8.5.2 *[8] Es sei $B = (X, Y, E)$ ein paarer Graph. Dann gilt*

(1) B ist X-konform $\Longleftrightarrow$ der Hypergraph $\mathcal{N}^Y(B)$ ist konform.

(2) B ist X-chordal $\Longleftrightarrow$ $2SEC(\mathcal{N}^Y(B))$ ist chordal.

Damit ist B X-chordal und X-konform $\Longleftrightarrow$ $\mathcal{N}^Y(B)$ ist ein dualer Hyperbaum $\Longleftrightarrow$ $\mathcal{N}^X(B)$ ist ein Hyperbaum.

Beweis: Zu (1): Die Konformität von $\mathcal{N}^Y(B) = \{N(x) : x \in X\}$ bedeutet: Jede Clique von $2SEC(\mathcal{N}^Y(B))$ ist enthalten in einer Hyperkante von $\mathcal{N}^Y(B)$, d.h. ist C Clique in $2SEC(\mathcal{N}^Y(B))$, so existiert ein $x \in X$ mit $C \subseteq N(x)$. Dies ist aber gerade die X-Konformität von B und umgekehrt.
Zu (2): Es sei $2SEC(\mathcal{N}^Y(B))$ chordal und $\sigma = (y_1, \ldots, y_n)$ perfekte Eliminationsordnung dieses Graphen. Ist $C = (v_1, \ldots, v_k)$ Kreis in B mit Länge $k \geq 8$, so sei y_{i_1} der in σ am weitesten links stehende Knoten aus $C \cap Y$, und y_{i_2}, y_{i_k} seien die im Kreis C zu y_{i_1} nächstliegenden Knoten aus Y im Abstand 2 zu y_{i_1}, d.h. der Kreis C hat die Gestalt $C = (y_{i_1}, x_1, y_{i_2}, \ldots, y_{i_k}, x_k, y_{i_1})$. Da $\{y_{i_1}, y_{i_2}\}$ sowie $\{y_{i_1}, y_{i_k}\}$ in $2SEC(\mathcal{N}^Y(B))$ eine Kante bilden und y_{i_1} simplizial ist, bilden auch $\{y_{i_2}, y_{i_k}\}$ eine Kante in $2SEC(\mathcal{N}^Y(B))$, d.h. es existiert ein $x \in X$ mit $y_{i_2}, y_{i_k} \in N(x)$. Also ist x ein Brückenknoten für y_{i_2}, y_{i_k}.
Es sei nun umgekehrt B X-chordal. Angenommen, $2SEC(\mathcal{N}^Y(B))$ enthalte einen sehnenlosen Kreis $C = (y_{i_1}, \ldots, y_{i_k})$ der Länge $k \geq 4$. Dann sei $C' = (y_{i_1}, x_1, \ldots, y_{i_k}, x_k)$ ein entsprechender Kreis in B, der dann Länge ≥ 8 hat. Zu diesem Kreis existiert ein

Brückenknoten x zwischen zwei Knoten y_{i_l}, y_{i_j} aus C', die in C' mindestens Abstand 4 haben. Diese Knoten y_{i_l}, y_{i_j} bilden daher eine Kante in $2SEC(\mathcal{N}^Y(B))$, C war aber als sehnenloser Kreis angenommen – Widerspruch. Damit ist die Behauptung bewiesen. □

Eigenschaften eines Graphen G übertragen sich häufig auf $B(G)$, so z.B. im folgenden Satz:

Satz 8.5.3 *Es sei $G = (V, E)$ ein Graph. Die folgenden Eigenschaften sind äquivalent:*

(1) $\mathcal{N}(G)$ ist konform

(2) $\mathcal{N}^Y(B(G))$ ist konform

(3) $B(G)$ ist X-konform

(4) $B(G)$ ist X-konform und Y-konform

Beweis: Folgt unmittelbar aus den Definitionen.

Wir haben nun die Mittel, um paare Graphen mit Maximum–X–Nachbarschafts–Ordnung charakterisieren zu können:

Satz 8.5.4 *Es sei $B = (X, Y, E)$ ein paarer Graph. Die folgenden Eigenschaften sind äquivalent:*

(1) B hat eine Maximum-X-Nachbarschafts-Ordnung .

(2) B ist X-chordal und X-konform.

Weiterhin ist $(y_1, \ldots, y_n)$ eine Maximum-X-Nachbarschafts-Ordnung von G $\Longleftrightarrow$ $(y_1, \ldots, y_n)$ ist eine perfekte Eliminationsordnung von $2SEC(\mathcal{N}^Y(G))$.

Beweis: (1) $\Longrightarrow$ (2): Es sei $(y_1, \ldots, y_n)$ eine Maximum–X–Nachbarschafts–Ordnung von Y bzw. B. Es sei $C = (x_{i_1}, y_{i_1}, \ldots, x_{i_k}, y_{i_k})$, $k \geq 4$, ein sehnenloser Kreis. O.B.d.A. nehmen wir an, daß y_{i_1} der am weitesten links stehende Y–Knoten von C in $(y_1, \ldots, y_n)$ ist, der in dieser Ordnung an j–ter Stelle erscheint: $y_{i_1} = y_j$.
Da $y_{i_k} \in N_j(x_{i_1}) \setminus N_j(x_{i_2})$ und $y_{i_2} \in N_j(x_{i_2}) \setminus N_j(x_{i_1})$ gilt, sind die Mengen $N_j(x_{i_1})$ und $N_j(x_{i_2})$ unvergleichbar bzgl. Mengeninklusion.
Damit sind weder x_{i_1} noch x_{i_2} Maximum–Nachbarn von y_{i_1}.
Es sei x ein Maximum–Nachbar von $y_{i_1} = y_j$. Dann ist $y_{i_1}, y_{i_2}, y_{i_k} \in N_j(x)$ und x ein Brückenknoten. (Beachte, daß x sogar ein Nachbar von drei Y–Knoten in C ist.) Damit ist B X–chordal.
Es sei nun $S \subseteq Y$ eine Teilmenge von Knoten mit paarweisem Abstand 2. Es sei $y \in S$ das am weitesten links stehende Element von S in $(y_1, \ldots, y_n)$, und wir nehmen an, daß $y = y_j$ ist. Für alle $y' \in S$ gibt es gemeinsame Nachbarn $x' \in X$ von y und y'. Es

sei x ein Maximum-Nachbar von y_j. Dann ist $S \subseteq N_j(x)$, und damit ist B X-konform.
(2) $\Longrightarrow$ (1): Angenommen, B sei X-chordal und X-konform. Dann ist nach Satz 8.5.2 $G' = 2SEC(\mathcal{N}^Y(B))$ chordal. Es sei $(y_1, \ldots, y_n)$ ein perfekte Eliminationsordnung dieses Graphen G'. Damit ist $N_{G'}[y_1]$ eine Clique, d.h. für alle $u, v \in N_{G'}[y_1]$, $u \neq v$, gibt es einen gemeinsamen Nachbarn in X, d.h. der Abstand zwischen u und v ist 2. Da B X-konform ist, gibt es ein $x \in X$ mit $N_{G'}[y_1] \subseteq N_B(x)$. Speziell ist x ein Nachbar von y_1 in B und ist auch ein Maximum-Nachbar von y_1 in B, da für alle $x' \in X$ mit $x' \in N_B(y_1)$ $N_B(x') \subseteq N_{G'}[y_1]$ gilt.
Dasselbe Argument kann wiederholt auf den Restgraphen B_i^Y angewendet werden, da $G' \setminus \{y_1\}$ wieder chordal ist. Damit ist die perfekte Eliminationsordnung $(y_1, \ldots, y_n)$ von G' auch eine Maximum-X-Nachbarschafts-Ordnung von B und umgekehrt. □

Folgerung 8.5.1 *Es sei $B = (X, Y, E)$ ein paarer Graph. Die folgenden Eigenschaften sind äquivalent:*

(1) B hat eine Maximum-X-Nachbarschafts-Ordnung .

(2) $\mathcal{N}^X(B)$ ist ein Hyperbaum.

Nun zu Graphen mit Maximum-Nachbarschafts-Ordnung .

Satz 8.5.5 *Es sei $G = (V, E)$ ein Graph. Die folgenden Eigenschaften sind äquivalent:*

(1) G hat eine Maximum-Nachbarschafts-Ordnung .

(2) $\mathcal{N}(G)$ ist ein dualer Hyperbaum.

(3) $\mathcal{N}(G)$ ist ein Hyperbaum.

Beweis:
G hat eine Maximum-Nachbarschafts-Ordnung $\Longleftrightarrow$ (gemäß Satz 8.5.1)
$B(G)$ hat eine Maximum-X-Nachbarschafts-Ordnung $\Longleftrightarrow$ (gemäß Satz 8.5.4)
$B(G)$ ist X-chordal und X-konform $\Longleftrightarrow$ (gemäß Satz 8.5.2)
$\mathcal{N}^Y(B(G))$ ist konform und $2SEC(\mathcal{N}^Y(B(G)))$ ist chordal $\Longleftrightarrow$ (gemäß Satz 8.5.3)
$\mathcal{N}(G)$ ist konform und $2SEC(\mathcal{N}(G))$ ist chordal $\Longleftrightarrow$ (gemäß Folgerung 8.3.1)
$\mathcal{N}(G)$ ist ein dualer Hyperbaum $\Longleftrightarrow$ (gemäß den Dualitätseigenschaften)
$\mathcal{N}(G)$ ist ein Hyperbaum. □

Erstaunlicherweise lassen sich analoge Eigenschaften auch für die Hypergraphen $\mathcal{C}(G)$ und $\mathcal{D}(G)$ nachweisen:

Satz 8.5.6 *Es sei G ein zusammenhängender Graph. Die folgenden Eigenschaften sind äquivalent:*

(1) G hat eine Maximum-Nachbarschafts-Ordnung

(2) *Es gibt ein Gerüst T von G, so daß jede maximale Clique von G einen Teilbaum in T induziert*

(3) *Es gibt ein Gerüst T von G, so daß jede iterierte Nachbarschaft von Knoten in G einen Teilbaum in T induziert*

Beweis: (1) $\Longrightarrow$ (2) : Der Beweis wird durch Induktion über die Zahl der Knoten des Graphen G geführt. Es sei x ein erster Knoten in der Maximum–Nachbarschafts–Ordnung von G. Es sei y ein Maximum–Nachbar von x, d.h. $N^2[x] = N[y]$. Wenn $x = y$ ist, so ist x benachbart zu allen anderen Knoten von G, und der gesuchte Baum T kann als Stern mit Zentrum x gewählt werden. Damit ist (2) erfüllt. Wir nehmen nun an, daß $x \neq y$ gilt. Nach Induktionsvoraussetzung gibt es ein Gerüst des Graphen $G - x = G(V \setminus \{x\})$, das Bedingung (2) erfüllt. Unter allen solchen Gerüsten wähle einen Baum T, in dem y mit einer Maximalzahl von Knoten aus $N(x)$ benachbart ist. Wir behaupten, daß y benachbart mit allen Knoten aus $N(x) \setminus \{y\}$ ist.
Angenommen, dies sei nicht der Fall. Dann wähle einen Knoten $z \in N(x)$, $z \neq y$, der nicht zu y benachbart ist. In T betrachte einen Weg $y - \ldots - v - z$, der y und z verbindet. Bezeichne mit T_v und T_z die zusammenhängenden Komponenten von T, die man durch Löschen einer Kante (v, z) erhält. Es sei $v \in T_v$ und $z \in T_z$. Fügt man zu diesen Teilbäumen eine neue Kante (y, z) hinzu, so wird T in einen neuen Baum T' überführt. Da y und z in $G - x$ benachbart sind, ist T' ein Gerüst von $G - x$. Nun zeigen wir, daß T' auch Bedingung (2) erfüllt. Es sei C eine maximale Clique von $G - x$. Falls $z \notin C$ ist, so ist C vollständig in einem der Teilbäume T_v oder T_z enthalten, d.h. C induziert in beiden Bäumen T und T' ein und denselben Teilbaum. Daher nehmen wir an, daß $z \in C$ sei. Da $N[z] \subseteq N[y] = N^2[x]$ gilt, haben wir $y \in C$. Es seien u_1, u_2 beliebige Knoten aus C. Falls beide Knoten u_1 und u_2 zu ein und demselben Teilbaum T_v oder T_z gehören, dann sind diese Knoten in T und T' durch denselben Weg verbunden, und die Behauptung ist bewiesen. Es sei nun $u_1 \in T_v$ und $u_2 \in T_z$. In T_v sind die Knoten u_1 und y durch einen Weg P_1 verbunden, der aus Knoten von C besteht. In ähnlicher Weise sind die Knoten u_2 und z in T_z durch einen Weg $P_2 \subseteq C$ verbunden. Fügt man diese Wege P_1 und P_2 sowie die Kante yz aneinander, so erhält man einen Weg, der die Knoten u_1 und u_2 in T' verbindet. Also induziert jede Clique C von $G - x$ einen Teilbaum in T', d.h. T' erfüllt auch Bedingung (2). Das widerspricht jedoch der Wahl des Gerüsts T. Dieser Widerspruch zeigt, daß y in T zu allen Knoten von $N(x) \setminus \{y\}$ benachbart ist. Betrachte ein Gerüst T^* von G, das man aus T durch Anfügen eines Blattes x an y erhält. Offenbar erfüllt T^* die Bedingung (2) des Satzes, d.h. T^* ist der gesuchte Baum.
(2) $\Longrightarrow$ (3) : Es sei T ein Gerüst von G, so daß jede Clique von G einen Teilbaum in T induziert. Wir behaupten, daß dann auch jede iterierte Nachbarschaft $N^r[z]$ von G einen Teilbaum induziert. Um dies zu zeigen, ist es ausreichend, zu zeigen, daß der Knoten z und jeder Knoten $v \in N^r[z]$ in T durch einen Weg verbunden werden kann, der nur aus Knoten von $N^r[z]$ besteht. Es sei $v = v_1 - v_2 - \ldots - v_k - v_{k+1} = z$ ein kürzester Weg von G zwischen v und z. Mit C_i bezeichnen wir eine maximale Clique von G, die jeweils die Kante $v_i v_{i+1}$ enthält, $i \in \{1, \ldots, k\}$. Aus der Wahl von

T folgt, daß die Knoten v_i und v_{i+1} in T durch einen Weg $P_i \subseteq C_i$ verbunden sind. Die Knoten der Menge $P = \bigcup_{i=1}^{k} P_i$ induzieren einen Teilbaum $T(P)$ des Baumes T. Deshalb können die Knoten v und z in $T(P)$ (und ebenso in T) durch einen Weg Q verbunden werden. Da $d(z,w) \leq d(z,v_i) \leq r$ für jeden Knoten $w \in C_i$ gilt, gehört jede Clique C_i zur iterierten Nachbarschaft $N^r[z]$. Damit folgt unsere Behauptung aus den folgenden offensichtlichen Inklusionen:

$$Q \subseteq P \subseteq \bigcup_{i=1}^{k} C_i \subseteq N^r[z].$$

(3) $\Longrightarrow$ (1) : Aus Bedingung (3) folgt offenbar, daß $\mathcal{N}(G)$ ein Hyperbaum ist. Damit folgt (1) aus Satz 8.5.5. □

Folgerung 8.5.2 *Die folgenden Eigenschaften sind äquivalent:*

(1) G hat eine Maximum-Nachbarschafts-Ordnung

(2) $\mathcal{C}(G)$ ist Hyperbaum

(3) $\mathcal{D}(G)$ ist Hyperbaum

Wir wissen bereits, daß der Graph G genau dann chordal ist, wenn $(\mathcal{C}(G))^*$ ein Hyperbaum ist. Damit sind Graphen mit Maximum-Nachbarschafts-Ordnung in diesem Sinn dual zu chordalen Graphen und heißen daher auch *dual chordale Graphen.*
Wir geben nun noch einen Zusammenhang zwischen chordalen und dual chordalen Graphen bzw. Maximum-Nachbarschafts-Ordnung und perfekter Eliminationsordnung an:

Definition 8.5.4 *Es sei $G = (V,E)$ Graph. Dann ist $G^k = (V,E^k)$ - die k-*te Potenz *von G - der folgende Graph:*

$uv \in E^k$ *gdw.* $dist(u,v) \leq k$.

Offenbar ist $G^2 \sim L(\mathcal{N}(G))$ sowie $G^2 \sim 2SEC(\mathcal{N}(G))$. Damit gilt

Folgerung 8.5.3 *Die folgenden Eigenschaften sind äquivalent:*

(1) G ist dual chordal

(2) $\mathcal{N}(G)$ hat die Helly-Eigenschaft und G^2 ist chordal

(3) $\mathcal{N}(G)$ ist konform und G^2 ist chordal.

Außerdem gilt: $(v_1,\ldots,v_n)$ ist eine Maximum-Nachbarschafts-Ordnung von $G \Longleftrightarrow$ $(v_1,\ldots,v_n)$ ist eine perfekte Eliminationsordnung von G^2.

Beweis: Der erste Teil der Behauptung folgt aus Satz 8.5.5. Nun zum zweiten Teil: Es sei $(v_1, \ldots, v_n)$ eine Maximum-Nachbarschafts-Ordnung von G. Ist $dist(v_1, x) \leq 2$, $dist(v_1, y) \leq 2$ für zwei Knoten $x, y \in V$, so existieren $u, v \in N[v_1]$ mit $x \in N[u]$, $y \in N[v]$. Es sei w Maximum-Nachbar von v_1. Dann ist auch $x, y \in N[w]$, also ist $dist(x, y) \leq 2$ und damit $xy \in E^2$. Also ist v_1 simplizial in G^2.
Ist umgekehrt $(v_1, \ldots, v_n)$ eine perfekte Eliminationsordnung von G^2 und hat $\mathcal{N}(G)$ die Helly-Eigenschaft, so hat $\{N[u] : u \in N^2[v_1]\}$ paarweise nichtleeren Durchschnitt. Also existiert ein Knoten $w \in \bigcap\{N[u] : u \in N^2[v_1]\}$. Dieser Knoten w ist offenbar Maximum-Nachbar von v_1. □

8.6 Linearzeiterkennung von chordalen und dual chordalen Graphen

In diesem Abschnitt sollen Linearzeitalgorithmen zur Erkennung der Chordalität bzw. dualen Chordalität von Graphen beschrieben werden.
Chordalität eines gegebenem Graphen $G = (V, E)$ läßt sich leicht in Polynomialzeit erkennen: Ein Knoten $v \in V$ ist simplizial genau dann,wenn seine Nachbarschaft $N[v]$ eine Clique bildet. Findet man keinen solchen Knoten v in G, so ist G nicht chordal, andernfalls gilt: Ist G tatsächlich chordal, so existiert auch in $G(V \setminus \{v\})$ wieder ein simplizialer Knoten, d.h. das gleiche Verfahren läßt sich wiederholen.
Es gibt jedoch sogar Linearzeitverfahren zur Entscheidung der Chordalität, von denen wir im folgenden eines beschreiben, das auf sogenannter *"maximum cardinality search"* basiert und sich zur Linearzeiterkennung dualer Hyperbäume verallgemeinern läßt.

Definition 8.6.1 *Es sei $G = (V, E)$ Graph und $\sigma = (v_1, \ldots, v_n)$ Ordnung von V. $v <_\sigma w$ bedeutet: $\sigma(v) < \sigma(w)$.*
Der durch σ definierte fill-in *von G ist*

$$F(\sigma) = \{vw : vw \notin E \wedge \text{ es existiert ein Weg zwischen } v \text{ und } w, \text{ der nur innere Knoten links von } v \text{ und } w \text{ enthält } \}$$

Beispiel 8.6.1 *Abbildung 8.4 zeigt einen C_4 mit der Knotenreihenfolge $\sigma = (1, 2, 3, 4)$ und dem fill-in $F(\sigma) = \{\{2, 4\}\}$.*

Definition 8.6.2 *Der* Eliminationsgraph von G bezüglich der Ordnung σ *ist*

$G(\sigma) = (V, E \cup F(\sigma))$. *(Beachte, daß $G(\sigma)$ ein Teilgraph der transitiven Hülle von G ist.)*

σ heißt "zero-fill-in" *gdw.*

$F(\sigma) = \emptyset$.

Lemma 8.6.1 *$vw \in E \cup F(\sigma) \iff$ entweder ist $vw \in E$ oder es existiert ein u mit $uv, uw \in E \cup F(\sigma)$ und u steht links von v und w in σ, d.h. $u <_\sigma v, u <_\sigma w$.*

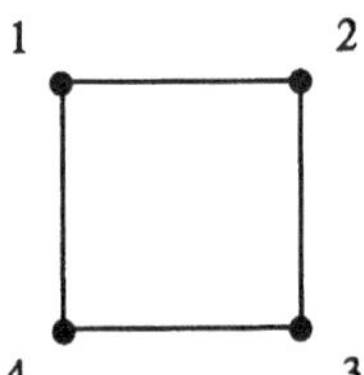

Abbildung 8.4: Der C_4

Beweis: 1. "$\Longleftarrow$": Falls $vw \notin E$, existiert ein u mit $uv, uw \in E \cup F(\sigma)$, u links von v, w.

1. Fall. $uv, uw \in E$. Dann ist die Behauptung klar.

2. Fall. $uv, uw \in F(\sigma)$. Dann existieren Wege P_1 zwischen u und v und P_2 zwischen u und w, deren innere Knoten links von u, v bzw. links von u, w liegen. $P_1 P_2$ ist dann ein Weg zwischen v und w, dessen innere Knoten links von v und w liegen.

Die restlichen Fälle, in denen $uv \in E, uw \in F(\sigma)$ bzw. $uv \in F(\sigma), uw \in E$ ist, lassen sich analog behandeln.

2. "$\Longrightarrow$": Es sei $vw \in F(\sigma), v <_\sigma w$ und P ein Weg zwischen v und w, dessen innere Knoten links von v, w liegen, sowie u' der Nachbar von w in P. Dann wähle den am weitesten rechts liegenden Knoten u aus P, der ungleich v, w ist, als den Knoten u. Dann liegt u links von v, $uw \in E \cup F(\sigma)$ und $uv \in E$. $\square$

Lemma 8.6.2 *Eine Ordnung σ ist zero–fill–in $\Longleftrightarrow$ für alle $uv, uw \in E, v \neq w$, u links von v und w, ist $vw \in E$.*

Beweis: 1. "$\Longrightarrow$": σ sei zero–fill–in, d.h. $F(\sigma) = \emptyset$. Es sei $uv, uw \in E, v \neq w$ für ein u links von v und w. Dann ist $vw \in E$, da sonst $vw \in F(\sigma)$ wäre.

2. "$\Longleftarrow$": Es gelte

($*$) für alle $uv, uw \in E, v \neq w$, u links von v und w ist $vw \in E$.

Angenommen, $F(\sigma) \neq \emptyset$. Es sei $xy \in F(\sigma)$, d.h. $xy \notin E$ und es existiert ein Weg P zwischen x und y mit allen inneren Knoten links von x und y. O.B.d.A. sei x, y ein Paar mit einem Weg P kürzester Länge, d.h. es existiert kein anderes Paar dieser Eigenschaft mit einem Weg P' kürzer als P. Es sei nun u der am weitesten links stehende Knoten in P mit den Nachbarn u_1, u_2 in P, u_1 links von u_2. Dann ist wegen Eigenschaft ($*$) $u_1 u_2 \in E$ – Widerspruch. $\square$

Lemma 8.6.3 *Jede Ordnung σ ist zero–fill–in–Ordnung des Graphen $G(\sigma)$.*

Der Beweis dieses Lemmas ist klar, da aus $u <_\sigma v <_\sigma w$, $uv, uw \in E \cup F(\sigma)$ auch $vw \in E \cup F(\sigma)$ folgt.

Aus Lemma 8.6.2 folgt unmittelbar, daß jede perfekte Eliminationsordnung auch zero–fill–in–Ordnung ist und umgekehrt, d.h. es gilt für Graphen G:

$$G \text{ ist chordal} \Longleftrightarrow G \text{ hat eine zero–fill–in–Ordnung.}$$

Es soll nun ein Chordalitätstest beschrieben werden, der wie folgt in zwei Schritten arbeitet:

1. Für beliebigen Eingabegraphen G berechne eine Ordnung σ von G, die genau dann zero–fill–in–Ordnung ist,wenn G chordal ist.

2. Berechne den fill–in von σ. (G ist chordal $\Longleftrightarrow F(\sigma) = \emptyset$.)

Lemma 8.6.4 *Es sei $G = (V, E)$ chordaler Graph und σ Ordnung von G. Wenn σ die folgende Eigenschaft (P) hat, so ist σ zero–fill–in:*

(P) Falls $u <_\sigma v <_\sigma w, uw \in E, vw \notin E$, wie nachfolgende Abbildung 8.5 zeigt, so existiert ein Knoten x mit $v <_\sigma x, vx \in E$, und $ux \notin E$, wie in nachfolgender Abbildung 8.6 gezeigt wird.

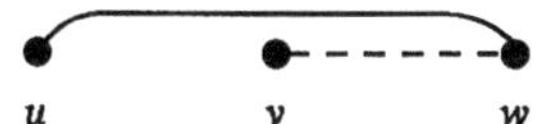

Abbildung 8.5: Anordnung von u, v w

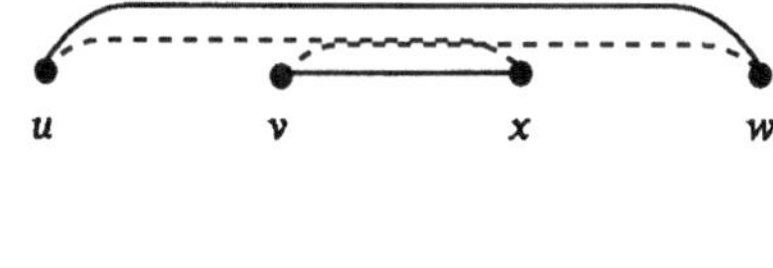

oder

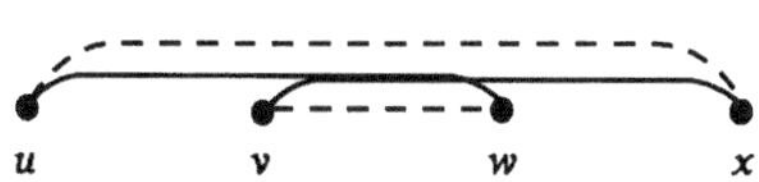

Abbildung 8.6: Anordnung von u, v, w, x

Beweis: Die Ordnung σ habe die Eigenschaft (P).
Es sei $(v_0, v_1, \ldots, v_k)$ ein sehnenloser Weg, für den die Position des weiter links liegenden Endes v_k maximal ist, mit $k \geq 2$ und der Eigenschaft

(Q) Für ein i im Intervall $[1, k-1] = \{1, 2, \ldots, k-1\}$ gilt:
$v_0 >_\sigma v_k >_\sigma v_1 >_\sigma v_2 >_\sigma \ldots >_\sigma v_i$ und $v_i <_\sigma v_{i+1} <_\sigma \ldots <_\sigma v_k$.

Wir zeigen: Daraus folgt ein Widerspruch, d.h. (Q) gilt nicht für sehnenlose Wege.

Wegen $v_1v_0 \in E, v_kv_0 \notin E$ und Eigenschaft (P) existiert ein Knoten x mit $v_kx \in E$, $v_1x \notin E$ und $v_k <_\sigma x$. Es sei $j > 1$ das Minimum mit $v_jx \in E$. Da G chordal ist, ist x nicht zu v_0 benachbart, da sonst $(v_0, v_1, \ldots, v_j, x)$ einen sehnenlosen Kreis der Länge ≥ 4 bilden.
Falls also $v_0 >_\sigma x$, hat $v_0, v_1, \ldots, v_j, x$ die Eigenschaft (Q). Falls $x >_\sigma v_0$, hat $x, v_j, v_{j-1}, \ldots, v_0$ die Eigenschaft (Q). In beiden Fällen liegt das weiter links liegende

Ende des Weges rechts von v_k – Widerspruch zur Wahl von $v_0, \ldots, v_k$.
Also hat kein sehnenloser Weg die Eigenschaft (Q) (wenn es einen gäbe, dann auch mit der Extremaleigenschaft).
Wir nehmen nun an, daß $uv \in E$ und $uw \in E$ verschiedene Kanten sind mit der Eigenschaft $u <_\sigma v, u <_\sigma w$.
Wäre $vw \notin E$, so hätte der Weg v, u, w bzw. w, u, v die Eigenschaft (Q).
Also ist $vw \in E$, und damit hat σ zero-fill-in. □

Wir beschreiben nun das

Prinzip von "maximum cardinality search" (MCS):

Numeriere die Knoten von V mit den Zahlen n bis 1 in absteigender Ordnung (von rechts nach links) wie folgt:

1. Beginne mit einem beliebigen Knoten v_n am rechten Ende.
2. Sind $(v_i, v_{i+1}, \ldots, v_n)$ bereits gewählt, so wähle als nächsten einen bisher noch nicht numerierten Knoten, der zu einer maximalen Zahl von schon numerierten Knoten benachbart ist. (Gibt es mehrere solche, so wähle irgendeinen von ihnen.)

Satz 8.6.1 *Jede durch MCS erzeugte Ordnung σ von G hat Eigenschaft (P) und ist damit zero-fill-in, falls der Graph G chordal ist.*

Beweis: Es sei σ eine durch MCS erzeugte Ordnung. Angenommen, $u <_\sigma v <_\sigma w$ und $uw \in E, vw \notin E$. Wenn v seine Nummer erhält, muß v mindestens so viele numerierte Nachbarn haben wie u. Also muß wegen $uw \in E, vw \notin E$ ein x existieren mit $v <_\sigma x$ und $vx \in E, ux \notin E$. Damit erfüllt σ die Eigenschaft (P), und nach Lemma 8.6.4 ist σ somit zero–fill–in–Ordnung. □

Nun zur Implementierung von MCS:
Es wird ein Array von Mengen $set(i), 0 \leq i \leq n-1$, bereitgestellt. In $set(i)$ werden alle nichtnumerierten Knoten gespeichert, die zu genau i schon numerierten Knoten benachbart sind.
Anfangs enthält $set(0)$ alle Knoten. Wir betrachten den größten Index j mit $set(j) \neq \emptyset$.
Die Ausführung eines Schrittes von MCS bedeutet: Ein Knoten v wird aus $set(j)$ entfernt und numeriert. Für jeden noch nicht numerierten Knoten w mit $vw \in E$ wird w von der Menge $set(i)$, in der w enthalten war, in $set(i+1)$ umgespeichert.
Jetzt könnte sich j um 1 erhöht haben. Erhöhe also j um 1, und solange $set(j) = \emptyset$, verringere j um 1.
Wir repräsentieren jede Menge durch eine doppelte verkettete Liste. Außerdem bekommt jeder Knoten als Zusatzinformation den Index der Liste, in der er enthalten ist.
Dann erfordert die Ausführung von MCS $O(n+m)$ Schritte.
Nachfolgend der Algorithmus. Dabei ist für jeden noch nicht numerierten Knoten v

$size(v)$ die Zahl der zu v benachbarten schon numerierten Knoten. Für schon numerierte Knoten setzen wir $size(v) = -1$.

Algorithmus 8.6.1 (Maximum Cardinality Search – MCS)

Eingabe: *Ein Graph* $G = (V, E)$ *mit* $|V| = n$
Ausgabe: *Eine MCS–Reihenfolge* $\sigma = (v_1, \ldots, v_n)$ *von* V

```
for i := 0 to n − 1 do set(i) := ∅;
for all v ∈ V do
    begin
      size(v) := 0; set(0) := set(0) ∪ {v};
    end;
i := n; j := 0;
while i ≥ 1 do
    begin
      wähle ein v aus set(j);
      σ(v) := i; σ^{-1}(i) := v; size(v) := −1;
      for all {v, w} ∈ E mit size(w) ≥ 0 do
        begin
          streiche w in set(size(w));
          size(w) := size(w) + 1;
          füge w zu set(size(w)) hinzu;
        end;
      i := i − 1;
      j := j + 1;
      while (j ≥ 0 and set(j) = ∅) do j := j − 1;
    end;
```

Offenbar entspricht der obenstehende Algorithmus genau dem Prinzip von *maximum cardinality search.*

Nun zum zweiten Schritt des Chordalitätstests. Wir beschreiben einen Algorithmus, der zu gegebener Numerierung σ entscheidet, ob der von σ definierte *fill–in* des Graphen G nichtleer ist (man kann ebenso einen Algorithmus angeben, der diesen fill–in sogar in $O(n + m')$ Zeit berechnet, wobei m' die Zahl der Kanten in $G(\sigma)$ ist, $G(\sigma) = (V, E \cup F(\sigma))$ – dies ist in [127] beschrieben).

Definition 8.6.3 *Für jeden Knoten* v *sei* $f(v)$ *(der* Nachfolger *von* v*) der am weitesten links stehende Nachbar (bzgl.* $G(\sigma)$*) von* v *rechts von* v *(*$f(v)$ *ist undefiniert, falls kein solcher Knoten existiert).*
Wir definieren $f^0(v) = v$ *und* $f^{i+1}(v) = f(f^i(v))$.

Lemma 8.6.5 *Falls* $vw \in E \cup F(\sigma)$ *mit* $v <_\sigma w$ *ist, so ist* $f^i(v) = w$ *für ein* $i \geq 1$.

Beweis: Durch Induktion über $\sigma(v)$ von n bis 1.
Falls $f(v) \neq w$ ist, so ist $v <_\sigma f(v) <_\sigma w$ nach Definition von f.
Nach Lemma 8.6.1 ist $f(v)w \in E \cup F(\sigma)$. Nach Induktionsannahme existiert dann ein i mit $f^i(f(v)) = w$. Also ist $f^{i+1}(v) = w$. □

Satz 8.6.2 *Für ein Paar v, w mit $v <_\sigma w$ ist $vw \in E \cup F(\sigma) \iff$ es existieren ein Knoten $x \in V$ und ein $i \geq 0$ mit $xw \in E$ und $f^i(x) = v$.*

Beweis: 1. "$\Longleftarrow$": Es sei v, w Paar mit $v <_\sigma w$, und es existiere ein Knoten x mit $xw \in E$ und $f^i(x) = v$ für ein $i \geq 0$. Dann ist $x \leq_\sigma v$ nach Definition von f. Da nach Lemma 8.6.3 σ eine zero-fill-in-Ordnung für $G(\sigma)$ ist, ist $vw \in E \cup F(\sigma)$ nach Definition des fill-in.
2. "$\Longrightarrow$": Umgekehrt sei $vw \in E \cup F(\sigma)$. Durch Induktion über $\sigma(v)$ zeigen wir die Existenz eines Knotens x mit $xw \in E$ und $f^i(x) = v$ für ein $i \geq 0$. Falls $vw \in E$ ist, erfüllen $x = v$ und $i = 0$ die Behauptung.
Andernfalls existiert nach Lemma 8.6.1 ein Knoten u mit $uv, uw \in E \cup F(\sigma)$ und $u <_\sigma v$. Nach Induktionsannahme gibt es einen Knoten x mit $xw \in E$ und $f^i(x) = u$ für ein $i \geq 0$. Nach Lemma 8.6.5 ist $f^j(u) = v$ für ein $j \geq 0$. Also erfüllen x und $i + j$ die Behauptung. □

Satz 8.6.2 führt zu einem schnellen Algorithmus zur Berechnung des fill-in. Will man nur wissen, ob der fill-in leer ist, so läßt sich folgendes Verfahren anwenden.

Algorithmus 8.6.2 (zero-fill-in)

Eingabe: *Eine Ordnung $\sigma = (v_1, \ldots, v_n)$ von V*
Frage: *Ist $F(\sigma) = \emptyset$?*

```
for i := 1 to n do
    begin
      w := σ⁻¹(i); f(w) := w; index(w) := i;
      for all (v mit vw ∈ E und σ(v) < i) do
        begin
          index(v) := i;
          if f(v) = v then f(v) := w;
        end;
      for all (v mit vw ∈ E und σ(v) < i) do
        if index(f(v)) < i then
          begin
            Ausgabe NEIN; STOP
          end;
    end;
Ausgabe JA;
```

Der Algorithmus bricht, sobald er eine fill-in-Kante entdeckt, mit der richtigen Ausgabe NEIN ab. Wird keine fill-in-Kante gefunden, so endet der Algorithmus ebenfalls mit der richtigen Ausgabe JA.
Damit ist ein einfacher Chordalitätstest gegeben, der in Linearzeit $O(n+m)$ arbeitet.

Selbsttestaufgabe 8.6.1 *Führen Sie den zero-fill-in-Algorithmus am Beispiel des* $C_4 = (\{1,2,3,4\}, \{\{1,2\},\{2,3\},\{3,4\},\{4,1\}\})$ *mit der Ordnung* $\sigma = (4,3,2,1)$ *aus.*

Wir kommen nun zum Linearzeittest der Eigenschaft, daß ein gegebener Hypergraph $H = (V, \mathcal{E})$ dualer Hyperbaum ist: O.B.d.A. sei

$$\bigwedge_{e \in \mathcal{E}} e \neq \emptyset \text{ und } \bigwedge_{v \in V} \bigvee_{e \in \mathcal{E}} v \in e.$$

Wir wissen bereits: H ist dualer Hyperbaum $\Longleftrightarrow$ die Graham-Reduktion führt auf H zum leeren Hypergraphen.
Offenbar kann dies leicht in Polynomialzeit getestet werden (eine direkte Implementation der Graham-Reduktion führt zu Laufzeit $O(n^2)$). Hier beschreiben wir folgendes Vorgehen:

1) Berechne eine Ordnung $\sigma(2SEC(H))$, die genau dann zero-fill-in ist, wenn $2SEC(H)$ chordal ist.

2) Prüfe, ob σ zero-fill-in ist und ob H konform ist.

Eine Schwierigkeit bei der Linearzeitausführung von Schritt 1) ergibt sich dadurch, daß $2SEC(H)$ quadratische Größe, bezogen auf H, haben kann. Wir brauchen daher eine Variante von MCS, die direkt auf den Hypergraphen arbeitet.

Prinzip von MCS auf Hypergraphen:

Numeriere die Knoten von V mit den Zahlen von n bis 1 in absteigender Ordnung (von rechts nach links) wie folgt:

1. Beginne mit einem beliebigen Knoten v_n am rechten Ende.

2. Sind $(v_i, v_{i+1}, \ldots, v_n)$ bereits gewählt, so wähle als nächsten einen bisher noch nicht numerierten Knoten, der in einer Hyperkante $e \in \mathcal{E}$ liegt, die eine Maximalzahl von schon numerierten Knoten enthält.

Satz 8.6.3 *Es sei H dualer Hyperbaum. Dann ist jede durch MCS auf Hypergraphen H erzeugbare Ordnung auch durch MCS auf $2SEC(H)$ erzeugbar und somit zero-fill-in auf $2SEC(H)$.*

Der Beweis ergibt sich unmittelbar aus der Definition von $2SEC(H)$.

Definition 8.6.4 *Während einer MCS auf einem Hypergraphen $H = (V, \mathcal{E})$ heißt eine Hyperkante e* ausgeschöpft *gdw.*

alle Knoten von e sind numeriert.

Ist e eine nicht ausgeschöpfte Hyperkante, die eine Maximalzahl von numerierten Knoten enthält und es wird ein Knoten in e numeriert, dann enthält im Fall, daß e danach noch nicht ausgeschöpft ist, e immer noch eine Maximalzahl von numerierten Knoten. Also können nach Wahl einer nicht ausgeschöpften Kante e mit maximaler Zahl numerierter Knoten alle noch nicht numerierten Knoten fortlaufend numeriert werden, bevor eine andere Hyperkante gewählt wird. Dies ist eine spezielle Form von MCS, die im folgenden verwendet wird.

Der nachfolgende Algorithmus liefert zusätzlich zur Numerierung σ der Knoten noch die Numerierungen β und γ:

Die Hyperkanten werden in der Reihenfolge ihrer Wahl numeriert. Ist S die i–te ausgewählte Hyperkante, so wird $R(i) = S$ und $\beta(S) = i$ gesetzt. Diese Numerierung wird auf die Knoten fortgesetzt durch

$$\beta(v) = \min\{\beta(S) : S \text{ ist ausgewählt und } v \in S\}.$$

Beachte: Ist $v <_\beta w$, so ist $v >_\sigma w$.

Schließlich wird für jede Hyperkante S $\gamma(S)$ durch folgende Fallunterscheidung definiert:

$$\gamma(S) = \begin{cases} \max\{\beta(v) : v \in S\}, & \text{falls } S \text{ nicht zu den ausgewählten Hyperkanten gehört} \\ \max\{\beta(v) : v \in S \wedge \beta(v) < \beta(S)\}, & \text{falls } S \text{ zu den ausgewählten Hyperkanten gehört und ein } v \in S \text{ mit } \beta(v) < \beta(S) \text{ existiert} \\ \text{nicht definiert}, & \text{falls } \beta(v) = \beta(S) \text{ für alle } v \in S \text{ gilt} \end{cases}$$

size(S) gibt an, wieviele numerierte Knoten in S enthalten sind, solange S noch solche enthält, bzw. -1, falls S keine solchen mehr erhält.
Für $i \in [0, n-1]$ ist *set(i)* die Menge der nicht ausgeschöpften Kanten, die i numerierte Knoten enthalten. Index j ist das größte i mit $set(i) \neq \emptyset$. Index k zählt die Zahl der numerierten Hyperkanten.

Algorithmus 8.6.3 *(***MCS auf Hypergraphen***)*

```
for i := 0 to n − 1 do set(i) := ∅;
for all S ∈ ℰ do
  begin
    size(S) := 0;
    γ(S) := nicht definiert;
    set(0) := set(0) ∪ {S};
  end;
i := n + 1; j := 0; k := 0;
while j ≥ 0 do {die größte Zahl j von numerierten Knoten in Hyperkanten}
  begin
    if set(j) ≠ ∅ then
      begin
        S:= eine Hyperkante aus set(j);
        set(j); = set(j) \ {S};
        k := k + 1; β(S) := k; R(k) := S; size(S) := −1; {nun wird S geleert}
        for all v ∈ S mit v nicht numerierter Knoten do
          begin
            i := i − 1; σ(v) := i; β(v) := k;
            for all S' ∈ ℰ mit v ∈ S' und size(S') ≥ 0 do
              begin
                γ(S') := k;
                set(size(S')) := set(size(S')) \ {S'};
                size(S') := size(S') + 1;
                if size(S') < |S'| then
                  begin
                    set(size(S')) := set(size(S')) ∪ {S'};
                    j := max(j, size(S'));
                  end
                else if size(S') = |S'| then
                  size(S') := −1;
              end
          end
      end
    else
      j := j − 1
  end;
```

Satz 8.6.4 *H ist dualer Hyperbaum $\Longleftrightarrow$ für alle $i \in [1, k]$ und jede Kante $S \in \mathcal{E}$ mit $\gamma(S) = i$ ist $S \cap \{v : \beta(v) < i\} \subseteq R(i)$.*
(Da aus $\beta(v) = i$ auch $v \in R(i)$ folgt, ist diese Bedingung äquivalent zu $S \cap \{v : \beta(v) \leq i\} \subseteq R(i)$.)

Beweis: 1. "$\Longrightarrow$":
Ist H dualer Hyperbaum, so existiert eine perfekte Eliminationsordnung σ von $2SEC(H)$.
Es sei $i \in \{1, \ldots, k\}$ mit $\gamma(S) = i$. Dann existiert ein $u \in S$ mit $\beta(u) = i$. Der Knoten u und die bzgl. $2SEC(H)$ zu u benachbarten Knoten mit höherer Nummer bilden eine Clique C (σ ist perfekte Eliminationsordnung) in $2SEC(H)$. Da H konform ist, existiert eine Hyperkante $T \in \mathcal{E}$ mit $C \subseteq T$.
Da $u \in S \cap R(i)$ ist, gilt

$$S \cap \{v : \beta(v) < i\} \subseteq S \cap \{v : \sigma(v) \geq \sigma(u)\} \subseteq T$$

und

$$R(i) \cap \{v : \sigma(v) \geq \sigma(u)\} \subseteq T.$$

Wenn u numeriert wird, enthält $R(i)$ mindestens so viele numerierte Knoten wie T, also

$$R(i) \cap \{v : \sigma(v) \geq \sigma(u)\} = T \cap \{v : \sigma(v) \geq \sigma(u)\}$$

und damit $S \cap \{v : \beta(v) < i\} \subseteq R(i)$.
2. "$\Longleftarrow$":
Wir zeigen, daß die Graham-Reduktion auf H erfolgreich ist. Es gelte für jedes $i \in \{1, \ldots, k\}$ und jede Kante $S \in \mathcal{E}$ mit $\gamma(S) = i$

$$S \cap \{v : \beta(v) < i\} \subseteq R(i).$$

Wir streichen Knoten und Kanten aus H, indem $R(i)$ von $i = k$ bis $i = 1$ abgearbeitet wird. Um $R(i)$ abzuarbeiten, wird jede Menge S mit $\gamma(S) = i$ gestrichen sowie jeder Knoten v mit $\beta(v) = i$ gestrichen. Dieses Vorgehen beim Löschen erfüllt folgende Eigenschaften:
Direkt vor der Abarbeitung von $R(i)$ erfüllt jeder noch verbleibende Knoten v die Eigenschaft $\beta(v) \leq i$. Jede noch verbleibende Menge S mit $\gamma(S) = i$ erfüllt also

$$S = S \cap \{v : \beta(v) \leq i\} \subseteq R(i)$$

und nach Regel (2) der Graham-Reduktion kann S bei Abarbeitung von $R(i)$ gelöscht werden.
Sind alle diese Mengen S gelöscht, so existiert ein Knoten v mit $\beta(v) = i$, der nur in $R(i)$ enthalten ist und nach Regel (1) der Graham-Reduktion gelöscht werden kann. (Für eine Menge $S \neq R(i)$, die v enthält, gilt $\gamma(S) \geq i$. Falls $\gamma(S) > i$ gilt, wurde S vorher gelöscht.) Also ist die Graham-Reduktion erfolgreich auf H und damit H dualer Hyperbaum. □

Aus Satz 8.6.4 ergibt sich ein Linearzeittest für die Eigenschaft, daß ein gegebener Hypergraph dualer Hyperbaum ist. Für weitere Einzelheiten vgl. [127].

Nun zur Erkennung von dual chordalen Graphen. Aus dem bisherigen folgt

Folgerung 8.6.1 *Die duale Chordalität eines Graphen G=(V,E) läßt sich in Linearzeit erkennen.*

Beweis: Wir konstruieren zu G den Nachbarschafts-Hypergraphen $\mathcal{N}(G)$. Dies geht in Linearzeit. Nach Satz 8.5.5 gilt: G ist dual chordal $\iff \mathcal{N}(G)$ ist dualer Hyperbaum. Dies ist in Linearzeit erkennbar. □

Für die Konstruktion einer Maximum-Nachbarschafts-Ordnung eines dual chordalen Graphen hat man damit jedoch noch keine befriedigende Lösung. Wir geben dafür folgenden Algorithmus an:

Algorithmus 8.6.4 *(***MNO***)*
(Bestimmung einer Maximum-Nachbarschafts-Ordnung von G)

Eingabe: *Ein zusammenhängender dual chordaler Graph G=(V,E)*
Ausgabe: *Eine Maximum-Nachbarschafts-Ordnung von G.*

(0) *Zu Beginn sind alle $v \in V$ unnumeriert und unmarkiert;*
(1) *Wähle einen beliebigen Knoten $v \in V$, numeriere v mit n d.h. $v_n := v$ und setze $mn(v_n) := v$;*
$\{$In den folgenden Schritten werden alle übrigen Knoten von $n-1$ bis 1 in absteigender Reihenfolge numeriert - dies gibt eine Ordnung $(v_1, \ldots, v_n)$ der Knoten von $V\}$
repeat
(2) *Wähle unter den schon numerierten, noch unmarkierten Knoten einen Knoten u mit der Eigenschaft, daß $N[u]$ eine maximale Zahl von numerierten Knoten enthält;*
(3) *numeriere alle nicht numerierten Knoten $x \in N[u]$ aufeinanderfolgend mit maximalen noch freien Nummmern zwischen 1 und $n-1$;*
für alle diese Knoten setze $mn(x) := u$;
(4) *markiere u;*
until *alle Knoten sind numeriert.*

Satz 8.6.5 *Der Algorithmus MNO ist korrekt und in Linearzeit $O(|V|+|E|)$ ausführbar.*

Beweis: Bekannt ist, daß es für jeden Knoten v eines chordalen Graphen $G = (V, E)$ eine perfekte Eliminationsordnung gibt, die mit v endet. Nach Folgerung 8.5.3 ist eine Maximum-Nachbarschafts-Ordnung eines dual chordalen Graphen G auch eine perfekte Eliminationsordnung des chordalen Graphen G^2. Also ist Schritt (1) des Algorithmus korrekt.
Wir nehmen nun an, daß das in den bisherigen Ausführungen der **repeat**-Schleife gefundene Ende $(v_i, \ldots, v_n)$ der Ordnung korrekt ist, d.h. es existiert eine Maximum-Nachbarschafts-Ordnung von G, die so endet. Es sei nun v_j, $i \leq j \leq n$, ein Knoten mit

maximaler Zahl von Nachbarn in $\{v_i, \ldots, v_n\}$ und den noch nicht numerierten Nachbarn $\{v_{i_1}, \ldots, v_{i_k}\}$. (Diese Menge kann auch leer sein – in diesem Fall wird nur v_j markiert, und es erfolgt die nächste Ausführung der **repeat**-Schleife).
Es sei nun $\{v_{i_1}, \ldots, v_{i_k}\} \neq \emptyset$. Dann existiert nach Annahme eine Maximum-Nachbarschafts-Ordnung σ, die diese Knoten enthält und mit $(v_i \ldots v_n)$ endet. Wir nehmen an, daß σ eine solche Maximum-Nachbarschafts-Ordnung ist, für die die Knoten $\{v_{i_1}, \ldots, v_{i_k}\}$ lexikographisch größte Positionen haben. Sind dies gerade die Positionen des Intervalls links von v_i, so bleibt nur noch zu zeigen, daß v_j Maximum-Nachbar von diesen Knoten ist. Dies ergibt sich aber gerade daraus, daß v_j zu einer Maximalzahl von schon numerierten Knoten benachbart ist und daher dieselbe Nachbarschaft wie der nach Voraussetzung existierende jeweilige Maximum-Nachbar der Knoten $v_{i_1}, \ldots, v_{i_k}$ hat.
Nun zum Fall, daß die Positionen von $v_{i_1}, \ldots, v_{i_k}$ nicht das Intervall links von v_i sind. O.B.d.A. sei dies schon für das am weitesten rechts stehende Element v_{i_k} der Fall. Es sei also

$$\sigma = (v_1, \ldots, v_{i_1}, \ldots, v_{i_k}, v_{i_k+1}, \ldots, v_{i-1}, v_i, \ldots, v_j, \ldots, v_n)$$

Maximum-Nachbarschafts-Ordnung von G. Wir zeigen: Dann ist auch

$$\sigma' = (v_1 \ldots v_{i_1} \ldots v_{i_k-1} v_{i_k+1} \ldots v_{i-1} v_{i_k} v_i \ldots v_j \ldots v_n)$$

Maximum-Nachbarschafts-Ordnung von G, was einen Widerspruch bedeutet, da ja σ die Maximum-Nachbarschafts-Ordnung mit maximalen Positionen von $v_{i_1}, \ldots, v_{i_k}$ sein sollte.
Für die Teilstücke $(v_1 \ldots v_{i_1} \ldots v_{i_k-1})$ und $(v_i \ldots v_j \ldots v_n)$ ist die Behauptung klar. Für v_{i_k} gilt: v_{i_k} hat in σ einen Maximum-Nachbarn u und $v_{i_k} v_j \in E$, also auch $uv_j \in E$. Für das Intervall $v_{i_k+1} \ldots v_{i-1}$ gilt: Diese Knoten sind nicht mit v_j benachbart, also liegt u nicht in diesem Intervall, d.h. $u = v_{i_k}$ oder u liegt rechts vom Intervall $v_{i_k+1} \ldots v_{i-1}$. Also ist u auch Maximum-Nachbar von v_{i_k} in σ'. Nun zu den Knoten $v_{i_k+1} \ldots v_{i-1}$: Wir betrachten o.B.d.A. v_{i-1}.
1. Fall. $v_{i-1} v_{i_k} \notin E$. Dann hat v_{i-1} offenbar auch in σ' einen Maximum-Nachbarn, denn die einzige Änderung rechts von v_{i-1} ist der Knoten v_{i_k}.
2. Fall. $v_{i-1} v_{i_k} \in E$. Es sei u der Maximum-Nachbar von v_{i_k} in σ und w der Maximum-Nachbar von v_{i-1} in σ'. v_{i-1} hat in σ' die Position $i-2$. Auf diese beziehen sich also die nachzuweisenden Nachbarschaftsinklusionen. Wir zeigen: $N_{i-2}^{\sigma'}[v_{i_k}] \subseteq N_{i-2}^{\sigma'}[w]$.
In σ ist u Maximum-Nachbar von v_{i_k}, und $v_{i-1} v_{i_k} \in E$. Also ist auch $v_{i-1} u \in E$. Wie schon erwähnt, liegt u im Bereich rechts von v_{i-1}, ist also auch ein Nachbar von v_{i-1} in G_{i-2}. Da in diesem Bereich w Maximum-Nachbar von v_{i-1} ist, gilt $N_{i-2}^{\sigma'}[u] \subseteq N_{i-2}^{\sigma'}[w]$ und damit auch $N_{i-2}^{\sigma'}[v_{i_k}] \subseteq N_{i-2}^{\sigma'}[w]$. Es bleibt noch zu bemerken, daß die Zuweisung von v_j als Maximum-Nachbar für $\{v_{i_1}, \ldots, v_{i_k}\}$ korrekt ist, da ein Maximum-Nachbar für diese Knoten existiert, dieser eine Maximalzahl von schon numerierten Nachbarn haben muß, und v_j demzufolge Maximum-Nachbar ist.
Die Ausführbarkeit des Algorithmus MNO in Linearzeit ergibt sich aus Standardargumenten analog zum Fall von "maximum cardinality search". □

8.7 Weitere Übungen

Aufgabe 8.7.1 *Eine Folge von Kanten* $C = (e_1, e_2, \ldots, e_k, e_1)$ *heißt* Hyperkreis *gdw.*

$$e_i \cap e_{i+1(mod k)} \neq \emptyset \text{ für } 1 \leq i \leq k. \text{ Die Länge von } C \text{ ist } k.$$

Eine Sehne *des Hyperkreises C ist eine Kante e mit* $e_i \cap e_{i+1(mod k)} \subseteq e$ *für mindestens drei Indizes* i, $1 \leq i \leq k$.
Ein Hypergraph $H = (V, \mathcal{E})$ *heißt* α–azyklisch *gdw.*

> *H ist konform und enthält keinen sehnenlosen Hyperkreis der Länge mindestens drei.*

Zeigen Sie: H ist dualer Hyperbaum $\Longleftrightarrow$ *H ist* α*–azyklisch.*

Aufgabe 8.7.2 *Es sei* $H = (V, \mathcal{E})$ *ein Hypergraph. Die "transversal number" von H sei*

$$\tau(H) = \min\{|V'| : V' \subseteq V \wedge \bigwedge_{e \in \mathcal{E}} V' \cap e \neq \emptyset\},$$

die "matching number" von H sei

$$\mu(H) = \max\{|\mathcal{E}'| : \mathcal{E}' \subseteq \mathcal{E} \wedge \bigwedge_{e,e' \in \mathcal{E}'} e \cap e' = \emptyset\}$$

Zeigen Sie:

(a) Für alle Hypergraphen H gilt $\tau(H) \geq \mu(H)$

(b) Für alle Hyperbäume H gilt $\tau(H) = \mu(H)$.

Aufgabe 8.7.3 *Geben Sie analog zu Algorithmus MNO ein Verfahren an, das zu gegebenem Graphen* $G = (V, E)$*, der chordal und dual chordal sei, eine Ordnung* $(v_1, \ldots, v_n)$ *von V bestimmt, die sowohl perfekte Eliminationsordnung als auch Maximum-Nachbarschafts-Ordnung ist.*

8.8 Lösungshinweise zu den Selbsttestaufgaben von Kapitel 8

Selbsttestaufgabe 8.1.1
Offenbar sind Blätter in Bäumen simplizial, da sie nur einen Nachbarn haben. Jede Abpflückordnung $(v_1, \ldots, v_n)$ mit der Eigenschaft, daß für alle $i \in \{1, \ldots, n\}$ der Knoten v_i Blatt in G_i ist, stellt eine perfekte Eliminationsordnung dar.

Selbsttestaufgabe 8.2.1

(a) Für Knoten $u, v \in V$ gilt: uv ist Kante in $2SEC(\mathcal{C}(G))$ genau dann, wenn u, v in einer gemeinsamen Clique von G liegen. Also ist uv auch Kante in G. Andererseits ist jede Kante aus G in einer maximalen Clique enthalten. Also gilt die Behauptung.

(b) Wir definieren die Funktion $f(v) = N[v]$ als Bilder der Knoten sowie $f(N[v]) = \{f(u) : u \in N[v]\}$ als Bilder der Hyperkanten. Setzt man $\{N[v] : v \in V\}$ als Multimenge voraus, so gilt $|V| = |\{N[v] : v \in V\}|$. Außerdem ist

$$u \in N[v] \iff f(u) \in f(N[v]).$$

Selbsttestaufgabe 8.3.1
Diese Eigenschaft ergibt sich unmittelbar aus der Definition des dualen Hypergraphen.

Selbsttestaufgabe 8.6.1
Es sei der C_4 mit den Knoten $1, 2, 3, 4$ und Kanten zwischen i und $i + 1 (\text{mod } 4)$, $i \in \{1, \ldots, 4\}$, gegeben. Es sei $\sigma = (4, 3, 2, 1)$. Es ergibt sich

v	4	3	2	1
$f(v)$	3	2	1	$n.def.$

i	w	$f(w)$	$index(w)$
1	4	4, 3	1, 2, 4
2	3	3, 2	2, 3
3	2	2, 1	3, 4
4	1	1	4

Damit ist im 4. Durchlauf $index(f(4)) = index(3) = 3 < 4 = i$, also ist $\{3, 1\}$ eine fill-in-Kante.

8.9 Literaturhinweise

Chordale Graphen wurden in [38], [27], [62], [133] untersucht und charakterisiert. Insbesondere stammt Satz 8.1.1 aus [38].

Eine gute Einführung zu Hypergraphen ist [17]. Duale Hyperbäume spielen als die Cliquenstruktur chordaler Graphen eine wichtige Rolle nicht nur bei der Charakterisierung chordaler Graphen als Durchschnittsgraphen von Teilbäumen eines geeigneten Baumes, sondern auch im Zusammenhang mit relationalen Datenbankschemata, die eine Reihe von (zueinander äquivalenten) wünschenswerten Eigenschaften erfüllen – in diesem Zusammenhang heißen sie azyklische oder α–azyklische Hypergraphen ([9], [71],

[49]). Da azyklische Hypergraphen nicht zyklenfrei (im strengen Sinne) sind, schlägt *Golumbic* in [68] den Namen "tree scheme" vor. Wir ziehen die Bezeichnung "dualer Hyperbaum" vor, die im Sinne der Hypergraphen–Dualität ja gerade das Duale zu "Hyperbaum" ist. Der Satz 8.3.1 geht auf [43], [52] zurück.

Die *Graham–Reduktion* spielt bereits in [9], [49] eine wichtige Rolle.

Der Begriff Maximum–Nachbarschafts–Ordnung geht auf [41], [108], [10] zurück. In [24] werden verschiedene Charakterisierungen von Graphen mit Maximum–Nachbarschafts–Ordnung aufgesammelt, die eng mit Hyperbaumeigenschaften zugehöriger Hypergraphen zu tun haben (Abschnitt 8.5). [24] führt den Begriff "dual chordaler Graph" ein. Unabhängig davon ist diese Graphenklasse auch in [125] untersucht worden.

Die Linearzeiterkennung chordaler Graphen ist in [118] beschrieben. In [127] ist eine vereinfachte Variante, basierend auf "maximum cardinality search", angegeben, die auch zur Linearzeiterkennung der Frage, ob ein Hypergraph dualer Hyperbaum ist (azyklisch ist), führt. Der Linearzeitalgorithmus MNO zur Herstellung einer Maximum–Nachbarschafts–Ordnung stammt aus [40].

9 Der algorithmische Nutzen von Baumstrukturen – weitere Graphenklassen

9.1 Algorithmische Grundprobleme auf chordalen und dual chordalen Graphen

In Kapitel 1 bzw. 7 wurden die folgenden Parameter für Graphen eingeführt:

$\alpha(G)$ = maximale Größe einer unabhängigen Knotenmenge in G

$\omega(G)$ = maximale Größe einer Clique in $G = \alpha(\overline{G})$

$\chi(G)$ = Minimalzahl von Farben einer zulässigen (Knoten-) Färbung von G

Außerdem sei

$\kappa(G) = \chi(\overline{G})$ = Minimalzahl von Cliquen in einer Cliquenzerlegung von G.

Im folgenden wird die Bestimmung dieser Parameter für chordale Graphen angegeben. Dazu benötigen wir das folgende

Lemma 9.1.1 *Es sei $G = (V, E)$ chordal und $(v_1, \ldots, v_n)$ perfekte Eliminationsordnung von G. Dann ist $\mathcal{C}(G) \subseteq \{N_i[v_i] : i \in \{1, \ldots n\}\}$.*

Beweis: Es sei $C \in \mathcal{C}(G)$, also maximale Clique. Es sei v_i der am weitesten links stehende Knoten von C in $(v_1, \ldots, v_n)$. Offenbar ist dann $C \subseteq N_i[v_i]$. Nach Voraussetzung ist $(v_1, \ldots, v_n)$ perfekte Eliminationsordnung , also ist $N_i[v_i]$ Clique und damit wegen der Maximalität von C auch $C = N_i[v_i]$. □

Folgerung 9.1.1 *Für chordale Graphen $G = (V, E), |V| = n$, gilt $|\mathcal{C}(G)| \leq n$.*

Damit ist das Problem der Berechnung von $\omega(G)$ leicht lösbar, indem man entlang einer perfekten Eliminationsordnung $(v_1, \ldots, v_n)$ von G die Größen $|N_i[v_i]|$ bestimmt und deren Maximum bildet.

Für die Färbungen von chordalen Graphen ergibt sich ein interessantes Phänomen. Man sieht zunächst leicht:

Selbsttestaufgabe 9.1.1 *Für beliebige Graphen G gilt*

$$\omega(G) \leq \chi(G) \text{ und } \alpha(G) \leq \kappa(G).$$

Satz 9.1.1 *Ist G chordal, so ist* $\chi(G) = \omega(G)$.

Beweis: Es sei $(v_1, \ldots, v_n)$ perfekte Eliminationsordnung von G und $G_i = G(\{v_i, \ldots, v_n\})$. Wir zeigen durch Induktion, daß für alle $i \in \{1, \ldots, n\}$ gilt:

$$\chi(G_i) = \omega(G_i)$$

Für $i = n$ ist die Behauptung klar.
Es sei nun G_i mit $\omega(G_i)$ Farben färbbar. Der Knoten v_{i-1} ist simplizial in G_{i-1}. Ist $\omega(G_{i-1}) > \omega(G_i)$, so wähle für v_{i-1} eine neue Farbe. Ist $\omega = \omega(G_{i-1}) = \omega(G_i)$, so ist in einer ω–Färbung von G_i die Clique $N_{i-1}(v_{i-1})$ mit $k \leq \omega - 1$ Farben gefärbt, denn $|N_{i-1}(v_{i-1})| = |N_{i-1}[v_{i-1}]| - 1 \leq \omega - 1$. Weitere Nachbarn hat v_{i-1} in G_i nicht, also kann v_{i-1} mit einer der übrigen $\omega - k$ Farben gefärbt werden. □

Daraus läßt sich leicht ein effizienter Algorithmus zur Färbung machen (für genauere Angaben siehe z.B. [67], [121]).
In diesem Zusammenhang soll der wichtige Begriff der perfekten Graphen erwähnt werden.

Definition 9.1.1 *Es sei G Graph. G ist* χ–perfekt *gdw.*

$$\bigwedge_{V' \subseteq V} \chi(G(V')) = \omega(G(V'))$$

G ist α–perfekt *gdw.*

$$\bigwedge_{V' \subseteq V} \kappa(G(V')) = \alpha(G(V'))$$

G ist perfekt *gdw.*

G ist χ*–perfekt oder* α*–perfekt.*

Nicht perfekte Graphen heißen imperfekt.
G heißt minimal imperfekt *gdw.*

G ist imperfekt und für jedes $v \in V$ *ist* $G - v$ *perfekt.*

Die Perfektheit von Graphen beruht also auf einer Min–Max–Gleichung und hat viele algorithmische Konsequenzen.
Eine grundlegende Eigenschaft ist das von Berge 1960 vermutete und 1971 von Lovász bewiesene "Perfect Graph Theorem":

Satz 9.1.2 *(Lovász) Es sei G Graph. Die folgenden Eigenschaften sind äquivalent:*

(1) G ist χ–perfekt

(2) G ist α–perfekt

(3) Für alle $V' \subseteq V$ ist $\alpha(G(V')) \cdot \omega(G(V')) \geq |V'|$

Der Beweis dieses Satzes ist z.B. in [67] beschrieben.
Aus dem vorangegangenen folgt, daß chordale Graphen χ–perfekt und damit perfekt sind.
Beispiele für nicht perfekte Graphen sind die induzierten Kreise $C_{2k+1}, k \geq 2$ ungerader Länge und ihre Komplementgraphen. Dies sind auch die einzigen bekannten minimalen nichtperfekten Graphen, und eine bekannte Vermutung besagt, daß weitere nicht existieren.
Vermutung: ("Strong Perfect Graph Conjecture")
Ist G minimaler imperfekter Graph, so ist G ein C_{2k+1} oder dessen Komplement, $k \geq 2$.

Selbsttestaufgabe 9.1.2

a) Zeigen Sie, daß die induzierten Kreise C_{2k+1} ungerader Länge, $k \geq 2$, sowie ihre Komplementgraphen nicht perfekt sind.

b) Geben Sie einen dual chordalen Graphen an, der nicht perfekt ist.

Nun wieder zurück zu algorithmischen Problemen auf chordalen Graphen. Es sei $G = (V, E)$ chordal und $(v_1, \ldots, v_n)$ perfekte Eliminationsordnung . Wir bilden wie folgt eine unabhängige Menge V':

1) $v_{i_1} := v_1 \in V'$

2) Ist $v_{i_1}, \ldots, v_{i_k}$ schon in V', so wird der in $(v_1, \ldots, v_n)$ am weitesten links stehende Knoten $v_{i_{k+1}}$ in V' aufgenommen, für den $v_{i_{k+1}} \notin (N_{i_1}[v_{i_1}] \cup \ldots \cup N_{i_k}[v_{i_k}])$ gilt. Dies wird solange wiederholt, bis für eine Zahl t gilt: $\bigcup_{j=1}^{t} N_{i_j}[v_{i_j}] = V$.

Offenbar ist $V' = \{v_{i_1}, \ldots, v_{i_t}\}$ unabhängige Knotenmenge. Außerdem gilt:
$V = \bigcup_{j=1}^{t} N_{i_j}[v_{i_j}]$, und $N_{i_j}[v_{i_j}]$ sind Cliquen für $j \in \{1, \ldots, t\}$. Also ist wegen $\alpha(G) \leq \kappa(G)$ damit eine größte unabhängige Knotenmenge (und gleichzeitig eine minimale Cliquenüberdeckung) gefunden. Dies ist gleichzeitig ein Beweis dafür, daß chordale Graphen α– perfekt sind. Nicht alle algorithmischen Probleme sind jedoch einfach auf chordalen Graphen. Wir zeigen, daß dies sogar für die folgende Teilklasse chordaler Graphen gilt:
In Definition 2.3.4 wurde der Begriff des Splitgraphen eingeführt: $G = (V, E)$ ist *Splitgraph* gdw. es existiert eine Zerlegung $V = I \cup C$ in eine unabhängige Menge I und eine Clique C.

Satz 9.1.3 *Die folgenden Eigenschaften sind äquivalent:*

(1) G ist Splitgraph

(2) G und $\overline{G}$ sind chordal

(3) G enthält keinen zu $2K_2 = \overline{C_4}$, C_4 oder C_5 isomorphen Teilgraphen.

Beweis: (1) $\Longrightarrow$ (2): Dies sieht man leicht, da in Kreisen von G keine zwei aufeinanderfolgende Knoten aus der unabhängigen Menge I der Zerlegung $V = I \cup C$ sein können. Für $\overline{G}$ schließt man analog, wobei I und C ihre Rollen tauschen.
(2) $\Longrightarrow$ (3): Ist G chordal, so enthält G keinen C_4 oder C_5. Ist $\overline{G}$ chordal, so enthält G keinen $2K_2 = \overline{C}_4$.
(3) $\Longrightarrow$ (1): Für $K \in \mathcal{C}(G)$ bezeichne $|E(V \setminus K)|$ die Kantenzahl in dem von $V \setminus K$ induzierten Restgraphen. Wir wählen nun eine maximale Clique $K \in \mathcal{C}(G)$ mit der Eigenschaft $|E(V \setminus K)| = \min\{|E(V \setminus K')| : K' \in \mathcal{C}(G)\}$ (d.h. K ist eine solche maximale Clique, für die $G(V \setminus K)$ eine minimale Zahl von Kanten enthält). Wir zeigen: $S = V \setminus K$ ist eine unabhängige Menge.
Angenommen, dies sei nicht der Fall: Es sei xy Kante in S.
Wegen der Maximalität der Clique K ist kein Knoten aus S zu ganz K benachbart. Außerdem gilt: Sind x und y zu ganz $K \setminus \{z\}$ für einen Knoten $z \in K$ benachbart, so ist $(K \setminus \{z\}) \cup \{x, y\}$ größere Clique. Also existieren Knoten $u, v \in K$ mit $xu \notin E, yv \notin E$. Da G keinen $2K_2$ und keinen C_4 enthält, ist genau eines der Paare xv, yu in E. O.B.d.A. sei $xv \notin E$ und $yu \in E$.
Für jedes $w \in K \setminus \{u, v\}$ gilt: Ist $yw \notin E, xw \notin E$, so bilden x, y, v, w einen $2K_2$ in G. Ist $yw \notin E$ und $xw \in E$, so bilden x, y, u, w einen C_4 in G.
Also ist y zu jedem Knoten von $K \setminus \{v\}$ benachbart und $K' = (K \setminus \{v\}) \cup \{y\}$ maximale Clique. Da $G(V \setminus K')$ nicht weniger Kanten als $G(V \setminus K)$ enthält, folgt aus $xv \notin E, xy \in E$, daß es einen Knoten $t \neq y$ in $V \setminus K$ gibt mit $vt \in E, ty \notin E$. Wäre $tx \notin E$, so würde t, v, x, y einen $2K_2$ bilden. Also ist $tx \in E$. Wäre $tu \notin E$, so wäre u, v, t, x, y ein C_5. Also ist $tu \in E$ und damit t, x, y, u ein C_4 – Widerspruch.
Also ist S unabhängige Menge. □

Splitgraphen sind schon eine sehr spezielle Klasse von Graphen. Dennoch sind sie vom algorithmischen Standpunkt interessant, da eine Reihe von Problemen auf dieser Klasse **NP**-vollständig bleiben.
Wir wissen aus Kapitel 2 bereits, daß dies für das Hamiltonkreisproblem HC gilt. Ein weiteres grundlegendes Problem, das auf Splitgraphen **NP**-vollständig bleibt, ist das Dominations-Problem.

Definition 9.1.2 *Es sei $G = (V, E)$ Graph. $V' \subseteq V$ heißt* dominierende Menge *in G gdw.*

Zu jedem Knoten $v \in V \setminus V'$ existiert ein Nachbar u in V':

$\bigwedge_{v \in V \setminus V'} \bigvee_{u \in V'} uv \in E.$

Nachfolgend definieren wir das Problem DOMINATING SET (DS):

$$DS = \{(G,k) : G=(V,E) \text{ Graph und } k \in \mathcal{N} \text{ und es existiert eine dominierende Menge } V' \subseteq V \text{ mit } |V'| \leq k\}$$

Das Problem DS bzw. das Problem der Bestimmung einer kleinsten dominierenden Menge in G ist eines der am meisten untersuchten algorithmischen Graphenprobleme, zu dem Hunderte von Veröffentlichungen existieren. Wir zeigen nun:

Satz 9.1.4 *DS ist* **NP***-vollständig für Splitgraphen.*

Beweis: Daß DS $\in$ **NP** ist, ist klar.
Die Reduktion erfolgt von VERTEX COVER (VC). Es sei $G=(V,E)$ ein Graph mit $E \neq \emptyset$. Dann konstruieren wir folgenden Graphen $G'=(V',E')$:

$V' = V \cup E \cup \{x\}$ für ein $x \notin V \cup E$.

$E' = \{uv : u,v \in V\} \cup \{ve : v \in V \wedge e \in E \wedge v \in e\} \cup \{vx : v \in V\}$

Damit ist V Clique in G' und $E \cup \{x\}$ unabhängige Menge in G'.
Nun zeigen wir:

$$(G,k) \in \text{VC} \iff (G',k) \in \text{DS}$$

1. "$\Longrightarrow$":
Ist U Knotenüberdeckung in G, so existiert für alle $e \in E$ ein $u \in U$ mit $u \in e$. Also ist U auch dominierende Menge in G', da $E \cup \{x\}$ durch U dominiert wird und, da V Clique ist, ebenso $V \setminus U$.
2. "$\Longleftarrow$":
Es sei $U \subseteq V \cup E \cup \{x\}$ dominierende Menge in G'. Ist $x \in U$ oder $e \in U$ für ein $e \in E, e = \{a,b\}$, so kann o.B.d.A. x durch irgendeinen Knoten in V bzw. e durch a oder b in U ausgetauscht werden. Die so entstehende Menge U' ist immer noch dominierend und nicht größer als U. Also ist o.B.d.A. $U \subseteq V$. Damit ist aber U Knotenüberdeckung in G. □

Wir kehren nun zurück zu dual chordalen Graphen und betrachten die bisher untersuchten algorithmischen Probleme auf dieser Klasse. Das erste Problem ist DOMINATING SET: Es sei $G=(V,E)$ dual chordal und $(v_1,\ldots,v_n)$ Maximum–Nachbarschafts–Ordnung von G. Um v_1 zu dominieren, genügt ein Knoten $w \in N[v_1]$. Ist u ein Maximum–Nachbar von v_1, so ist für alle $w \in N[v_1]$ $N[w] \subseteq N[u]$. Also ist die beste Wahl der Maximum–Nachbar u, der $N[u]$ dominiert.
Wir betrachten nun den am weitesten links stehenden noch nicht dominierten Knoten $v_i \notin N[u]$ und wiederholen für diesen die Auswahl usw., bis der gesamte Graph dominiert ist. Dieses rein lokale Verfahren liefert offenbar in Linearzeit eine kleinste dominierende Menge von G.

Satz 9.1.5 *Für dual chordale Graphen G ist DS in Linearzeit lösbar.*

Es existiert eine Reihe von interessanten Varianten des DS–Problems, die ebenfalls in der Literatur untersucht werden, so z.B. das Problem der Bestimmung einer kleinsten zusammenhängenden dominierenden Menge, das stark mit dem Steinerbaumproblem (vgl. Kapitel 4) zusammenhängt, sowie das parametrisierte Dominationsproblem.

Definition 9.1.3 *Es sei* $G = (V, E)$ *Graph und* $r : V \to \mathcal{N}$ *Funktion.*
$V' \subseteq V$ *heißt* r–dominierend *in* G *gdw.*

$$\bigwedge_{v \in V \setminus V'} \bigvee_{u \in V'} dist(u, v) \leq r(v)$$

Für $r(v) \equiv 1$ ist dies das Dominationsproblem. Die Probleme "Kleinste zusammenhängende dominierende Menge", "Kleinste r–dominierende Menge" sowie die Kombination der beiden Probleme: "Kleinste zusammenhängende r–dominierende Menge" lassen sich auf dual chordalen Graphen ebenfalls effizient lösen (vgl. [40], [41], [25]).

Maximum-Nachbarschaftsordnungen sind also algorithmisch nützlich. Wie bei chordalen Graphen gilt dies jedoch nicht für beliebige Probleme. Wir zeigen hier als Beispiel dafür:

Satz 9.1.6 *IS ist* **NP**–*vollständig für dual chordale Graphen.*

Beweis: Das Enthaltensein in **NP** ist klar.
Die Reduktion erfolgt von IS für beliebige Graphen durch Hinzunahme eines dominierenden Knotens zu G: Es sei $G = (V, E)$ Graph und $x \notin V$. Dann sei $G' = (V \cup \{x\}, E \cup \{vx : v \in V\})$. Offenbar ist G' dual chordal und

$$(G, k) \in \text{IS} \iff (G', k) \in \text{IS}$$

□

Analoge Konstruktionen sind für eine Reihe anderer Probleme möglich.

9.2 Partielle k–Bäume

In Aufgabe 1.5.2 wurden bereits k-Bäume definiert. Wir wiederholen hier ihre Definition, da sie grundlegend für diesen Abschnitt ist.

Definition 9.2.1 *Folgende Graphen sind* k*–Bäume:*

1. *Eine Clique* K_k *mit* k *Knoten ist* k*–Baum.*
2. *Ist* $G = (V, E)$ k*–Baum und* $x \notin V$ *sowie* $C \subseteq V$ *Clique mit* k *Knoten, so ist auch* $G' = (V \cup \{x\}, E \cup \{ux : u \in C\})$ k*–Baum.*
3. *Weitere* k*–Bäume existieren nicht.*

k–Bäume entstehen also aus einer k–Clique durch endlichmaliges Anhängen neuer Knoten an k–Cliquen des schon entstandenen k–Baumes.
Man sieht leicht, daß gilt: G ist 1–Baum $\Longleftrightarrow$ G ist Baum, falls $G \neq (\emptyset, \emptyset)$ ist. Außerdem gilt $\omega(G) \in \{k, k+1\}$ für k–Bäume G (und $\omega(G) = k$ nur im Spezialfall $G = K_k$).
Offenbar ist jeder k–Baum chordal.

Definition 9.2.2 *Ist der k-Baum G aus der k-Clique $\{v_{n-k+1}, \dots, v_n\}$ durch $(n-k)$-maliges Anhängen der Knoten $v_{n-k}, \dots, v_1$ entstanden, so bezeichnet $(v_n, \dots, v_1)$ eine* Erzeugungsfolge *und $(v_1, \dots, v_n)$ eine* Reduktionsfolge *zu dieser Erzeugung. Offenbar sind Reduktionsfolgen gerade die perfekten Eliminationsordnungen von G. Simpliziale Knoten in G werden als k–*Blätter *bezeichnet.*
Ist K eine k-Clique in G und $v \notin K$, so heißt v Nachfolger *von K in der Reduktionsfolge σ von G gdw.*

> *wenn v in σ entfernt wird, so ist jeder Nachbar von v Element von K oder Nachfolger von K.*

Speziell ist also v Nachfolger von K, falls v als neuer Knoten an die k-Clique K angehängt wird.
Die Zusammenhangskomponenten des durch die Menge der Nachfolger von K induzierten Teilgraphen von G heißen Zweige *von K und K heißt die* Basis *der Zweige von K. Die k-Clique am Ende der Reduktionsfolge heißt* Wurzel *(clique) des "gerichteten" k-Baums.*

Beispiel 9.2.1 *Abbildung 9.1 zeigt ein Beispiel für einen 2–Baum mit Reduktionsfolge $(1,2,3,4,5,6,7,8,9,10,11,12)$ und Wurzel $R = \{11, 12\}$. Die Zweige von R sind $\{1,2,3,4\}$, $\{5,6,7\}$, $\{8,9,10\}$.*

Die Baumstruktur der durch $k+1$ größenbeschränkten Cliquen des k–Baumes legt für die algorithmische Lösung vieler Probleme folgendes Vorgehen nahe:

> Bestimme entlang der Reduktionsfolge Teillösungen auf schon entfernten Zweigen der zum aktuellen Knoten v_i gehörenden k–Clique K_i, indem die bereits vorhandenen Teillösungen in $K_i \cup \{v_i\}$ zusammengesetzt werden, bis beim Erreichen der Wurzel R eine Gesamtlösung erreicht wird.

Dabei werden in dieser $(k+1)$–Clique K_i einfach alle Möglichkeiten betrachtet. Dies sind exponentiell viele mit Exponent k (bzw. $k+1$). Das heißt: Ist k konstant, so könnte dieses Vorgehen (sofern es korrekt ist), eine effiziente Lösung für nicht zu großes k liefern. Entscheidend bei diesem Zugang ist, daß dasselbe Vorgehen auch funktioniert, wenn man einen Teilgraphen $G' = (V, E')$ von $G = (V, E)$ mit $E' \subseteq E$ betrachtet.

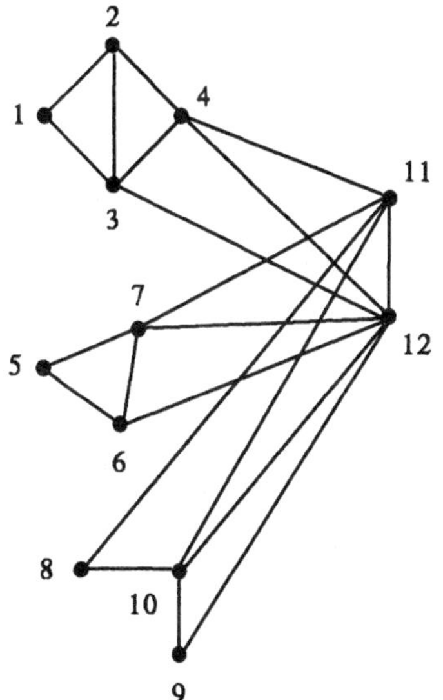

Abbildung 9.1: Beispiel für einen 2–Baum

Definition 9.2.3 $G' = (V, E')$ *heißt* partieller k–Baum *gdw.*

es existiert ein k–Baum $G = (V, E)$ mit $E' \subseteq E$.

Offenbar ist jeder Graph $G = (V, E)$ mit $|V| = n$ partieller n–Baum. Dies ist jedoch für den oben beschriebenen Zugang uninteressant. Interessant sind partielle k–Bäume erst für kleines k.

Wir betrachten nun als ein Beispiel die Bestimmung von $\alpha(G)$ für partielle k–Bäume. Es sei der Eingabegraph $G = (V, E)$, für den $\alpha(G)$ bestimmt werden soll, partieller k–Baum, und $T = (V, E')$ sei ein k–Baum mit $E \subseteq E'$.

Ist v der in der Reduktionsfolge $(v_1, \ldots, v_n)$ von V aktuell zu entfernende Knoten und $K = K(v)$ die zu v gehörende k–Clique, an die v in der zugehörigen Erzeugungsfolge angehängt wurde, so bezeichne $K' = K \cup \{v\}$ und $K^u = K' \setminus \{u\}$ sowie $B(K)$ die Menge der Knoten der schon entfernten Zweige von K.

Es sei τ eine in G unabhängige Teilmenge von K. Mit $C(K)$ bezeichnen wir die Menge aller dieser Teilmengen: $C(K) = \{\tau : \tau \subseteq K$ und τ unabhängig in $G\}$. $s(\tau, K)$ sei die maximale Größe einer unabhängigen Menge in $B(K)$, die zusammen mit τ unabhängig ist.

Zu Beginn des Algorithmus wird $s(\tau, K) = 0$ für alle τ und K gesetzt. Für den aktuellen Knoten v wird folgende Aktualisierung vorgenommen:

$$(1) \qquad s(\tau, K) = \begin{cases} \max(s(\tau, K) + \sum\limits_{u \in K} s(\tau \setminus \{u\}, K^u), \\ \qquad 1 + s(\tau, K) + \sum\limits_{u \in K} s((\tau \cup \{v\}) \setminus \{u\}, K^u)) \\ \qquad \text{falls } \tau \cup \{v\} \text{ unabhängig} \\ s(\tau, K) + \sum\limits_{u \in K} s(\tau \setminus \{u\}, K^u) \qquad \text{sonst} \end{cases}$$

Am Ende wird bei Erreichen der Wurzelclique R

$$(2) \qquad \alpha(G) = \max_{\tau \in C(R)} (s(\tau, R) + |\tau|) \qquad \text{gesetzt.}$$

Daß dieses Vorgehen korrekt ist, kann man sich am 2–Baum aus Beispiel 9.2.1 veranschaulichen:

Beispiel 9.2.2 *Abbildung 9.2 zeigt ein Beispiel für einen partiellen 2–Baum G. Dieser unterscheidet sich von dem 2–Baum aus Abbildung 9.1 lediglich durch die Kante* $\{11, 12\}$.

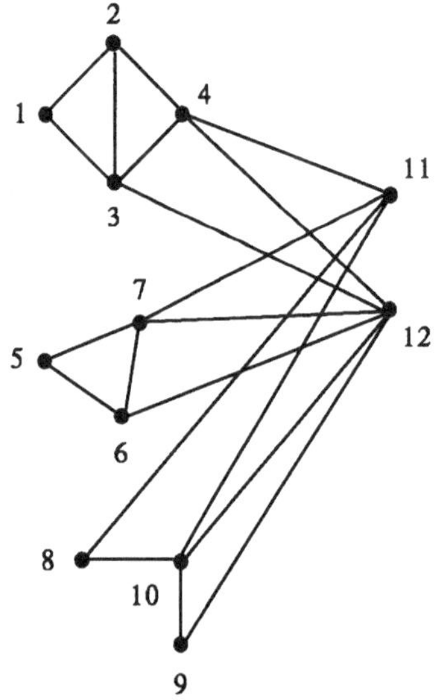

Abbildung 9.2: Beispiel für einen partiellen 2–Baum

$V = \{1, \ldots, 12\}$, $T = (V, E')$, $G = (V, E)$ *mit* $E = E' \setminus \{\{11, 12\}\}$.

Wir bezeichnen mit I_1 eine maximale unabhängige Menge in $B(K)$, die schon gefunden wurde, und mit $I_2(u)$ eine maximale unabhängige Menge in Zweigen der Cliquen $K^u, u \in K$. Es sei $I_2 = \bigcup_{u \in K} I_2(u)$.

Dann beschreibt die in (1) gegebene Aktualisierungsformel gerade das Zusammensetzen von $|I_1|$ und $|I_2|$ zum neuen aktuellen Wert.

Im Beispiel kann man für $\tau = \emptyset$ $I_1 = \{1,4,5\}$ und $I_2 = \{8,9\}$ wählen.
Da die Zweige Zusammenhangskomponenten sind, bleibt die Vereinigung unabhängig, und bei Erreichen von R wird in Formel (2) noch $|\tau|$ hinzugenommen. Damit ist die maximale Größe einer unabhängigen Menge in G erreicht. Ein Korrektheitsbeweis kann durch Induktion über die Reduktionsfolge geführt werden.
Das Interessante an den partiellen k–Bäumen ist, daß der oben für INDEPENDENT SET beschriebene Linearzeitalgorithmus ganz ähnlich für viele weitere Probleme funktioniert, die auf beliebigen Graphen **NP**–vollständig sind, so u.a. für CHROMATIC NUMBER, HAMILTONIAN CIRCUIT (HAMILTON CYCLE) und DOMINATING SET. Die allgemeinere Beschreibung der so lösbaren Probleme erfolgt mit Mitteln der Logik. Es wird eine Einschränkung der Prädikatenlogik 2. Stufe angegeben (sogenannte "*monadic second order logic*"), die die Quantifizierung von bestimmten Knoten– und Kantenmengen zuläßt und es damit erlaubt, eine Vielzahl von Graphenproblemen auszudrücken.
Ein Beispiel dafür ist die 3–Färbbarkeit eines Graphen, die sich wie folgt ausdrücken lässt:

$$\exists W_1 \subseteq V \exists W_2 \subseteq V \exists W_3 \subseteq V \forall v \in V (v \in W_1 \vee v \in W_2 \vee v \in W_3) \wedge \forall v \in V \forall w \in V (vw \in E \Rightarrow (\neg(v \in W_1 \wedge w \in W_1) \wedge \neg(v \in W_2 \wedge w \in W_2) \wedge \neg(v \in W_3 \wedge w \in W_3)))$$

Die in "monadic second order logic" formulierbaren Probleme lassen sich dann ebenfalls auf partiellen k–Bäumen für festes k in Linearzeit lösen.

Ein zentrales Problem bei diesem Zugang ist die Bestimmung einer günstigen Einbettung des Input–Graphen G in einen partiellen k–Baum, falls nur der Graph G gegeben ist. Dazu folgende Definition

Definition 9.2.4 *Die* Baumweite ("treewidth") *eines Graphen G ist*

$$tw(G) = \min\{k : G \text{ ist partieller } k\text{-Baum}\}.$$

(In der Literatur ist die Baumweite tw ursprünglich anders definiert worden; der Einfachheit halber verwenden wir hier die obige äquivalente Variante.)
Leider ist die Bestimmung von $tw(G)$ schwierig:

Satz 9.2.1 $\{(G,k) : tw(G) \leq k\}$ *ist* **NP***-vollständig.*

Damit sind die Chancen für eine effiziente Bestimmung der Baumweite von Graphen gering. Es gibt jedoch immerhin noch folgende Aussage:

Satz 9.2.2 *(Bodlaender) Für jedes k existiert ein Linearzeit–Algorithmus, der für gegebenen Graphen G entweder feststellt, daß $tw(G) > k$ ist, oder andernfalls eine Einbettung in einen k-Baum liefert.*

Dadurch ist insgesamt die Linearzeit–Ausführbarkeit vieler Probleme auf partiellen k–Bäumen für konstantes k gegeben.

9.3 Stark chordale Graphen

Es existieren einige wichtige und interessante Teilklassen chordaler (bzw. dual chordaler) Graphen. In diesem Abschnitt betrachten wir eine Klasse von Graphen, bei denen lineare Nachbarschaftsordnungen eine wichtige Rolle spielen:

Definition 9.3.1 *Es sei $G = (V, E)$ Graph. Ein Knoten $v \in V$ heißt* simpel *gdw.*

> *die Menge $\{N[u] : u \in N[v]\}$ ist bzgl. "$\subseteq$" linear geordnet, d.h. für je zwei Nachbarn u und u' von v ist $N[u] \subseteq N[u']$ oder umgekehrt.*

Eine Knotenreihenfolge $(v_1, \ldots, v_n)$ von V heißt simple Eliminationsordnung (si.e.o.) *gdw.*

> *für alle $i \in \{1, \ldots, n\}$ ist v_i simpel in G_i.*

Ein Graph G heißt stark chordal ("strongly chordal") *gdw.*

> *G hat eine simple Eliminationsordnung .*

Selbsttestaufgabe 9.3.1

a) *Jeder simple Knoten ist auch simplizial, d.h. stark chordale Graphen sind auch chordal.*

b) *Stark chordale Graphen sind dual chordal.*

Stark chordale Graphen haben eine Reihe verschiedener Charakterisierungen, darunter eine durch verbotene induzierte Teilgraphen. Um diese angeben zu können, brauchen wir noch folgende Begriffe:

Definition 9.3.2 *Eine n–*Sonne *ist ein chordaler Graph G mit $2n$ Knoten, $n \geq 3$, dessen Knotenmenge in zwei Mengen $W = \{w_1, \ldots, w_n\}$ und $U = \{u_1, \ldots, u_n\}$ zerlegt werden kann, so daß W unabhängig ist und für alle i und j gilt:*
w_i ist zu u_j benachbart $\iff i = j$ oder $i \equiv j + 1 \ (mod\, n)$.
Eine vollständige n–Sonne *ist eine n–Sonne, in der $G(U)$ vollständiger Teilgraph von G ist.*
Ein Graph G heißt Sonne (vollständige Sonne) *gdw.*

> *es existiert ein n, so daß G n–Sonne (vollständige n–Sonne) ist.*

Abbildung 9.3 zeigt eine 4–Sonne.

Satz 9.3.1 *(Farber) Ein Graph G ist genau dann stark chordal, wenn G chordal ist und keine k–Sonne, $k \geq 3$, als induzierten Teilgraphen enthält.*

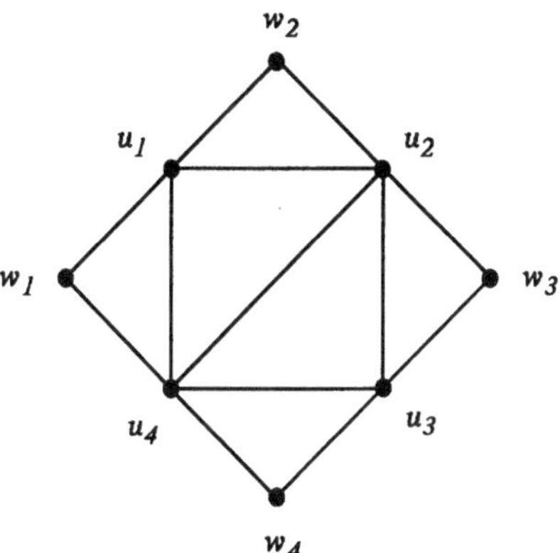

Abbildung 9.3: Eine 4–Sonne

Zum Beweis des Satzes brauchen wir einige Vorbereitungen.

Lemma 9.3.1 *Es sei $G = (V, E)$ Graph und v simpler Knoten in G und y Maximum–Nachbar von v. Dann ist $N[y] = \{u : d(u, v) \leq 2\}$.*

Beweis: Es ist klar, daß $N[y] \subseteq \{u : d(u, v) \leq 2\}$ gilt. Umgekehrt existiert für jeden Knoten u mit $d(u, v) \leq 2$ ein Knoten $x \in N[v]$ mit $u \in N[x]$.
Also ist $N[x] \subseteq N[y]$ und damit $u \in N[y]$. □

Lemma 9.3.2 *Es sei $G = (V, E)$ Graph und v simpler Knoten in $G' = G - u$ und $d_G(u, v) \geq 3$. Dann ist v auch simpler Knoten in G.*

Beweis: Für alle $w \in N_G[v]$ ist $N_G[w] = N'_G[w]$. □

Lemma 9.3.3 *G sei stark chordaler Graph mit Durchmesser $diam(G) = k$, der nicht Clique ist. Dann hat G zwei simple Knoten u, v mit $dist_G(u, v) \geq \min\{3, k\}$.*

Beweis: Ist $k \leq 1$, so ist G Clique und jeder Knoten simpel. Durch Induktion über $|V(G)|$ beweisen wir die Behauptung im restlichen Fall. Der (eindeutig bestimmte) kleinste Graph mit Durchmesser 2 ist ein Weg der Länge 2, und der kleinste Graph mit Durchmesser größer als 2 ist der $\overline{K}_2$ (2 isolierte Knoten). Offenbar gilt die Behauptung für beide Graphen.
Der Induktionsschritt erfolgt für zwei Fälle:
Fall 1: $diam(G) = 2$. Da G stark chordal ist, hat G einen simplen Knoten v. Dies ist wegen $diam(G) = 2$ kein isolierter Knoten. Es sei y ein Maximum–Nachbar von v. Nach Lemma 9.3.1 ist $N_G[y] = V(G)$. Es sei $G' = G - y$.
Dann ist $diam(G') \geq 2$, da G' keine Clique sein kann, denn G ist keine Clique. Nach Induktionsvoraussetzung hat G' zwei nicht benachbarte simple Knoten u und w. Da $N_G[y] = V(G)$ ist, sind u und w auch simpel in G mit $dist(u, v) = 2$.

Fall 2: $diam(G) \geq 3$. G hat einen simplen Knoten v. Es sei $G' = G - v$.
Fall 2.1: $diam(G') \geq 3$. Nach Induktionsvoraussetzung hat G' zwei simple Knoten u und w mit $dist_{G'}(u, w) \geq 3$. Mindestens einer von beiden – o.B.d.A. der Knoten u – erfüllt $dist_G(u, v) \geq 3$, denn sonst ist für einen Maximum-Nachbarn x von v $x \in N_{G'}[u] \cap N_{G'}[w]$ erfüllt – Widerspruch zu $dist_{G'}(u, w) \geq 3$. Nach Lemma 9.3.2 ist dann u simpel in G, und daher erfüllen u und v die Bedingung.
Fall 2.2: $diam(G') \leq 2$. Ist G nicht zusammenhängend, so ist die Behauptung erfüllt, da jede Zusammenhangskomponente von G stark chordal ist und damit einen simplen Knoten enthält. Andernfalls ist $diam(G) = 3$ und $diam(G') = 2$ (da $N_G[v]$ Clique in G ist).
Es seien $V_i = \{u : dist_G(u, v) = i\}$ für $i \in \{0, 1, 2, 3\}$. Nach Induktionsvoraussetzung hat G' zwei nicht benachbarte simple Knoten. Außerdem ist $G'(V_1)$ eine Clique, da v simpel in G und damit auch simplizial. Also hat G' mindestens einen simplen Knoten w in $V_2 \cup V_3$. Ist $w \in V_3$, so ist $dist_G(v, w) = 3$ und damit w simpel in G (nach Lemma 9.3.2). In diesem Fall erfüllen v und w die Behauptung. Es sei nun $w \in V_2$. Es sei u ein Maximum-Nachbar von w. Da $diam(G') = 2$, ist nach Lemma 9.3.1

$$N_{G'}[u] = V(G') = V_1 \cup V_2 \cup V_3$$

Also ist $u \in V_2$, da für $x \in V_1, z \in V_3$ $dist_G(x, z) \geq 2$ ist und $V_1 \neq \emptyset, V_3 \neq \emptyset$. Also ist

$$N_G[u] = V_1 \cup V_2 \cup V_3.$$

Es sei $G^* = G - u$. Dann ist $diam(G^*) \geq 3$, da $dist_G(v, z) \geq 3$ für alle $z \in V_3$. Nach Induktionsvoraussetzung hat G^* zwei simple Knoten x und t, so daß $dist_{G^*}(x, t) \geq 3$. Wenigstens einer von ihnen – o.B.d.A. x – erfüllt $dist_{G^*}(x, v) \geq 3$. Also ist $x \in V_3$, da $u \in V_2$. Da $N_G[u] = V_1 \cup V_2 \cup V_3$ ist, gilt

$$N_G[s] \subseteq N_G[u] \text{ für alle } s \in N_{G^*}[x].$$

Also ist

$$N_G[s] = N_{G^*}[s] \cup \{u\} \text{ für alle } s \in N_{G^*}[x],$$

da $G^* = G - u$ und $u \in N_G[s]$. Da x simpel in G^* ist, folgt, daß für die Elemente von $N_G[x]$ ihre Nachbarschaften in G paarweise vergleichbar sind. Also sind x und v simpel in G und $dist_G(x, v) \geq 3$. □

Lemma 9.3.4 *Es sei G eine Sonne. Dann enthält G einen induzierten Teilgraphen, der vollständige Sonne ist.*

Beweis: Es sei $U = \{u_1, \ldots, u_n\}, W = \{w_1, \ldots, w_n\}$ die Zerlegung von G, W unabhängige Menge wie in Definition 9.3.2. Da G chordal ist und jedes w_i in einem Kreis liegt und Grad 2 in G hat, müssen seine Nachbarn u_{i-1} und u_i (die Indizes werden modulo n gerechnet, $u_0 = u_n$) benachbart sein, da u_i, u_{i-1} einen minimalen Separator bilden.

Der Beweis erfolgt nun induktiv. Für $n = 3$ ist die Behauptung klar. Die Behauptung gelte nun für alle k–Sonnen mit $k < n$. Es sei G eine n–Sonne. Ist $U = \{u_1, \ldots, u_n\}$ Clique, so ist die Behauptung erfüllt. Ist U keine Clique, so sei o.B.d.A. $u_1u_j \notin E$ für ein j. Da $u_1u_2 \in E$, $u_1u_n \in E$ ist, existieren k und l mit $k < j < l$, $u_1u_k \in E$, $u_1u_l \in E$, $u_1u_p \notin E$ für alle p mit $k < p < l$. Dann ist $G^* = G(\{u_1, u_k, u_{k+1}, \ldots, u_l, w_{k+1}, w_{k+2}, \ldots, w_l\})$ k'-Sonne, $k' < n$, mit der zugehörigen Zerlegung $U^* = \{u_k, u_{k+1}, \ldots, u_l\}, W^* = \{u_1, w_{k+1}, \ldots, w_l\}$.
Nach Induktionsvoraussetzung enthält G^* (und damit auch G) eine vollständige Sonne.
□

Beispiel 9.3.1 *Es sei G die 4–Sonne aus Abbildung 9.3 mit den Knotenmengen $\{w_1, \ldots, w_4\}$ und $\{u_1, \ldots, u_4\}$. Dann ist $G^* = G(\{u_1, u_2, u_3, u_4, w_3, w_4\})$ vollständige 3–Sonne.*

Beweis von Satz 9.3.1
"$\Longrightarrow$": Ist G stark chordal, so ist G offenbar chordal, und jeder induzierte Teilgraph von G ist stark chordal. Da k–Sonnen, $k \geq 3$, nicht stark chordal sind, folgt die Behauptung.
"$\Longleftarrow$": Es sei G^* chordal und nicht stark chordal und G ein kleinster induzierter Teilgraph von G^*, der nicht stark chordal ist. Es bleibt zu zeigen, daß G k–Sonne ist.
Es sei $I = \{w_1, w_2, \ldots, w_n\}$ die Menge der simplizialen Knoten von G, und für jedes i sei $G_i = G - w_i$. Da G chordal ist, ist $I \neq \emptyset$. Außerdem hat G wegen seiner Minimalität keine simplen Knoten. Also ist $|V(G)| > 2$, und nach Lemma 9.3.3 enthält jedes G_i mindestens zwei simple Knoten (G_i ist wegen der Minimalität von G stark chordal).

Behauptung 1: Für alle i sind die simplen Knoten von G_i in I enthalten.

Beweis: Es ist leicht zu sehen, daß die simplizialen Knoten von G_i in $I \cup N_G[w_i]$ enthalten sind, denn entweder sind sie auch in G simplizial oder durch die Wegnahme von w_i simplizial geworden. Da simple Knoten simplizial sind, sind die simplen Knoten von G_i also auch in $I \cup N_G[w_i]$. Da w_i nicht simpel in G ist, gibt es ein Paar von Knoten in $N_G[w_i]$, deren Nachbarschaft bzgl. "$\subseteq$" unvergleichbar ist. Da w_i simplizial ist, ist keiner der beiden Knoten w_i. Also sind die Nachbarschaften dieser Knoten auch unvergleichbar in G_i. Da w_i simplizial ist, sind diese Knoten auch in $N_{G_i}[u]$ enthalten für alle $u \in N_G(w_i)$. Also ist kein Knoten in $N_G(w_i)$ simpel, womit Behauptung 1 bewiesen ist. □

Behauptung 2: I ist in G unabhängig.

Beweis: Angenommen, $w_iw_j \in E$. Da w_i und w_j simplizial sind, ist daher $N_G[w_i] = N_G[w_j]$. G_i enthält einen in G_i simplen Knoten w_k. Da w_k nicht simpel in G ist, gibt es Knoten $x, y \in N_G[w_k]$, die in G unvergleichbare Nachbarschaften haben, d.h.

$$N_G[x] \setminus N_G[y] \neq \emptyset \text{ und } N_G[y] \setminus N_G[x] \neq \emptyset.$$

In G_i sind ihre Nachbarschaften vergleichbar: o.B.d.A. $N_{G_i}[x] \subseteq N_{G_i}[y]$. Da G_i nur w_i aus G nicht enthält, muß also $x \in N_G[w_i]$ sein. Wäre $x = w_i$, so wäre $y \neq w_j$, da ja $N_G[w_i] = N_G[w_j]$ ist. Also kann man (durch Rollentausch) o.B.d.A. annehmen, daß $x \neq w_i$ und $y \neq w_i$ ist. Also sind $x, y \in V(G_i)$.
Da w_k simpel in G_i ist, sind die Nachbarschaften von x und y in G_i vergleichbar, und daher können wir o.B.d.A. annehmen, daß $N_G[x] \setminus N_G[y] = \{w_i\}$ ist. Wegen $N_G[w_i] = N_G[w_j]$ ist dies jedoch ausgeschlossen. Also ist I unabhängig. □

Behauptung 3: Ist w_i simpel in G_j und G_k für $j \neq k$, so existieren Knoten $u_j, u_k \in N_G[w_i] \setminus I$ mit $N_G[u_j] \setminus N_G[u_k] = \{w_j\}$ und $N_G[u_k] \setminus N_G[u_j] = \{w_k\}$.

Beweis: Da w_i simpel in G_j, aber nicht in G, gibt es Knoten $u_j, u_k \in N_G(w_i)$ mit $N_G[u_j] \setminus N_G[u_k] = \{w_j\}$ und $N_G[u_k] \setminus N_G[u_j] \neq \emptyset$.
Da w_i simpel in G_k, ist $N_G[u_k] \setminus N_G[u_j] = \{w_k\}$, andernfalls wären u_j und u_k unvergleichbar in G_k. Offenbar sind $u_j, u_k \notin I$. □

Abbildung 9.4 verdeutlicht diese Situation.

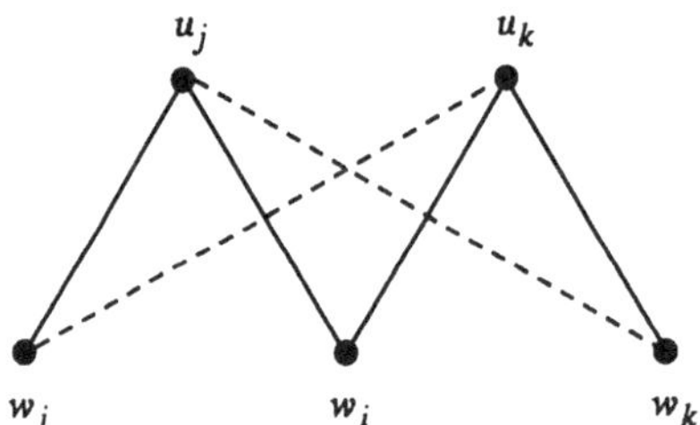

Abbildung 9.4: Die Kanten zwischen u_j,u_k und w_j,w_i,w_k

Behauptung 4: Es sei $w_i \in I$. Dann ist w_i simpel in G_j für höchstens zwei $j \in \{1, \ldots, n\}$.

Beweis: Es sei w_i simpel in G_j und G_k für $j \neq k$. Es seien u_j und u_k Knoten, welche die Behauptung 3 erfüllen. Dann sind für alle $l \notin \{j, k\}$ u_j und u_k unvergleichbar in G_l und daher w_i nicht simpel in G_l. □

Behauptung 5: Jedes w_i ist in genau zwei Teilgraphen G_j simpel, und jedes G_j enthält genau zwei simple Knoten.

Beweis: Für jedes i sei $S_i = \{j : w_i \text{ simpel in } G_j\}$ und $T_i = \{j : w_j \text{ simpel in } G_i\}$.
Nach Lemma 9.3.3 und Behauptung 1 ist $|T_i| \geq 2$ für alle i. Wäre G_j vollständig, so wäre w_j simpel in G. Nach Behauptung 4 ist $|S_i| \leq 2$ für alle i. Andererseits ist $\sum_{i=1}^{n} |T_i| = \sum_{i=1}^{n} |S_i|$. Also ist $|S_i| = |T_i| = 2$ für alle i. □

Behauptung 6: Für alle i und l ist w_i simpel in $G_l \iff w_l$ ist simpel in G_i.

Beweis: Angenommen, w_i ist simpel in G_l, aber w_l nicht simpel in G_i. Nach Behauptung 5 gibt es ein w_j mit $j \neq l$ und w_i ist simpel in G_j, und es existieren zwei Knoten w_s und w_t, so daß w_l simpel in G_s und G_t ist. Nach Behauptung 3 existieren Knoten u_j, u_l, u_s und u_t mit $u_j, u_l \in N_G[w_i] \setminus I$, $u_s, u_t \in N_G[w_l] \setminus I$ und

$$\begin{aligned} N_G[u_j] \setminus N_G[u_l] &= \{w_j\}, N_G[u_l] \setminus N_G[u_j] = \{w_l\}, \\ N_G[u_s] \setminus N_G[u_t] &= \{w_s\}, N_G[u_t] \setminus N_G[u_s] = \{w_t\} \end{aligned}$$

Die folgende Abbildung 9.5 zeigt dies, wobei Kanten zwischen u–Knoten weggelassen werden.

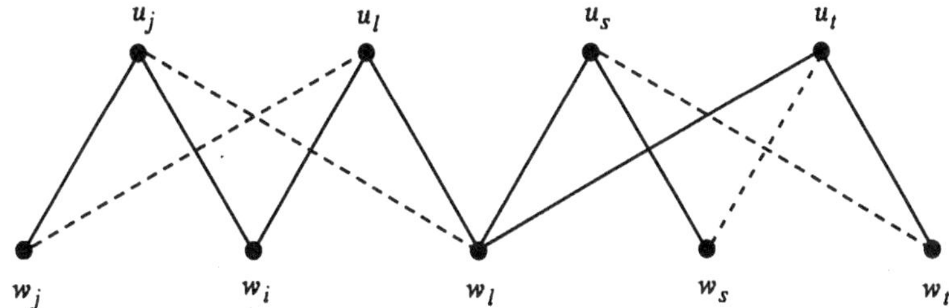

Abbildung 9.5: Die Kanten zwischen u–Knoten und w–Knoten

Um den Beweis von Behauptung 6 zu Ende führen zu können, beweisen wir zuerst

Behauptung 7: u_j, u_l, u_s und u_t sind paarweise verschieden.

Beweis: Offenbar sind $u_j \neq u_l$ und $u_s \neq u_t$. Außerdem ist $u_j \neq u_s$ und $u_j \neq u_t$, da $u_j w_l \notin E$, aber $u_s w_l \in E$, $u_t w_l \in E$. Es bleibt zu zeigen: $u_l \neq u_s$ und $u_l \neq u_t$.
Angenommen, $u_l = u_s$. Dann ist $u_l w_t \notin E$. Da w_l in G_s simpel ist, also die Nachbarschaften von $u_s = u_l$ und u_t vergleichbar sind, $u_s w_t \notin E$ und $u_l w_i \in E$ ist, folgt $N_{G_s}[u_l] \subseteq N_{G_s}[u_t]$, und daher muß auch $u_t w_i \in E$ sein. Also ist $u_s, u_t \in N_G[w_i]$, und damit ist w_i nicht simpel in G_l – Widerspruch.
Also ist $u_l \neq u_s$. Analog zeigt man $u_l \neq u_t$. □

Nun wieder zu Behauptung 6:
Angenommen, $u_j w_t \notin E$. Dann ist auch $u_l w_t \notin E$, da $N_G[u_l] \setminus N_G[u_j] = \{w_l\}$ und $w_l \neq w_t$. Da w_l simpel in G_s ist, $w_s \neq w_i$ und $u_t w_t \in E, u_l w_t \notin E, u_l w_i \in E$ ist, muß dann auch $u_t w_i \in E$ sein, sonst sind u_t, u_l unvergleichbare Nachbarn von w_l. Außerdem ist $w_i u_s \notin E$, da sonst u_s und u_t unvergleichbare Nachbarn von w_i in G_l sind. Also ist $u_l w_s \in E$, da w_l simpel in G_t und $w_i \neq w_t$ ist.
Damit sind u_l und u_t unvergleichbare Nachbarn von w_i in G_l – Widerspruch.
Also ist $u_j w_t \in E$. Analog zeigt man $u_j w_s \in E$. Dann ist $G(\{u_j, u_s, u_t, w_l, w_s, w_t\})$ eine Sonne – Widerspruch zur Minimalität von G. Damit ist Behauptung 6 bewiesen.

□

Abbildung 9.6 verdeutlicht die Kanten zwischen den u–Knoten und den w–Knoten. (Die Existenz der drei Kanten zwischen den u–Knoten folgt aus der Chordalität von G.)

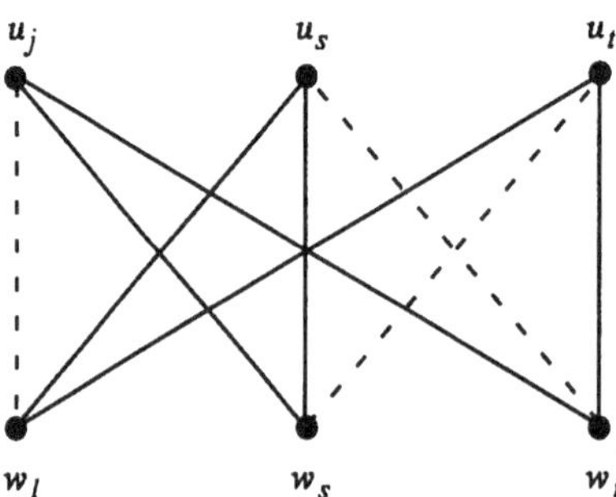

Abbildung 9.6: Die Kanten zwischen u_j,u_s,u_t und w_l,w_s,w_t

Es sei H der Graph mit den Knoten $V(H) = \{w_1, \ldots, w_n\}$, wobei

$$w_i w_j \in E(H) \iff w_i \text{ simpel in } G_j$$

gesetzt wird. Nach Behauptung 5 und 6 hat jeder Knoten in H Grad 2, und daher ist H eine Vereinigung von Kreisen.
Es sei $H(\{w_1, \ldots, w_l\})$ ein Kreis. Nach der Definition von H und Behauptung 3 folgt $N_G[w_i] \cap N_G[w_{i+1}] \neq \emptyset$ für $i \in \{1, \ldots, l\}$ (die Indexaddition erfolgt modulo l, d.h. $w_0 = w_l$). Für $i \in \{1, \ldots, l\}$ sei u_i ein Knoten in $N_G[w_i] \cap N_G[w_{i+1}]$ mit kleinstmöglichem Grad.
Wir zeigen, daß $G(w_1, \ldots, w_l, u_1, \ldots, u_l)$ eine unvollständige l–Sonne ist. Aus der Minimalität von G folgt dann die Behauptung des Satzes.

Behauptung 8: Für $i \in \{1, \ldots, l\}$ ist

$$N_G[u_{i-1}] \setminus N_G[u_i] = \{w_{i-1}\} \text{ und } N_G[u_i] \setminus N_G[u_{i-1}] = \{w_{i+1}\}$$

(Indexaddition modulo l).

Beweis: Wegen der Symmetrie reicht es, $N_G[u_{i-1}] \setminus N_G[u_i] = \{w_{i-1}\}$ zu zeigen. Da w_i in G_{i-1} simpel ist, reicht es zu zeigen, daß $w_{i-1} \in N_G[u_{i-1}] \setminus N_G[u_i]$ ist.
Angenommen, $w_{i-1} \in N_G[u_i]$. Nach Behauptung 3 gibt es einen Knoten $x \in N_G[w_i]$, x benachbart zu w_{i+1}, aber nicht zu w_{i-1}, da w_i simpel in G_{i-1} und G_{i+1} ist.
Da w_i simpel in G_{i+1} ist, sind x und u_i vergleichbar in G_{i+1}.
Da $w_{i-1} \in N_{G_{i+1}}[u_i] \setminus N_{G_{i+1}}[x]$ gilt, folgt $N_{G_{i+1}}[x] \subset N_{G_{i+1}}[u_i]$.
Also ist der Grad von x in G kleiner als der von u_i, und x ist ebenfalls Nachbar von

w_i und w_{i+1} - Widerspruch zur Wahl von u_i. Also ist $w_{i-1} \notin N_G[u_i]$. □

Abbildung 9.7 verdeutlicht die Kanten zwischen x, u_j und w_{j-1}, w_j, w_{j+1}.

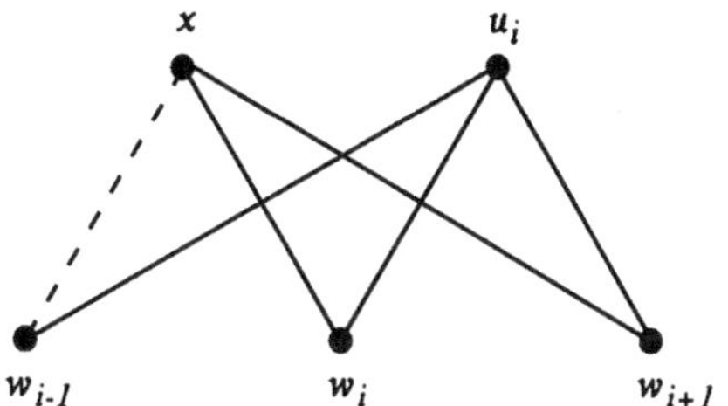

Abbildung 9.7: Die Kanten zwischen x, u_j, und w_{j-1},w_j,w_{j+1}

Behauptung 9: $G(w_1, w_2, \ldots, w_l, u_1, u_2, \ldots, u_l)$ ist Sonne.

Beweis: Nach Behauptung 2 ist $\{w_1, \ldots, w_l\}$ unabhängig. Nach Wahl der u_j gilt: $w_iu_j \in E$ für $i = j$ oder $i \equiv j + 1 \pmod l$. Nach Behauptung 8 ist $w_iu_j \notin E$ für $i \equiv j - 1 \pmod l$ oder $i \equiv j + 2 \pmod l$.
Also reicht es, zu zeigen, daß $w_iu_j \notin E$ ist für alle $i \in \{1, 2, \ldots, l\} \setminus \{j-1, j, j+1, j+2\}$.
Angenommen, $w_iu_j \in E$ für $j \in \{1, 2, \ldots, l\}, i \in \{1, 2, \ldots, l\} \setminus \{j-1, j, j+1, j+2\}$ (Indexarithmetik modulo l).

(Nachfolgende Abbildungen 9.8 und 9.9 verdeutlichen die Kanten zwischen u– und w–Knoten.)

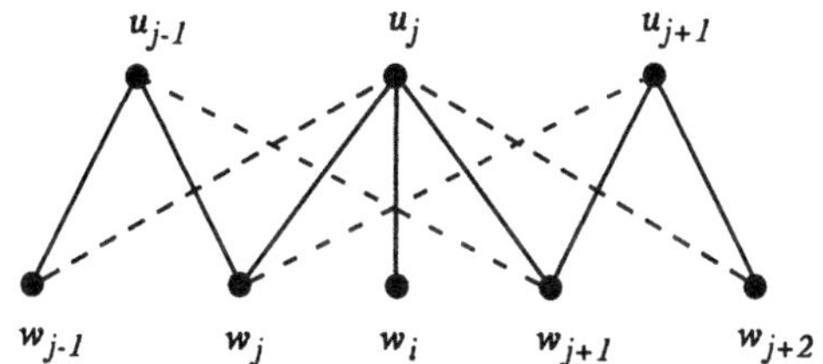

Abbildung 9.8: Kanten zwischen u– und w–Knoten

Da w_j simpel in G_{j+1} ist und $u_jw_{j-1} \notin E$, folgt, daß $u_{j-1}w_i \in E$ ist, sonst wären u_j und u_{j-1} unvergleichbare Nachbarn von w_j in G_{j+1}. Analog ergibt sich $u_{j+1}w_i \in E$. Also sind in $G_k, k \neq i$, entweder u_{j-1} und u_j unvergleichbare Nachbarn von w_i oder u_j und u_{j+1} unvergleichbare Nachbarn von w_i. Also ist w_i in keinem $G_k, k \neq i$, simpel – Widerspruch zu Behauptung 5. □

Aus Behauptung 9 und der Minimalität von G folgt nun, daß G vollständige Sonne ist. Damit ist der Satz bewiesen. □

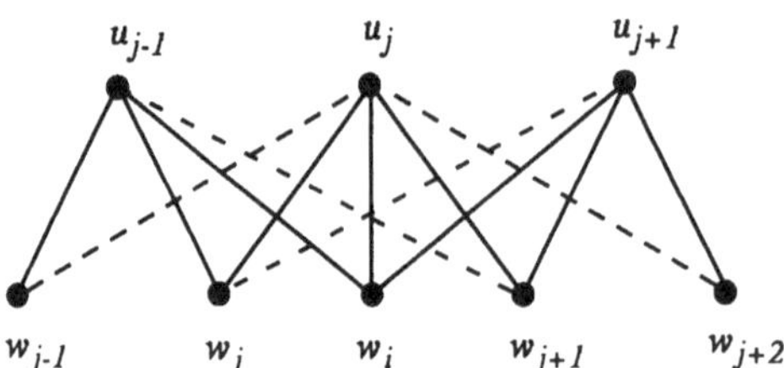

Abbildung 9.9: Weitere Kanten zwischen u– und w–Knoten

Folgerung 9.3.1 *Ein Graph G ist genau dann stark chordal, wenn jeder induzierte Teilgraph von G dual chordal ist.*

Beweis: Es sei G stark chordal. Dann ist jeder induzierte Teilgraph auch stark chordal und damit auch dual chordal. Ist umgekehrt G nicht stark chordal, so enthält G einen induzierten Kreis der Länge mindestens 4 oder eine k–Sonne. Beide Arten von induzierten Teilgraphen haben jedoch keine Maximum–Nachbarschafts–Ordnung . □

Im folgenden geben wir weitere wichtige Charakterisierungen stark chordaler Graphen an:

Definition 9.3.3 *Eine Knotenreihenfolge $(v_1, \ldots, v_n)$ von G heißt* starke Eliminationsordnung *(st.e.o.) gdw.*

für alle i, j, k und l mit $i < j, k < l$ gilt für $v_k, v_l \in N[v_i]$: ist $v_j \in N[v_k]$, so auch $v_j \in N[v_l]$.

Offenbar ist jede st.e.o. auch p.e.o. (setze $i = k$). Zum Beweis des folgenden Satzes brauchen wir

Lemma 9.3.5 *Es sei v simpel in $G = (V, E)$ und $u_0 \in N[v]$ Knoten mit kleinster Nachbarschaft $N[u_0]$. Dann ist auch u_0 simpel in G.*

Beweis: Angenommen, u_0 wäre nicht simpel. Dann seien $x, y \in N[u_0]$ mit unvergleichbaren Nachbarschaften $N[x], N[y]$. Da $\{N[u] : u \in N[v]\}$ bzgl. $\subseteq$ linear geordnet ist, gilt für alle $u \in N[v]$ die Inklusion $N[u_0] \subseteq N[u]$, speziell auch für $u = v$ $N[u_0] \subseteq N[v]$. Also hat v zwei unvergleichbare Nachbarn – Widerspruch. □

Satz 9.3.2 $G = (V, E)$ *hat eine st.e.o.* $\Longleftrightarrow$ *jeder induzierte Teilgraph von G enthält einen simplen Knoten.*

Beweis: 1. "$\Longrightarrow$": Hat G eine st.e.o. $(v_1, \ldots, v_n)$, so hat auch jeder induzierte Teilgraph von G eine solche Reihenfolge nach Definition der st.e.o. Wir zeigen, daß der Knoten v_1 simpel ist.
Es seien $v_k, v_l \in N[v_1]$ mit $k < l$ und $v_j \in N[v_k]$ mit $1 < j$. Nach Definition der st.e.o.

folgt unmittelbar $v_j \in N[v_l]$. Damit gilt $N[v_k] \subseteq N[v_l]$, und v_1 ist simpel. (Es ergibt sich sogar: die st.e.o. ist auch si.e.o.)

2. "$\Longleftarrow$": Jeder induzierte Teilgraph von G enthalte einen simplen Knoten. Es soll eine st.e.o. von G konstruiert werden. Wir konstruieren rekursiv eine solche Ordnung $(v_1, \ldots, v_n)$, indem in $G_i = G(\{v_i, \ldots, v_n\})$ jeweils ein simpler Knoten v_i mit kleinstem $|N_i[v_i]|$ gewählt wird, $i \in \{1, \ldots, n\}$.
Zu zeigen ist: Diese Ordnung ist st.e.o. Da die Knoten v_i simpel in G_i sind, für ihre Nachbarn aus $N_i[v_i]$ also bzgl. "$\subseteq$" lineare Ordnung vorliegt, gilt: Die Knoten aus $N_i[v_i]$ erscheinen in $(v_1, \ldots, v_n)$ in derselben Reihenfolge (dies folgt aus Lemma 9.3.5 für G_i). Es sei nun für $i < j$ und $k < l$ $v_k, v_l \in N[v_i]$ und $v_j \in N[v_k]$.
1. Fall: $i < k$. Dann ist v_i simpel in G_i und $v_k, v_l \in N_i[v_i]$ mit $k < l$. Also ist $N_i[v_k] \subseteq N_i[v_l]$ und damit auch $v_j \in N[v_l]$.
2. Fall: $i = k$. Für diesen Fall ist die Behauptung klar, da simple Knoten simplizial sind.
3. Fall: $i > k$. Dann ist v_k simpel in G_k und $v_i, v_j \in N_k[v_k], i < j$. Also ist $N_k[v_i] \subseteq N_k[v_j]$. Aus $v_l \in N[v_i]$, $l > k$, folgt damit auch $v_l \in N_k[v_i]$, also auch $v_l \in N_k[v_j]$ und damit $v_j \in N[v_l]$. □

Aus Satz 9.3.2 folgt eine nützliche Charakterisierung von stark chordalen Graphen durch Matrizen.

Definition 9.3.4 *Eine $(0,1)$-Matrix M heißt Γ-frei gdw.*

$$M \text{ hat keine Teilmatrix der Form } \begin{matrix} 1 & 1 \\ 1 & 0 \end{matrix}$$

Definition 9.3.5 *Es sei $\sigma = (v_1, \ldots, v_n)$ eine Reihenfolge der Knotenmenge V von G.*
Die Nachbarschaftsmatrix $N_\sigma(G)$ sei die $n \times n$-Matrix mit den Einträgen

$$n_{ij} = \begin{cases} 1 & \text{falls } v_i \in N[v_j] \\ 0 & \text{sonst} \end{cases}$$

Diese Matrix ist symmetrisch:

$$v_i \in N[v_j] \iff v_j \in N[v_i]$$

(sie ist die Inzidenzmatrix des Hypergraphen $\mathcal{N}(G)$).

Satz 9.3.3 *Es sei $\sigma = (v_1, \ldots, v_n)$ Ordnung der Knotenmenge V von G. Dann gilt:*

$$\sigma \text{ ist st.e.o.} \iff \text{die zugehörige Nachbarschaftsmatrix } N_\sigma(G) \text{ ist } \Gamma\text{-frei.}$$

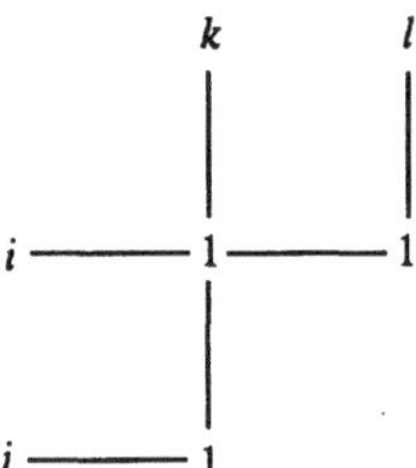

Abbildung 9.10: Ausgewählte Zeilen und Spalten der Matrix

Beweis: Es sei $(v_1, \ldots, v_n)$ st.e.o. Wir betrachten die i–te und j–te Zeile sowie k–te und l–te Spalte der Matrix, $i < j$, $k < l$.
Abbildung 9.10 verdeutlicht schematisch die ausgewählten Zeilen und Spalten der Matrix.
Ist $n_{ik} = 1, n_{il} = 1$ und $n_{jk} = 1$, so ist $v_k \in N[v_i]$, $v_l \in N[v_i]$, $v_j \in N[v_k]$ und somit auch $v_j \in N[v_l]$, also $n_{jl} = 1$.

Ist umgekehrt die Teilmatrix $\begin{smallmatrix}11\\10\end{smallmatrix}$ verboten, so ist offenbar $(v_1, \ldots, v_n)$ st.e.o. □

Diese Charakerisierung führt zu den besten bekannten Erkennungsalgorithmen für stark chordale Graphen.

Um effizient prüfen zu können, ob eine $(0,1)$–Matrix M sich so umordnen läßt (durch Permutation der Spalten und Zeilen), daß sie Γ–frei ist, werden die folgenden Ordnungen von Matrizen eingeführt.

Definition 9.3.6 *Eine* $(0,1)$*-Matrix* M *ist* doppelt lexikographisch geordnet *("doubly lexically ordered") gdw.*

> *die Zeilen bilden von oben nach unten und die Spalten von links nach rechts monoton wachsende Folgen, wenn man als Ordnung die lexikographische Ordnung zugrundelegt, (wobei in der Rangfolge der Positionen in den Spalten die unterste Position die wichtigste ist und in den Zeilen die am weitesten rechts stehende die wichtigste ist).*

Beispiel 9.3.2 *Als Beispielgraphen wählen wir den Graphen* T_1 *aus nachfolgender Abbildung 9.11 mit der Knotenreihenfolge* $\sigma_1 = (1,2,3,4,5,6)$.
Die sich aus dieser Knotenreihenfolge σ_1 *ergebende Matrix* M:

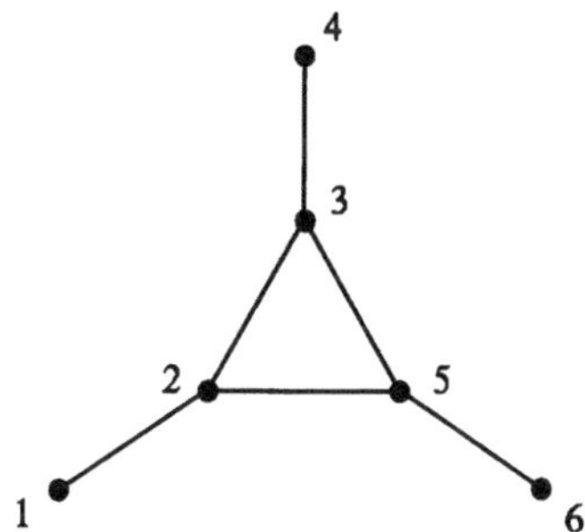

Abbildung 9.11: Ein Beispielgraph T_1

	1	2	3	4	5	6
1	1	1	0	0	0	0
2	1	1	1	0	1	0
3	0	1	1	1	1	0
4	0	0	1	1	0	0
5	0	1	1	0	1	1
6	0	0	0	0	1	1

Die Matrix M ist nicht Γ-frei und nicht doppelt lexikographisch geordnet (z.B. bilden die dritte und fünfte Zeile mit der zweiten und vierten Spalte ein Γ, ebenso die vierte und fünfte Zeile mit der dritten und vierten Spalte) und nicht doppelt lexikographisch geordnet (z.B. ist die dritte Spalte größer als die vierte Spalte – hierbei werden die Spalten von links nach rechts und die Zeilen von oben nach unten gezählt).

Starke Eliminationsordnung für T_1: $\sigma_2 = (1, 4, 6, 2, 3, 5)$

Die sich aus dieser Knotenreihenfolge σ_2 ergebende Matrix M':

	1	4	6	2	3	5
1	1	0	0	1	0	0
4	0	1	0	0	1	0
6	0	0	1	0	0	1
2	1	0	0	1	1	1
3	0	1	0	1	1	1
5	0	0	1	1	1	1

M' ist doppelt lexikographisch geordnet.

Satz 9.3.4 *Jede $(0,1)$-Matrix M läßt sich (durch Anwendung von endlich vielen Zeilen- und Spaltenvertauschungen) doppelt lexikographisch ordnen.*

Beweis: Es sei $M = (M_{ij})$ $m \times n$–Matrix. Wir bilden auf folgende Weise einen $m \cdot n$-Vektor $d(M)$:
Die Einträge von M werden nach $i + j$ und für gleiches $i + j$ nach j geordnet:
$d(M) = (M_{11}, M_{21}, M_{12}, M_{31}, M_{22}, M_{13}, M_{41}, \ldots, M_{mn})$

$$\begin{vmatrix} d_1 & d_3 & d_6 & \cdot & \ldots \\ d_2 & d_5 & \cdot & & \\ d_4 & \cdot & & & \\ \cdot & & & & \\ \ldots & & & & \\ & & & & d_{m\cdot n} \end{vmatrix}$$

Behauptung: Tauscht man zwei Zeilen (Spalten) von M, die nicht in lexikographisch wachsender Reihenfolge erscheinen, so wächst $d(M)$ lexikographisch.

Beweis der Behauptung:
Es seien k, l Zeilenindizes von M mit $k < l$ und der Eigenschaft: Die k–te Zeile ist lexikographisch größer als die l–te Zeile.
Es sei $j \in \{1, \ldots, n\}$ der größte Index, für den $M_{kj} \neq M_{lj}$ ist. Dann ist $M_{kj} > M_{lj}$. Nach Austausch von k–ter und l–ter Zeile wird die Komponente von $d(M)$, die M_{lj} war, zu M_{kj}, und die Komponenten rechts davon behalten ihren alten Wert. Analog geht es für Spalten. □

Nach der obigen Behauptung ist nun eine Ordnung von M, die $d(M)$ maximal macht, eine doppelt lexikographische Ordnung von M. □

Satz 9.3.4 gilt natürlich auch für Matrixelemente aus irgendeiner geordneten Menge (anstelle von $\{0, 1\}$).

Es gibt ein effizientes Verfahren zur Herstellung einer doppelt lexikographischen Ordnung:

Satz 9.3.5 *Die doppelt lexikographische Ordnung einer $m \times n$–Matrix M über $\{0, 1\}$ läßt sich in $O(L \log L)$ Schritten bestimmen, $L = n + m+$Zahl der 1–en in M.*

Die effiziente Erkennung von stark chordalen Graphen ergibt sich nun aus folgendem Zusammenhang:

Satz 9.3.6 *Ist $G = (V, E)$ Graph und $N_\sigma(G)$ Nachbarschaftsmatrix von G für eine Knotenordnung $\sigma = (v_1, \ldots, v_n)$, so ist G genau dann stark chordal,wenn die doppelt lexikographische Ordnung von $N_\sigma(G)$ Γ–frei ist.*

Folgerung 9.3.2 *Die Erkennung stark chordaler Graphen G ist in Zeit $O(m \cdot \log n)$ möglich.*

Die Γ–Freiheit von Nachbarschaftsmatrizen stark chordaler Graphen hängt eng mit einer Kreisfreiheitseigenschaft zugehöriger Hypergraphen zusammen:

Definition 9.3.7 *Es sei $H = (V, \mathcal{E})$ Hypergraph. Ein* (Knoten–Kanten–)Kreis *in H ist eine Folge $(v_1, e_1, v_2, e_2, \dots, v_k, e_k)$ mit der Eigenschaft:*

> *für alle $i \in \{1, \dots, k\}$ ist $v_i \in V, e_i \in \mathcal{E}$ und $v_i \in e_i$ sowie $v_{i+1} \in e_i$ (mod k).*

Ein Hypergraph $H = (V, \mathcal{E})$ heißt total balanciert *gdw.*

> *jeder Kreis $(v_1, e_1, \dots, v_k, e_k)$ enthält eine Kante e_i, die mindestens drei Knoten aus $\{v_1, \dots, v_k\}$ enthält.*

Beispiel 9.3.3 *Als Beispielgraph wählen wir die 3–Sonne S_3 aus nachfolgender Abbildung 9.12.*

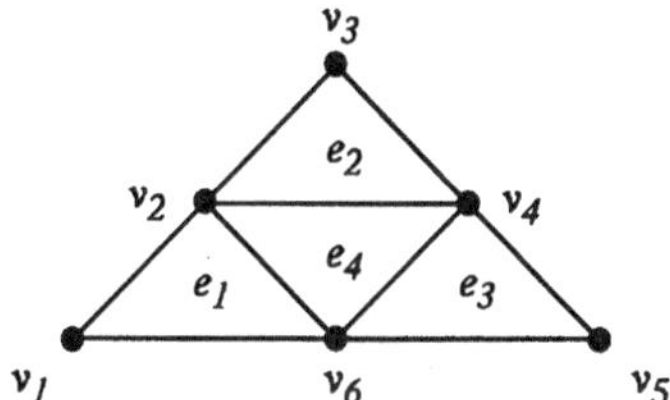

Abbildung 9.12: Eine 3–Sonne

Der Hypergraph $\mathcal{C}(S_3)$ ist nicht total balanciert, da der Kreis $(v_2, e_2, v_4, e_3, v_6, e_1)$ keine Kante e_i mit allen Knoten v_2, v_4, v_6 enthält.

Definition 9.3.8 *Eine* $(0,1)$*–Matrix M heißt* total balanciert *gdw.*

> *M enthält keine Teilmatrix, die die Kanten–Knoten–Inzidenzmatrix eines Kreises der Länge ≥ 3 eines ungerichteten Graphen ist.*

Beispiel 9.3.4 *Die Kanten–Knoten–Inzidenzmatrix des C_3 mit den Knoten v_1, v_2, v_3 und den Kanten $e_1 = \{v_1, v_2\}, e_2 = \{v_2, v_3\}, e_3 = \{v_1, v_3\}$ ist*

	v_1	v_2	v_3
e_1	1	1	0
e_2	0	1	1
e_3	1	0	1

Satz 9.3.7 *Der Graph G ist genau dann stark chordal, wenn die Nachbarschaftsmatrix $N(G)$ (bzgl. irgendeiner Knotenordnung) total balanciert ist.*

Beweis: 1. "$\Longrightarrow$": Die Klasse der total balancierten Matrizen ist abgeschlossen gegen Vertauschungen von Zeilen und Spalten. Jede Anordnung eines Kreises enthält in der zugehörigen Inzidenzmatrix ein Γ: wähle einen am weitesten links stehenden Knoten x und die zwei zu ihm inzidenten Kanten sowie einen nur in der oberen Kante vorkommenden Nachbarn von x.

2. "$\Longleftarrow$": Ist G nicht stark chordal, so enthält G einen induzierten Kreis der Länge ≥ 4 oder eine k–Sonne, $k \geq 3$. In beiden Fällen ergibt sich in $N(G)$ eine Teilmatrix, die Inzidenzmatrix eines Kreises ist (im Fall der k–Sonne wähle die u–Knoten). □

Diese Charakterisierung hängt eng zusammen mit der Tatsache, daß die stark chordalen Graphen gerade die hereditär dual chordalen Graphen sind (vgl. Folgerung 9.3.1).

9.4 Intervallgraphen

Es sei $M = \{I_j = [l_j, r_j] : j \in \{1, \ldots, n\}$ mit $l_j \leq r_j\}$ eine Menge von Intervallen der reellen Achse.
Dann lassen sich auf folgende Weise Durchschnittsgraphen definieren:

Definition 9.4.1 *Es sei* $G_M = (\{1, \ldots, n\}, E_M)$ *mit* $ij \in E_M$ *gdw.* $I_i \cap I_j \neq \emptyset$. $G = (V, E)$ *heißt* Intervallgraph *gdw.*

es existiert eine Menge M *von Intervallen der reellen Achse mit* $G_M \sim G$.

Gleichzeitig definiert eine Menge M von Intervallen der reellen Achse auch eine *Intervall-Halbordnung* $P_M = (\{1, \ldots, n\}, <_M)$ auf $\{1, \ldots, n\}$:

Definition 9.4.2 *Es sei* $i <_M j$ *gdw.* I_i *liegt ganz links von* I_j, *d.h.* $r_i < l_j$. *(Wir schreiben abkürzend* $I_i L I_j$*).*
Außerdem sei $i \leq_M j$ *gdw.* $I_i L I_j$ *oder* $I_i = I_j$.

Dieses Modell kommt in relativ vielen Anwendungen vor, so u.a. in einem Modell des amerikanischen Biologen Benzer, der für seine Arbeiten über die Feinstruktur der Gene den Nobelpreis erhielt (vgl. [67], [121]). Wir wählen hier ein anderes Beispiel. Gegeben sei eine Menge $J = \{j_1, \ldots, j_n\}$ von Jobs mit Anfangszeiten $\{a_1, \ldots, a_n\}$ und Endzeiten $\{e_1, \ldots, e_n\}$, d.h. jeder Job definiert ein Zeitintervall. Jobs, deren Zeitintervalle einen nichtleeren Durchschnitt haben, können nicht durch denselben Executor ausgeführt werden. Im übrigen kann jeder Executor jeden Job im Prinzip ausführen. Gesucht ist eine kleinste Zahl von Executoren, die die Jobs ausführen können. Offensichtlich ist dies gerade das Färbungsproblem des zugehörigen Intervallgraphen, d.h. die kleinste Zahl von Executoren, mit denen sich die Jobs ausführen lassen, ist gerade $\chi(G_M)$.
Um den Zusammenhang zwischen G_M und der Intervallordnung $<_M$ näher zu betrachten, geben wir eine weitere Definition an:

Definition 9.4.3 *Es sei $P = (V, \leq_P)$ eine Halbordnung auf V und $i <_P j$ gdw. $i \leq_P j$ und $i \neq j$. Damit ist $G_P = (V, E_P)$ mit $ij \in E_P$ gdw. $i <_P j$ oder $j <_P i$ der* Vergleichbarkeitsgraph *von P.*

Offenbar gilt für die obige Intervallmenge M: $\overline{G}_M$ ist der Vergleichbarkeitsgraph von P_M, d.h. $ij \in E_M \iff \neg(I_iLI_j) \wedge \neg(I_jLI_i)$.

Definition 9.4.4 *Ein Graph $G = (E, V)$ heißt* transitiv orientierbar *gdw.*

> *es existiert eine Menge von gerichteten Kanten F, deren zugrundeliegende ungerichtete Kantenmenge E ist, mit der Eigenschaft: F ist transitiv.*

Offenbar ist G genau dann transitiv orientierbar, wenn G der Vergleichbarkeitsgraph einer Halbordnung ist. Nun zu einer Charakterisierung der Intervallgraphen:

Satz 9.4.1 *Die folgenden Eigenschaften sind äquivalent:*

(1) G ist Intervallgraph

(2) G enthält keinen induzierten Teilgraphen C_4, und $\overline{G}$ ist transitiv orientierbar

(3) Die maximalen Cliquen von G lassen sich linear anordnen, so daß für jeden Knoten v die Cliquen, in denen v vorkommt, ein Intervall in dieser Anordnung bilden.

Beweis: (1) $\Longrightarrow$ (2): Ist G_M Intervallgraph, so ist $\overline{G}_M$ der Vergleichbarkeitsgraph der Intervall–Halbordnung P_M, also transitiv orientierbar. Angenommen, die Knoten u, v, x, y induzieren in G in dieser Reihenfolge einen C_4. Dann ist $I_u \cap I_x = \emptyset$ und $I_v \cap I_y = \emptyset$. O.B.d.A. sei I_uLI_x. Wegen $I_u \cap I_v \neq \emptyset$ und $I_v \cap I_x \neq \emptyset$ ist der nichtleere Abschnitt Z zwischen den Intervallen I_u und I_x in I_v enthalten: $Z \subseteq I_v$.
Wegen $I_u \cap I_y \neq \emptyset$ und $I_x \cap I_y \neq \emptyset$ ist aber ebenfalls $Z \subseteq I_y$, also $I_v \cap I_y \neq \emptyset$. – Widerspruch.

(2) $\Longrightarrow$ (3): Es sei F eine transitive Orientierung von $\overline{G}$. Wir wollen zeigen, daß die maximalen Antiketten $A_1, \ldots, A_k$ in $\overline{G}$ die lineare Anordnungseigenschaft in Bedingung (3) erfüllen. Dazu folgende Hilfsüberlegung: $A_1, \ldots, A_k$ sind in G die maximalen Cliquen. Zwischen maximalen Antiketten A_i und A_j existiert stets eine Kante $x \to y \in F$: Wäre dies nicht so, so wäre sogar $A_i \cup A_j$ Antikette. Außerdem gilt: Sind $a \to b$ und $c \to d$ Kanten zwischen A_i und A_j, so haben beide Kanten entweder die Richtung von A_i nach A_j oder umgekehrt, d.h. alle Kanten zwischen A_i und A_j haben dieselbe Richtung. Angenommen, $a, d \in A_i, b, c \in A_j$ mit $(a, b), (c, d) \in F$.
(Nachfolgende Abbildung 9.13 zeigt die beiden entgegengesetzten Kanten zwischen A_j und A_i.)
Dann muß mindestens eines der Paare bd, ac in $\overline{E}$ liegen, da sonst E einen C_4 enthält (bzw. $\overline{E}$ einen $2K_2$). O.B.d.A. sei $ac \in \overline{E}$. Ist $a \to c \in F$, so ist wegen der Transitivität

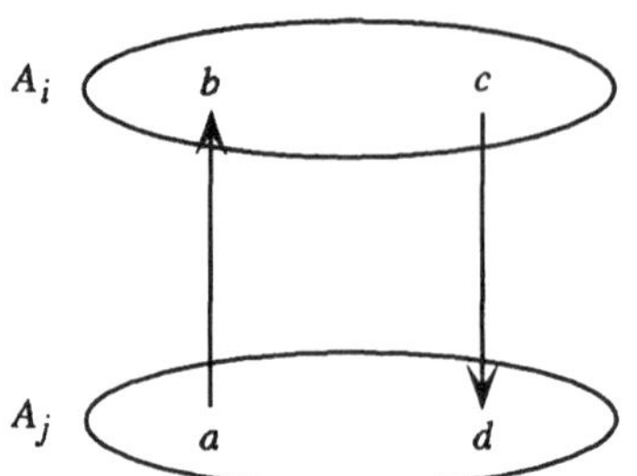

Abbildung 9.13: Die beiden Kanten zwischen A_j und A_i

von F auch $a \to d \in F$ – Widerspruch. Ist $c \to a \in F$, so ist auch $c \to b \in F$ – Widerspruch. Also haben alle Kanten zwischen A_i und A_j, $i, j \in \{1, \ldots, k\}$, dieselbe Richtung. Damit bilden $A_1, \ldots, A_k$ einen vollständigen dag (ein Turnier) in folgendem Sinn: $A_i \to A_j$ gdw. es existieren $x \in A_i, y \in A_j$ mit $x \to y \in F$.
Ist $A_i \to A_j$ und $A_j \to A_k$, so ist auch $A_i \to A_k$ erfüllt: Es sei $x \to y \in F$ mit $x \in A_i, y \in A_j$ und $u \to v \in F$ mit $u \in A_j, v \in A_k$. Dann ist im Fall $y = u$ die Behauptung klar.
(Nachfolgende Abbildung 9.14 zeigt die beiden gleichgerichteten Kanten von A_i nach A_j bzw. von A_j nach A_k.)

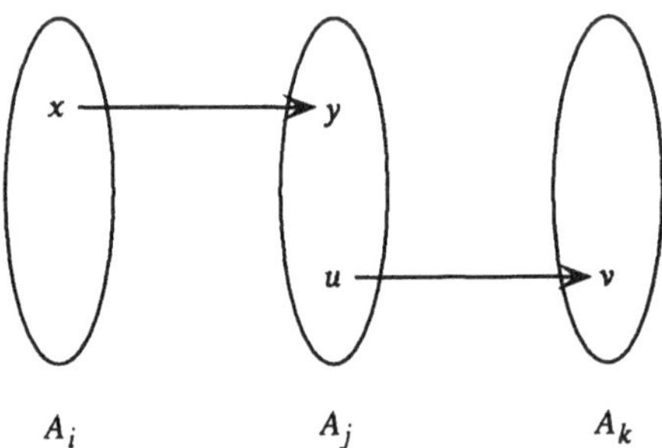

Abbildung 9.14: Die Kanten von A_i nach A_j bzw. von A_j nach A_k

Ist $yv \in \overline{E}$, so ist $y \to v \in F$, und die Behauptung ist erfüllt. Ist $xu \in \overline{E}$, so ist $x \to u \in F$ und die Behauptung erfüllt. Ist nun $yv \in E$ und $xu \in E$, so ist $xv \notin E$, da sonst E einen C_4 enthält. Also ist entweder $x \to v \in F$ oder $v \to x \in F$. Ist $x \to v \in F$, so ist $A_i \to A_k$. Die Kante $v \to x \in F$ kann nicht auftreten, da sonst $u \to x \in F$ ist – Widerspruch.
Es sei nun $x \in A_i, x \in A_k$ und $x \notin A_j$. Da $x \notin A_j$ ist, existiert ein $y \in A_j$ mit $xy \in E$. Aus $A_i \to A_j$ folgt $x \to y \in F$, aus $A_j \to A_k$ folgt $y \to x \in F$ – Widerspruch.

(3) $\Longrightarrow$ (1): Wir wählen für jeden Knoten x das Intervall I_x der Cliquen (Antiketten in F) in denen x vorkommt. Dies ist ein Intervallmodell M für G, so daß $G = G_M$ ist.
□

Selbsttestaufgabe 9.4.1 *Zeigen Sie: Aus der dritten Bedingung des Satzes 9.4.1 folgt, daß Intervallgraphen stark chordal (und damit auch chordal und dual chordal) sind.*

Die dritte Bedingung von Satz 9.4.1 ist auch die Grundlage für einen Linearzeit–Erkennungsalgorithmus für Intervallgraphen, der sogenannte *PQ–Bäume* verwendet und prüft, ob es eine lineare Anordnung der maximalen Cliquen gemäß (3) von Satz 9.4.1 gibt. Dies läßt sich ebenso für die Knoten–Cliquen–Inzidenzmatrizen von Intervallgraphen ausführen. (Eine genauere Beschreibung findet man z.B. in [67], [121].) Wir fassen diese Aussagen in folgendem Satz zusammen:

Satz 9.4.2 *Zu gegebenem Graphen $G = (V, E)$ läßt sich in Linearzeit $O(|V| + |E|)$ erkennen, ob G Intervallgraph ist.*

Am Ende des Abschnittes 9.2 über partielle k–Bäume wurde der Begriff der Baumweite eines Graphen definiert. Analog läßt sich die Einbettung von Graphen G in Intervallgraphen betrachten. Jeder Graph $G' = (V, E')$ läßt sich in einen Intervallgraphen $G = (V, E)$ mit $E' \subseteq E$ einbetten. Ist $\omega(G) = k + 1$, so heißt G' *partieller k–Pfad.*

Definition 9.4.5 *Die* Pfadweite *("pathwidth") eines Graphen G' ist*

$$pw(G') = \min\{k : G' \textit{ ist partieller } k\textit{–Pfad}\}.$$

Auch die Pfadweite von Graphen ist schwer zu bestimmen:

Satz 9.4.3 *$\{(G, k) : pw(G) \leq k\}$ ist* **NP**–*vollständig sogar für chordale Graphen.*

Es gibt noch folgende interessante Charakterisierung von Intervallgraphen, die auch die lineare Struktur dieser Graphen ausdrückt:

Definition 9.4.6 *Drei paarweise nichtbenachbarte Knoten heißen* asteroidales Tripel *gdw.*

> *für je zwei von ihnen existiert ein Weg, der die beiden verbindet, ohne einen Knoten aus der Nachbarschaft des dritten Knoten zu enthalten.*

Nachfolgende Abbildung 9.15 zeigt drei Beispiele für asteroidale Tripel.

Satz 9.4.4 *Der Graph G ist genau dann Intervallgraph, wenn G chordal ist und kein asteroidales Tripel enthält.*

Daraus folgt ebenfalls, daß Intervallgraphen stark chordal sind, da k–Sonnen asteroidale Tripel enthalten.

Es gibt eine sehr weitgehende Verallgemeinerung, die nachweist, daß die lineare Struktur der Intervallgraphen "allein" am Verbot asteroidaler Tripel (und nicht an der Chordalität) liegt:

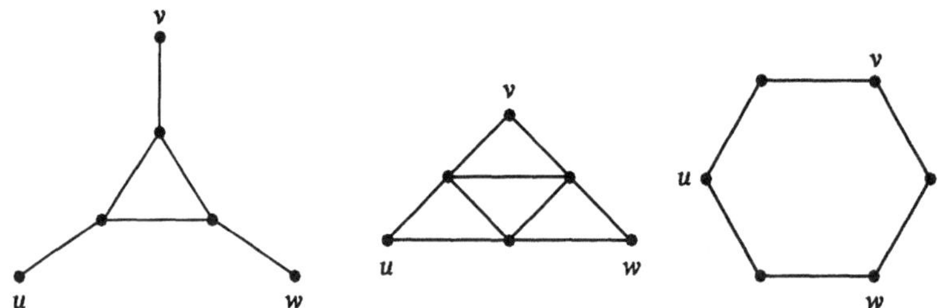

Abbildung 9.15: Drei Beispiele für asteroidale Tripel

Definition 9.4.7 *Ein Graph $G = (V, E)$ heißt at*-frei ("asteroidal triple free") *gdw.*

G enthält kein asteroidales Tripel.

Intervallgraphen haben diese Eigenschaft, es ist jedoch mehr bekannt.

Satz 9.4.5 *Ist $\overline{G}$ transitiv orientierbar, so enthält G kein asteroidales Tripel.*

Definition 9.4.8 *Ein Weg P im Graphen G heißt* dominierender Weg *gdw.*

für alle $v \in V$ ist v Knoten in P oder zu einem Knoten in P benachbart.

Ein Paar von Knoten u, v heißt dominierendes Paar *gdw.*

jeder Weg zwischen u und v ist dominierender Weg.

Satz 9.4.6 *(Corneil/Olariu/Stewart) Jeder zusammenhängende at-freie Graph enthält ein dominierendes Paar. Hierbei kann das dominierende Paar u, v sogar so gewählt werden, daß $dist(u, v) = diam(G)$ gilt.*

Damit haben solche Graphen eine ausgeprägt lineare Struktur. Dies wird auch durch folgenden Satz bestätigt:

Satz 9.4.7 *(Möhring) Für at-freie Graphen G ist Baumweite gleich Pfadweite: $tw(G) = pw(G)$.*

9.5 Spezielle paare Graphen mit Chordalitätseigenschaften

Bereits im Abschnitt 8.4 werden Hypergraphen zusammen mit paaren Inzidenzgraphen charakterisiert. Wesentliche Elemente dabei sind der paare Nachbarschaftsinzidenzgraph $B(G) = \mathcal{I}(\mathcal{N}(G))$ sowie der paare Knoten–Cliquen–Inzidenzgraph

$B_C(G) = \mathcal{I}(\mathcal{C}(G))$. Wir erinnern auch an die Definition 8.5.3, die die Begriffe X–konform und X–chordal für paare Graphen einführt, sowie den Satz 8.5.2, der den Zusammenhang zu Hyperbäumen herstellt: Für paare Graphen $B = (X, Y, E)$ gilt:

$$B \text{ ist } X-\text{chordal und } X-\text{konform} \iff \mathcal{N}^X(B) \text{ ist Hyperbaum.}$$

Wir führen nun eine weitere wichtige Klasse von paaren Graphen ein, die außerdem eng mit den stark chordalen Graphen zusammenhängt.

Definition 9.5.1 *[8] Ein Graph $G = (V, E)$ heißt (k, l)*-chordal *gdw.*

jeder Kreis der Länge $\geq k$ in G hat mindestens l Sehnen.

Chordale Graphen sind also gerade die $(4, 1)$–chordalen Graphen. Wir betrachten im folgenden die paaren $(6, 1)$–chordalen Graphen (die in der Literatur unter dem Namen "chordal bipartite" erscheinen).

Es gibt Zusammenhänge zwischen Eigenschaften eines Graphen G und Eigenschaften der zugehörigen paaren Graphen $B(G)$ bzw. $B_C(G)$. Wir untersuchen diese Zusammenhänge zunächst auf der Ebene der dual chordalen Graphen bzw. zugehöriger Hypergraphen.

Satz 9.5.1 *Es sei $H = (V, \mathcal{E})$ ein Hypergraph. Dann gilt*

(1) H ist Hyperbaum $\iff \mathcal{I}(H)$ hat eine Maximum-X-Nachbarschafts-Ordnung

(2) H^* ist Hyperbaum $\iff \mathcal{I}(H)$ hat eine Maximum-Y-Nachbarschafts-Ordnung

Beweis: H ist ein Hyperbaum $\iff$ H hat die Helly–Eigenschaft und $L(H)$ ist chordal $\iff$ H^* ist konform und $2SEC(H^*)$ ist chordal $\iff$ $\mathcal{N}^Y(\mathcal{I}(H))$ ist konform und $2SEC(\mathcal{N}^Y(\mathcal{I}(H)))$ ist chordal $\iff$ (nach Satz 8.5.2) $\mathcal{I}(H)$ ist X–konform und X–chordal $\iff$ (nach Satz 8.5.4) $\mathcal{I}(H)$ hat eine Maximum–X–Nachbarschafts–Ordnung. Analog verfährt man für den Fall, daß H^* Hyperbaum ist. □

Folgerung 9.5.1 *G ist dual chordal $\iff$ $B(G)$ ist X-konform und X-chordal.*

Wir wissen bereits: G ist stark chordal $\iff$ G ist hereditär dual chordal. Ein ähnlicher Zusammenhang existiert auch für die $(6, 1)$–chordalen paaren Graphen.

Satz 9.5.2 *Der paare Graph $B = (X, Y, E)$ ist $(6, 1)$-chordal $\iff$ jeder induzierte Teilgraph von B ist X-konform, Y-konform und X-chordal, Y-chordal.*

Beweis: 1. "$\Longrightarrow$": Es sei $B = (X, Y, E)$ $(6, 1)$–chordal und paar. Dann hat auch jeder induzierte Teilgraph B' von B diese Eigenschaft.
Ist C ein Kreis der Länge ≥ 8 in B', so hat C eine Sehne $\{x, y\}, x \in X, y \in Y$. Es seien $x_1, x_2 \in X$ die Nachbarn von y auf C und $y_1, y_2 \in Y$ die Nachbarn von x auf C.

Es seien C_1, C_2 die durch $\{x, y\}$ in C definierten Teilkreise und o.B.d.A. $|C_1| \leq |C_2|$. Außerdem nehmen wir o.B.d.A. an, daß x_2, y_2 in C_2 liegen. Dann haben y und y_2 in C den Abstand ≥ 4, und x verbindet beide Knoten. Ebenso haben x und x_2 in C den Abstand ≥ 4, und y verbindet beide Knoten. Also ist B' X-chordal und Y-chordal.
Es sei nun $S \subseteq Y$ eine Menge von Knoten mit paarweisem Abstand 2 in B'. Wir beweisen die Existenz eines Knotens $x \in X$ mit $S \subseteq N(x)$ induktiv:
Für $|S| = 2$ (und $|S| = 3$) ist die Behauptung offensichtlich erfüllt (wobei für $|S| = 3$ die Existenz einer Sehne im Kreis der Länge 6 ausgenutzt wird).
Es sei nun die Behauptung für alle S' mit paarweisem Abstand 2 und $|S'| \leq k$ erfüllt, und es sei $S \subseteq Y, |S| = k+1$, eine Menge von Knoten, die paarweise den Abstand 2 haben. Dann existiert für jede k-elementige Teilmenge $S_i \subseteq S$, $i \in \{1, \ldots, \binom{k+1}{k}\}$ (beachte $\binom{k+1}{k} = k+1$) ein Knoten x_i, für den $S_i \subseteq N(x_i)$ ist. Erfüllt einer dieser Knoten $S \subseteq N(x_i)$, so ist die Behauptung erfüllt. Wir nehmen nun an, daß die Knoten $x_1, \ldots, x_{k+1}$ in S genau einen Nichtnachbarn haben: o.B.d.A.

$$x_i \notin N(y_{i+2(\mathrm{mod} k+1)})$$

Wir bilden nun auf folgende Weise einen C_6: $(x_1, y_1, x_2, y_3, x_k, y_4)$ – dies ist nach Annahme ein sehnenloser Kreis – Widerspruch.
Also gilt für einen der Knoten x_i $S \subseteq N(X_i)$. Analog zeigt man die Konformität für $S \subseteq X$.

2. "$\Longleftarrow$": Es sei C ein kürzester Kreis der Länge ≥ 6 in B ohne Sehne.
1. Fall: $|C| = 6$. Dann folgt die Existenz einer Sehne in C unmittelbar aus der X- bzw. Y-Konformität des von C in B induzierten Teilgraphen – Widerspruch.
2. Fall: $|C| > 6$. Dann existiert wegen der X- bzw. Y-Chordalität des von C in B indzierten Teilgraphen ein Brückenknoten und damit ein kürzerer Teilkreis von C, der keine Sehne enthält – Widerspruch. □

Folgerung 9.5.2 *G ist stark chordal* $\Longleftrightarrow$ *$B(G)$ ist $(6,1)$-chordal.*

Beweis: Ergibt sich unmittelbar aus den Sätzen 9.5.2, 9.3.1 sowie der Folgerung 9.5.1. □

Analoge Zusammenhänge existieren für $B_C(G)$:

Satz 9.5.3

(1) G ist dual chordal $\Longleftrightarrow$ *$B_C(G)$ hat eine Maximum-X-Nachbarschafts-Ordnung*

(2) G ist chordal $\Longleftrightarrow$ *$B_C(G)$ hat eine Maximum-Y-Nachbarschafts-Ordnung*

(3) G ist stark chordal $\Longleftrightarrow$ *$B_C(G)$ ist $(6,1)$-chordal*

Im Unterschied zu stark chordalen Graphen führt die strukturelle Ähnlichkeit jedoch nicht zum gleichen Verhalten bei algorithmischen Problemen.

Satz 9.5.4 *Die Probleme STEINER TREE(V) und DOMINATING SET sind* **NP**-*vollständig auf paaren* $(6,1)$-*chordalen Graphen, jedoch effizient lösbar auf dual chordalen Graphen (und damit auf stark chordalen Graphen für gegebene si.e.o. des Graphen).*

Ähnliches gilt für andere Probleme. Eines der Probleme, nämlich HC, bleibt jedoch sogar auf stark chordalen Graphen **NP**-vollständig. Dazu führen wir noch folgende Konstruktion ein:

Definition 9.5.2 *Für einen paaren Graphen* $B = (X, Y, E)$ *sei*

> $split_X(B) = (X, Y, E_X)$ *mit* $E_X = E \cup \{xx' : x, x' \in X\}$ *der Splitgraph, der aus* B *dadurch entsteht, daß* X *zu einer Clique gemacht wird.*

Es gilt:

Satz 9.5.5 $B = (X, Y, E)$ *ist paarer* $(6,1)$-*chordaler Graph* $\Longleftrightarrow$ $split_X(B)$ *ist stark chordal.*

Satz 9.5.6 *(H. Müller) HC ist* **NP**-*vollständig für* $(6,1)$-*chordale paare Graphen.*

Daraus ergibt sich

Folgerung 9.5.3 *HC ist* **NP**-*vollständig für stark chordale Splitgraphen.*

Für Intervallgraphen gibt es eine Polynomialzeitlösung von HC.

9.6 Weitere Übungen

Aufgabe 9.6.1 *Zeigen Sie: HC ist* **NP**-*vollständig für dual chordale Graphen.*

Aufgabe 9.6.2 *Geben Sie (analog zur Bestimmung von* $\alpha(G)$*) einen Linearzeitalgorithmus für HC auf partiellen* k-*Bäumen an.*

Aufgabe 9.6.3 *Eine Sehne* e *in einem Kreis* C *der Länge* $2k$, $k \geq 3$, *heißt* ungerade *gdw.* e *verbindet zwei Knoten in* C, *die in* C *ungeraden Abstand* ≥ 3 *zueinander haben. Zeigen Sie: Ein chordaler Graph* G *ist stark chordal* $\Longleftrightarrow$ *in* G *hat jeder Kreis gerader Länge* ≥ 6 *eine ungerade Sehne.*

9.7 Lösungshinweise zu den Selbsttestaufgaben von Kapitel 9

Selbsttestaufgabe 9.1.1
Offenbar liegen keine zwei Knoten aus einer Clique in ein und derselben unabhängigen Menge. Also gilt $\omega(G) \leq \chi(G)$. Wegen $\alpha(G) = \omega(\overline{G})$ und $\kappa(G) = \chi(\overline{G})$ gilt auch die zweite Ungleichung.

Selbsttestaufgabe 9.1.2

a) Für induzierte Kreise $C_{2k+1}, k \geq 2$, gilt offenbar $\omega(C_{2k+1}) = 2$ und $\chi(C_{2k+1}) = 3$, denn C_{2k+1} läßt sich nicht mit zwei Farben färben. Also ist für $k \geq 2$ der Graph C_{2k+1} nicht perfekt.
Nach Satz 9.1.2 gilt, daß ein Graph G genau dann perfekt ist, wenn sein Komplementgraph $\overline{G}$ perfekt ist.

b) Nimmt man zu C_5 einen neuen Knoten hinzu, der zu allen fünf Knoten des Kreises benachbart ist, so ergibt sich ein nicht perfekter, jedoch dual chordaler Graph.

Selbsttestaufgabe 9.3.1

a) Ist v simpler Knoten, so ist $\{N[u] : u \in N[v]\}$ linear geordnet. Es seien $u, u' \in N[v]$. Dann ist $N[u] \subseteq N[u']$ oder umgekehrt. Also ist $uu' \in E$ und damit v simplizial.

b) Ist v simpel, so hat v wegen der linearen Ordnung von $\{N[u] : u \in N[v]\}$ auch einen Maximum-Nachbarn. Also gilt die Behauptung.

Selbsttestaufgabe 9.4.1
Es sei $C_1, \ldots, C_k$ eine lineare Anordnung der maximalen Cliquen des Graphen G, die die Bedingung (3) von Satz 9.4.1 erfüllt. Damit ist für jeden Knoten $v \in C_1$ v in einem Intervall von Cliquen $C_1, \ldots, C_{i_v}$ enthalten. Offenbar ist nun für Knoten $v' \in C_1$

$$N[v] \subseteq N[v'] \Longleftrightarrow i_v \leq i_{v'}$$

Außerdem enthält C_1 einen nur in C_1 vorkommenden Knoten x_1. Damit ist x_1 simpel.

9.8 Literaturhinweise

Die Bestimmung der vier Parameter $\alpha(G)$, $\omega(G)$, $\chi(G)$ und $\kappa(G)$ für chordale Graphen G wurde in [61] angegeben. Der Begriff der perfekten Graphen wurde in [14] eingeführt und hat zu einer umfangreichen Theorie perfekter Graphen geführt (siehe z.B. [67], [18]). Die Äquivalenz zwischen χ-Perfektheit und α-Perfektheit wurde in [100] gezeigt (damit wurde die von *Berge* vermutete "Perfect Graph Conjecture" bewiesen). Auch zur "Strong Perfect Graph Conjecture" gibt es bereits eine umfangreiche Theorie, und für eine Reihe von Spezialfällen ist die Richtigkeit dieser Vermutung nachgewiesen (vgl. z.B. [23] für eine Übersicht einiger solcher Fälle).

Die Charakterisierung der Splitgraphen in Satz 9.1.3 stammt aus [54]. In [67] ist eine Linearzeiterkennung der Splitgraphen über ihre Gradfolgen beschrieben.

Mit algorithmischen Problemen auf dual chordalen Graphen befassen sich z.B. die Arbeiten [41], [40], [10] und in systematischer Weise [25]. In [28] wurde das r–Dominationsproblem auf stark chordalen Graphen untersucht – ein Spezialfall der dual chordalen Graphen.

Zu partiellen k–Bäumen gibt es eine Vielzahl von Arbeiten. *Bodlaender* [19] liefert eine Übersicht über die Vielzahl der Arbeiten zu diesem Thema. Die Linearzeitlösung von IS auf partiellen k–Bäumen ist (wie einige andere Beispiele) in [7] enthalten. Die Verallgemeinerungen mit Mitteln der Logik ("monadic second order logic") sind in einer Reihe von Arbeiten u.a. von *Courcelle* und von *Seese* beschrieben (siehe [19]). Der Begriff der Baumweite stammt aus Arbeiten von *Robertson* und *Seymour* (siehe [19]).

Stark chordale Graphen wurden in [48] und unabhängig davon in [29] sowie [86] eingeführt. Die beschriebenen Charakterisierungen folgen [48]. Γ–freie Matrizen und doppelt lexikographische Ordnungen werden in [103] und [114] untersucht. Der Satz 9.3.4 und eine effiziente Bestimmung der doppelt lexikographischen Ordnungen sind in [103] angegeben. In [114] wird die Zeitschranke auf die des Satzes 9.3.5 verbessert. *Spinrad* [123] gibt eine zu der von Satz 9.3.5 unvergleichbare Zeitschranke (nämlich $O(n^2)$) an.

Der Begriff des total balancierten Hypergraphen geht auf *Lovász* zurück. [5] untersucht die Klasse dieser Matrizen. In [48] sind Zusammenhänge zu stark chordalen Graphen angegeben. Diese Zusammenhänge werden jedoch unter Ausnutzung von Folgerung 9.3.1 (nämlich der Tatsache, daß die stark chordalen Graphen gerade die hereditär dual chordalen Graphen sind), noch klarer.

Intervallgraphen sind ein "Klassiker" der Graphentheorie. [12] enthält die Anwendung auf die Genstruktur. [67] beschreibt ausführlich die Geschichte dieser Klasse. [51] ist eine wichtige Monographie zu diesem Thema. Satz 9.4.1 geht auf [64] zurück. Die Linearzeiterkennung über PQ–Bäume ist in [20] und in verbesserter Form in [95] beschrieben. Die Charakterisierung über asteroidale Tripel stammt aus [99]. In [70] wurde gezeigt, daß Komplemente von Vergleichbarkeitsgraphen keine asteroidalen Tripel enthalten. Die lineare Struktur von at–freien Graphen wurde in [33] gezeigt. Die Gleichheit von Baumweite und Pfadweite für at–freie Graphen geht auf *Möhring* zurück.

Spezielle paare Graphen mit Chordalitätseigenschaften wurden in [48], [21] und [24] untersucht. Satz 9.5.2 ist eine weitere Folgerung aus der in diesen Arbeiten entwickelten

Theorie. In [110] ist die **NP**-Vollständigkeit von STEINER TREE(V) und DOMINATING SET für paare $(6,1)$-chordale Graphen gezeigt. Die effiziente Lösbarkeit von DOMINATING SET auf dual chordalen Graphen geht auf die schon genannten Arbeiten zurück, die von STEINER TREE(V) auf [40]. Die **NP**-Vollständigkeit von HC auf $(6,1)$-chordalen paaren Graphen ist in [109] gezeigt worden. Die Polynomialzeitlösung für Intervallgraphen ist in [91] angegeben.

10 Ausgewählte Musterlösungen zu den Übungsaufgaben

Aufgabe 1.5.1

a) Es sei $G = (V, E)$ Baum mit $|V| \geq 3$ und $B = \{v : v \in V \wedge deg(v) = 1\}$ die Menge der Blätter von G. Da $|V| \geq 3$ ist, gilt $|B| \geq 2$.
Es sei V' eine kleinste Knotenüberdeckung von G. Angenommen, $V' \cap B \neq \emptyset$:
Es sei $b \in V' \cap B$ und $n(b)$ der eindeutig bestimmte Nachbar von b. Dann ist auch $(V' \setminus \{b\}) \cup \{n(b)\}$ Knotenüberdeckung von G:
Die einzige Kante, die der Knoten b überdeckt, ist $\{b, n(b)\}$. Diese wird jedoch durch $n(b)$ mit überdeckt. Dieser Austausch ist für jedes $b \in V' \cap B$ möglich.
Also ist $V'' = (V' \setminus B) \cup \{n(b) : b \in V' \cap B\}$ Knotenüberdeckung von G mit $|V''| = |V'|$ und $V'' \cap B = \emptyset$, da für $|V| > 2$ gilt: $n(b) \notin B$ für $b \in B$.

b) Für Wälder gilt die analoge Behauptung nicht: Beispiel: $a - b \quad c - d$ ist ein Wald. Eine kleinste Knotenüberdeckung dieses Graphen G enthält stets zwei Blätter von G.

c) Für knotengewichtete Graphen gilt die analoge Behauptung nicht:
Beispiel: $a - b - c$ mit den Gewichten $w(a) = w(c) = 1$, $w(b) = 3$. Die Mengen $V_1 = \{b\}$, mit $w(V_1) = 3$ sowie $V_2 = \{a, c\}$ mit $w(V_2) = 2$ sind Knotenüberdeckungen. Optimal ist V_2.

d) Nach a) enthält eine kleinste Knotenüberdeckung für Bäume bis auf den Spezialfall einer einzigen Kante o.B.d.A. keine Blätter. Da die von Blättern b ausgehenden Kanten überdeckt werden müssen, ist es notwendig, die Nachbarn $n(b)$ in eine Knotenüberdeckung V' aufzunehmen. Falls diese selber Blätter sind, d.h. die betrachtete Kante zwei Blätter verbindet, ist nur einer der beiden Knoten zu wählen, d.h. man darf den Prozeß nicht von $n(b)$ aus noch einmal wiederholen. Sind die Nachbarn $n(b)$ in V' aufgenommen, so überdecken diese auch sämtliche zu ihnen inzidenten Kanten. Man kann also alle diese Knoten b, $n(b)$ mit den zu ihnen inzidenten Kanten in G streichen und mit dem Restgraphen ebenso verfahren, wobei sich durch das Streichen dieser Knoten der Grad anderer Knoten verringert - es entstehen neue Blätter. Eine Schwierigkeit dabei ist allerdings, daß der Restgraph zwar Wald, i.a. aber nicht mehr Baum ist, d.h. der Zusammenhang kann verlorengehen, und der Fall einer Kante zwischen zwei Blättern kann jetzt wiederholt auftreten. In diesen Fällen wählt man jeweils eines der beiden Blätter.

Die Linearzeitschranke ergibt sich aus folgenden Überlegungen:

1) Die Gradbestimmung für alle Knoten von G und damit auch die Bestimmung der Blätter von G ist in Linearzeit möglich.

2) Für jedes Blatt b wird eine Kante zum Nachbarn $n(b)$ abgearbeitet. Danach wird durch Abarbeitung aller zu $n(b)$ inzidenten Kanten der Grad der Nachbarn von $n(b)$ um 1 verringert. Am Ende dieses Schrittes bilden die Knoten, die nun Grad 1 haben, die Menge der Blätter des Restgraphen, für die analog verfahren wird. Daraus ergibt sich insgesamt Linearzeit.

Aufgabe 2.4.1

Das Kriterium lautet:
Ein gerichteter Graph $G = (V, E)$ hat einen gerichteten Eulerweg genau dann, wenn gilt:

(1) Es existiert ein Knoten a mit $indeg(a)+1 = outdeg(a)$ und es existiert ein Knoten b mit $indeg(b) = outdeg(b) + 1$, und für alle übrigen Knoten v ist $indeg(v) = outdeg(v)$ oder

(2) Für alle Knoten $v \in V$ ist $indeg(v) = outdeg(v)$, und der G zugrundeliegende ungerichtete Graph ist zusammenhängend.

Im Fall (2) existiert sogar ein gerichteter Eulerkreis und umgekehrt.

Beweis des Kriteriums:
1. Hat G einen Eulerkreis oder –weg, so ist der G zugrundeliegende ungerichtete Graph zusammenhängend. Außerdem gilt: Hat G einen Eulerkreis, so wird jeder Knoten genauso oft erreicht wie verlassen, d.h. $indeg(v) = outdeg(v)$ für alle $v \in V$.
Hat G einen Eulerweg, der kein Kreis ist, so gilt:
Der Anfangsknoten a des Weges wird einmal mehr verlassen als erreicht, d.h. $outdeg(a) = indeg(a) + 1$, und der Endknoten b des Weges wird einmal mehr erreicht als verlassen, d.h. $indeg(b) = outdeg(b) + 1$. Für alle übrigen Knoten v gilt $indeg(v) = outdeg(v)$.
2. Es gelte (1) oder (2). Wir zeigen die Behauptung durch Induktion über die Zahl n der Knoten des Graphen.
Induktionsanfang:
$n = 1$. Dann gilt (2) ((1) kann nicht gelten), $G = (\{a\}, \emptyset)$, und die Behauptung gilt.
Induktionsannahme:
Für Graphen mit $\leq n$ Knoten gilt:
Ist (1) oder (2) erfüllt, so existiert ein Eulerweg, und dieser ist im Fall (2) Eulerkreis.
Induktionsschritt:

Es sei (1) erfüllt. Wir starten die Konstruktion eines Weges P' mit Knoten a und fügen neue Kanten an P' an, bis keine Fortsetzung mehr möglich ist: b ist erreicht.
Nun haben alle inneren Knoten im Weg gleichen Eingangs- und Ausgangsgrad. Enthält P' alle Kanten, so ist die Behauptung erfüllt. Andernfalls bilde die Zusammenhangskomponenten des zugrundeliegenden ungerichteten Restgraphen $G \setminus P' = (V, E \setminus E(P'))$.
Da b in $G \setminus P'$ den Grad 0 hat, haben die Zusammenhangskomponenten von $G \setminus P'$ höchstens n Knoten. Also trifft die Induktionsannahme für die Zusammenhangskomponenten zu. Insbesondere gilt in ihnen Bedingung (2) für alle Knoten.
In den Zusammenhangskomponenten existieren also jeweils gerichtete Eulerkreise. Deren Zusammensetzung mit P' liefert einen gerichteten Eulerweg. Für den Fall, daß für G (2) erfüllt ist, verfährt man analog, aber mit demselben Start- und Endknoten bei P'. Also existiert ein Eulerkreis in G.

Aufgabe 3.6.1

Es sei o.B.d.A. G zusammenhängend. Ist dies nicht der Fall, kann man dieselben Überlegungen für jede Zusammenhangskomponente ausführen.
Zu (1):
a) "$\Longrightarrow$": (Für diese Richtung braucht man DFS nicht.)
Ist $G = (V, E)$ paar, so existiert nach Definition eine Zerlegung $V = X \cup Y$ in unabhängige Knotenmengen X, Y.
Es sei $C = (v_1, v_2, \ldots, v_k, v_1)$ ein Kreis in G und $v_1 \in X$. Damit ist wegen der Unabhängigkeit von X und Y für ungerade Indizes j $v_j \in X$ und für gerade Indizes j $v_j \in Y$. Da $\{v_1, v_k\} \in E$ ist, ist also $v_k \in Y$ und damit k gerade. Also ist C ein Kreis gerader Länge.
b) "$\Longleftarrow$": G enthalte keine Kreise ungerader Länge. Es sei B die durch Anwendung von DFS definierte Baumkantenmenge. Wir definieren folgende Mengen X, Y:
Es sei $V = \{v_1, \ldots, v_n\}$ und v_1 der Startknoten von DFS auf G. Wir legen fest, daß $v_1 \in X$ ist, und für alle Baumkanten $(u, v) \in B$ gilt $u \in X \Longleftrightarrow v \in Y$.
Damit sind X, Y definiert, da wegen des Zusammenhangs von G DFS von v_1 aus alle Knoten aus V über gerichtete Wege in B erreicht.
Jede Kante $e = \{u, v\} \in E$ ist nun entweder Baumkante oder Rückwärtskante. Ist sie Baumkante, so liegt ein Endknoten von e in X und einer in Y. Ist sie Rückwärtskante von v nach u, so hat im Fall $u, v \in X$ der Weg P von u nach v in B gerade Länge – also bildet P zusammen mit $\{u, v\}$ einen Kreis ungerader Länge in G – Widerspruch. Analog schließt man für $u, v \in Y$. Also sind X und Y unabhängige Knotenmengen und damit G paarer Graph.

Zu (2):
Das unter (1) b) beschriebene Vorgehen enthält bereits einen Linearzeitalgorithmus zur Entscheidung, ob G paar ist:
Führe DFS auf G mit Startknoten $v_1 \in X$ aus und definiere X, Y wie oben. Auf

diese Weise ist gesichert, daß für Baumkanten $\{u, v\}$ $u \in X \iff v \in Y$ gilt (dies muß auch gesichert werden, da sonst G nicht paar ist). Jede Kante ist entweder Baum- oder Rückwärtskante. Ist u, v Rückwärtskante von u nach v, so ist bereits bekannt, zu welchen Klassen X, Y die Knoten u, v gehören. Ist für alle Rückwärtskanten $u \in X \iff v \in Y$, so ist G paar, sonst nicht.

Zu (3):
Ja, denn man kann völlig analog verfahren:
Führe BFS mit Startknoten v_1 auf G aus, setze $v_1 \in X$ und für Baumkanten $(u, v) \in B$ $u \in X \iff v \in Y$. Gleichzeitig prüfe für die Kanten $\{u, v\}$, die nicht zu Baumkanten werden, ob ihre Knoten in verschiedenen Klassen X, Y liegen. Ist dies für alle diese Kanten der Fall, so ist G paar, andernfalls nicht.

Aufgabe 4.5.2

1) $opt_{MST}(G, c) \leq opt_{TSP}(G, c)$:
Läßt man von einer optimalen Rundreise, die ja einen Hamiltonkreis auf G darstellt, eine beliebige Kante weg, so erhält man einen Hamiltonweg auf G, der ein spezielles Gerüst von G darstellt. Also gilt 1).
2) $opt_{TSP}(G, c) \leq 2 \cdot opt_{MST}(G, c)$:
Es sei $T = (V, E')$ ein Minimalgerüst auf G. Durchläuft man mit DFS alle Kanten und Knoten von T, wobei jede Kante zweimal (einmal in jeder Richtung) durchlaufen wird, so erhält man eine Tour t der Länge $\leq 2 \cdot opt_{MST}(G, c)$, die alle Städte (Knoten von G) erreicht. Diese Tour t ist jedoch noch kein Hamiltonkreis. Folgende Konstruktion macht aus der Tour einen Hamiltonkreis h: Geht t von einem Knoten x zu einem schon erreichten Knoten y zurück, so geht man in h zu dem im DFS-Baum nach x nächsten noch unerreichten Knoten z. Gibt es keinen solchen Knoten von x aus mehr, d.h. x ist der letzte noch unerreichte Knoten bei DFS gewesen, so gehe zum Startknoten zurück. Wegen der Dreiecksungleichung hat dieser Hamiltonkreis höchstens die Länge $2 \cdot opt_{MST}(G, c)$.

Aufgabe 5.5.1

Zu a): Wir beweisen die Behauptung durch Induktion über $|V|$.
Induktionsanfang:
$|V| = 1$: $E = \emptyset$ und $F = \emptyset$ ist eindeutig bestimmt. Außerdem gilt $E_{red} = \emptyset$.
Induktionsannahme:
Für dags $G = (V, E)$ mit $|V| = n$ sei die Behauptung erfüllt.
Induktionsschritt:
Es sei $G = (V, E)$ ein dag mit $V = \{v_1, \ldots, v_{n+1}\}$. Dann ist $G' = G(\{v_1, \ldots, v_n\})$ ebenfalls ein dag. Für G' ist die Annahme erfüllt.
Es sei o.B.d.A. $(v_1, \ldots, v_n, v_{n+1})$ eine topologische Ordnung von G. Wir teilen die Kantenmenge E auf in $E_1 = \{(v_i, v_j) : (v_i, v_j) \in E \text{ und } i < j \leq n\}$ und

$E_2 = \{(v_i, v_{n+1}) : (v_i, v_{n+1}) \in E\}$. Dann ist der transitive Kern von E_1 eindeutig bestimmt, und zwar ist er von der Gestalt $(E_1)_{red} = \{(v_i, v_j) : (v_i, v_j) \in E$ und es existiert kein Weg der Länge ≥ 2 von v_i nach v_j in G, $1 \leq i < j \leq n\}$.
Wir betrachten nun die Kanten nach v_{n+1}:
Es seien $(v_{i_1}, v_{n+1}), \ldots, (v_{i_k}, v_{n+1})$ alle Kanten in E mit Zielknoten v_{n+1} und $n + 1 \notin \{i_1, \ldots, i_k\}$, und es sei $(v_{i_1}, \ldots, v_{i_k})$ die Reihenfolge der Startknoten in der topologischen Ordnung von G.
Dann ist offenbar (v_{i_k}, v_{n+1}) in jedem transitiven Kern F von E enthalten, und es gilt:
$(v_{i_j}, v_{n+1}) \in F \iff$ es existiert kein Weg in E von v_{i_j} zu einem Knoten $v_{i_l}, l > j$.
Damit ist der transitive Kern auch für G eindeutig bestimmt und hat die bei E_{red} angegebene Gestalt.

Zu b): Nach a) läßt sich E_{red} wie folgt bestimmen:
$(*)$ Berechne für alle $v_i, v_j \in V, i \neq j$, die Längen längster Wege in G von v_i nach v_j. Dies geht mit einer Modifikation von Algorithmus 5.1.1, in der dieser Algorithmus in Punkt (3) statt des Minimums das Maximum bildet. Der Zeitaufwand für $(*)$ ist $O(|V| \cdot (|V| + |E|))$.
$(**)$ Für alle $e = (v_i, v_j) \in E$ mit $i \neq j$ ist
$e \in F \iff$ die längste Weglänge von v_i nach v_j ist höchstens 1 (und damit genau 1)

Zu c): Es sei $G = (\{1,2,3,4\}, \{1,2,3,4\}^2)$ und $F = \{(1,2),(2,3),(3,4),(4,1)\}, F' = \{(1,4),(4,3),(3,2),(2,1)\}$.

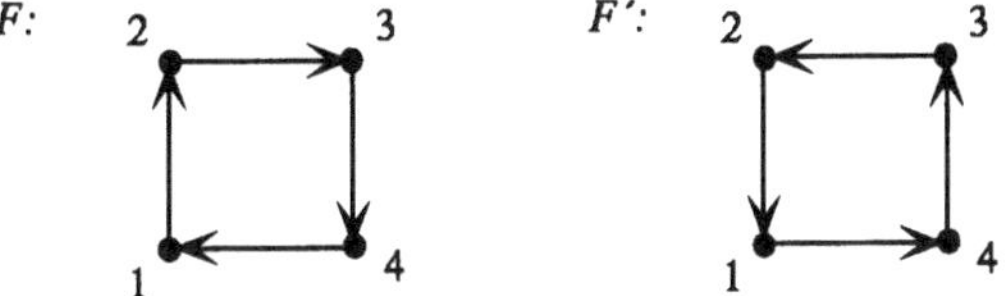

Dann ist $F^* = (F')^* = \{1,2,3,4\}^2$ (der vollständige gerichtete Graph mit den Knoten 1,2,3,4) und F, F' sind $\subseteq$-minimale erzeugende Mengen für $\{1,2,3,4\}^2$, aber $F \neq F'$.

Zu d): Als Beispielgraphen wählen wir $G = (X_n, Y_n, E_n)$ mit $X_n = \{x_1, \ldots, x_n\}$, $Y_n = \{y_1, \ldots, y_n\}$ und $E_n = \{(x_i, y_j) : i, j \in \{1, \ldots, n\}\}$, $|X_n \cup Y_n| = 2n, |E_n| = n^2$, und es gilt $E_n = (E_n)_{red}$. Also ist $|(E_n)_{red}| = \Omega(n^2)$.

Aufgabe 6.5.2

Daß das obige Problem in **NP** ist, zeigt man wie üblich:
Eine nichtdeterministische Turingmaschine rät in Polynomialzeit eine Flußfunktion auf N und prüft anschließend, ob (F1) und (F2) erfüllt sind sowie, ob $F(f) \geq k$ und $f(e_i) \geq f(e_i')$ für alle $i \in \{1, \ldots, k\}$ erfüllt ist.
Wir reduzieren nun 3SAT auf das obige Problem.
Es sei $C = C_1 \wedge \ldots \wedge C_m$ eine KNF mit höchstens drei Literalen pro Klausel (o.B.d.A.

enthalte jede Klausel C_i genau drei Literale): $C_i = (C_{i_1}^{\alpha_{i_1}} \vee C_{i_2}^{\alpha_{i_2}} \vee C_{i_3}^{\alpha_{i_3}})$, und $x_1, \ldots, x_n$ seien die Variablen.

Wir konstruieren dazu folgendes Netzwerk N_C:
$N_C = ((V, E), q, s, c)$ mit den Knoten q, s, $3m$ Knoten c_{i_j}, $i \in \{1, \ldots, m\}$, $j \in \{1, 2, 3\}$ für die Literale der Klauseln sowie folgende Hilfsknoten:
a_i, b_i, $i \in \{1, .., m\}$, für folgende Teilgraphen zur Darstellung der Klauseln:

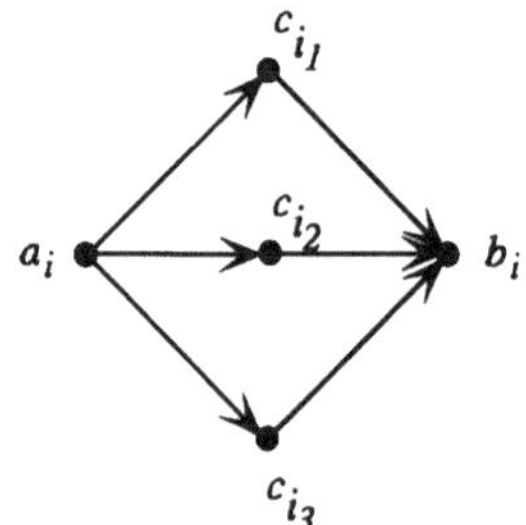

Die Kapazitäten dieser Kanten sind gleich 1. Weiterhin existieren Kanten $q \to a_i$, $i \in \{1, \ldots, m\}$ und $b_i \to s$, $i \in \{1, \ldots, m\}$, deren Kapazitäten gleich 3 sind. Zusätzlich existiert ein Weg mit den Kanten $q \to d, d \to s$, deren Kapazitäten gleich 1 sind. Ein Maximalfluß auf N_C liefert also in jedem Fall $f(q \to d) = f(d \to s) = 1$. Wir zeigen nun, daß gilt:

$(*)\ C \in 3SAT \iff$ N_C mit folgenden Ungleichungen besitzt Maximalfluß $F(f) \geq m + 1$:

Ungleichungen:

1) Für alle $c_{i_j}, c_{k_l}, i \neq k$, gilt: Stellen c_{i_j} und c_{k_l} dasselbe Literal dar, so gilt $f(a_i \to c_{i_j}) \geq f(a_k \to c_{k_l})$ und $f(a_k \to c_{k_l}) \geq f(a_i \to c_{i_j})$ sowie dasselbe für die Kanten zu b_i, b_k. Damit sind die Flüsse auf diesen Kanten gleich.

2) Für alle Kanten $b_i \to s$ gilt: $f(b_i \to s) \geq f(d \to s)$. Damit haben alle diese Kanten mindestens Fluß 1.

Um $(*)$ zu beweisen, zeigen wir zwei Richtungen.
a) Es sei $C \in$ 3SAT. Dann existiert eine erfüllende Belegung von C. Setze den Fluß für alle erfüllten Literale gleich 1. Damit liefert jeder Teilgraph einer Klausel mindestens Fluß 1 in s, und damit ist Maximalfluß $F(f) \geq m + 1$ sowie alle Ungleichungen sind erfüllt.
b) Es sei f ein Maximalfluß mit $F(f) \geq m + 1$, der die Ungleichungen 1), 2) erfüllt: Dann ist $f(d \to s) = 1$, und damit liefert jeder Teilgraph einer Klausel mindestens Fluß 1, d.h. $f(b_i \to s) \geq 1$. Wegen der Ungleichungen 1) und der Kapazitätsbeschränkung $c(c_{i_j} \to b_i) = 1$ für $i \in \{1, \ldots, m\}$ (analog für die anderen Kanten in Klauselteilgraphen) läßt sich nun aus den Kanten mit $f(c_{i_j} \to b_i) = 1$ eine Wahrheitswertbelegung

von C konstruieren, die C erfüllt.

Aufgabe 7.7.3

a) Es sei $G = (V, E)$ mit $|V| = n$ und K_n der vollständige Graph mit n Knoten. Wir zeigen: Für jedes $n \in \mathcal{N}$ besitzt K_n eine azyklische Orientierung. (Daraus folgt durch Einschränkung auf E auch die Existenz einer azyklischen Orientierung von G).
Induktionsanfang:
$n = 1$: klar
Induktionsschritt:
$n = k + 1$: Wir setzen eine azyklische Orientierung auf k Knoten $x_1, \ldots, x_k$ voraus. Nun werden alle Kanten von x_i, $i \in \{1, \ldots, k\}$, nach x_{k+1} gerichtet. Diese Orientierung ist azyklisch.

b) Für $x, y \in H_k$ ist $xy \notin E$:
Angenommen, $h(x) = h(y) = k$ und $xy \in E$. O.B.d.A. sei $(x, y) \in E$. Dann ist nach Definition $h(y) \geq 1 + h(x)$ - Widerspruch. Also sind die H_k, $k \in \{0, \ldots, h_0\}$, unabhängige Knotenmengen. Damit ist $\chi_V(G) \leq h_0 + 1$.

c) Es sei $G = a - b - c$ und $F = a \rightarrow b \rightarrow c$. Damit ist $H_0 = \{a\}, H_1 = \{b\}, H_2 = \{c\}$ und somit die Färbung nicht optimal.

d) Es sei F transitiv. Dann ist jeder Weg P in (V, F) eine Clique in G, und folglich ist $\omega(G) \geq$ Zahl der Knoten eines längsten Weges in $(V, F) = h_0 + 1$. Wegen $\omega(G) \leq \chi_V(G)$ muß die Zahl der Farben einer Knotenfärbung auch mindestens $h_0 + 1$ sein, also ist die Färbung optimal.

Aufgabe 8.7.2

(a) Es sei H Hypergraph und $M \subseteq \mathcal{E}$ ein "matching", d.h. für alle $e, e' \in M$ gilt $e \cap e' \neq \emptyset$. Dann muß jedes "transversal" T von H mindestens einen Knoten aus jedem $e \in M$ enthalten, also ist (a) erfüllt.

(b) Der Beweis erfolgt induktiv.
Induktionsanfang:
Für Hypergraphen mit $|\mathcal{E}| = 1$ ist die Behauptung klar.
Induktionsschritt:
Es sei H Hyperbaum. Dann erfüllt H die Helly-Eigenschaft, und $L(H)$ ist chordal. Es sei $(e_1, \ldots, e_m)$ eine perfekte Eliminationsordnung von $L(H)$. Also bildet $\{e' : e' \cap e \neq \emptyset\}$ eine Clique in $L(H)$, d.h. für alle e', e'' mit nichtleerem Durchschnitt zu e gilt auch $e' \cap e'' \neq \emptyset$. Also existiert wegen der Helly-Eigenschaft ein Knoten $v_e \in V$ mit $v_e \in e'$ für alle $e' \cap e \neq \emptyset$. Setzt man nun voraus, daß für alle Hyperbäume mit geringerer Kantenzahl die Behauptung gilt und ist T' ein "transversal" vom Resthypergraphen H', der entsteht, wenn man alle Hyperkanten von H wegläßt, die v_e enthalten, wobei $|T'| = \tau(H') = \mu(H')$ gilt, so ist

$T' \cup \{v_e\}$ ein "transversal" von H und $\tau(H) = \tau(H') + 1$ sowie $\mu(H) \geq \mu(H') + 1$, also gilt $\tau(H) = \mu(H)$.

Aufgabe 9.6.3

1. "$\Longrightarrow$": Es sei G stark chordal. Angenommen, $(v_1, \ldots, v_{2n})$, $n \geq 3$, sei ein Kreis gerader Länge $2n$, der keine ungerade Sehne hat. Dann ist die Nachbarschaftsmatrix, deren Zeilen den Knoten $v_1, v_3, \ldots, v_{2n-1}$ und deren Spalten den Knoten $v_2, v_4, \ldots, v_{2n}$ entsprechen, genau die Inzidenzmatrix eines Kreises der Länge n – Widerspruch zu Satz 9.3.7, der besagt, daß $N(G)$ für stark chordale Graphen G total balanciert ist.

2. "$\Longleftarrow$": Es sei der chordale Graph G nicht stark chordal. Dann enthält G nach Satz 9.3.1 eine k–Sonne, $k \geq 3$, als induzierten Teilgraphen. Eine k–Sonne bildet jedoch offensichtlich einen Kreis der Länge $2k$ ohne ungerade Sehnen.

Literaturverzeichnis

[1] A.V. AHO, J.E. HOPCROFT and J.D. ULLMAN, The Design and Analysis of Computer Algorithms, *Addison-Wesley* , 1974

[2] A.V. AHO, J.E. HOPCROFT and J.D. ULLMAN, Data Structures and Algorithms, *Addison-Wesley* , 1983

[3] M. AIGNER, Graphentheorie, *B.G. Teubner, Stuttgart* , 1984

[4] H. ALT, N. BLUM, K. MEHLHORN and M. PAUL, Computing a maximum cardinality matching in a bipartite graph in time $O(n^{1.5}\sqrt{m/logn})$, *Inf. Proc. Letters* 37(1991), 237–240

[5] R.P. ANSTEE and M. FARBER, Characterizations of totally balanced matrices, *Journal of Algorithms* , 5(1984), 215–230

[6] K. APPEL and W. HAKEN, Every planar map is 4–colorable, I: Discharging, II: Reducibility, *Illinois J. Math.* 21, 1977, 429–490, 491–567

[7] S. ARNBORG and A. PROSKUROWSKI, Linear time algorithms for NP–hard problems restricted to partial k–trees, *Discr. Appl. Math.* , 23, 11–24, 1989

[8] G. AUSIELLO, A. D'ATRI, and M. MOSCARINI, Chordality properties on graphs and minimal conceptual connections in semantic data models, *Journal of Computer and System Sciences* vol. 33, (1986),179–202

[9] C. BEERI, R. FAGIN, D. MAIER, and M. YANNAKAKIS, On the desirability of acyclic database schemes, *Journal of the Assoc. for Comput. Mach.* , 30, 3 (1983), 479–513

[10] H. BEHRENDT and A. BRANDSTÄDT, Domination and the use of maximum neighbourhoods, *Technical Report SM-DU-204*, University of Duisburg 1992

[11] R. BELLMAN, On a routing problem, *Quarterly of Applied Mathematics*, 16, 87–90, 1958

[12] S. BENZER, On the topology of the genetic fine structure, *Proc. Nat. Acad. Sci. U.S.A.* 45, 1607–1620, 1959

[13] C. BERGE, Two Theorems in Graph Theory, *Proc. Nat. Acad. Sci.* 43 (1957), 842–844

[14] C. BERGE, Färbung von Graphen, deren sämtliche bzw. deren ungerade Kreise starr sind, *Wiss. Zeitschr. Martin–Luther–Univ. Halle–Wittenberg*, 114, 1961

[15] C. BERGE, Les problemes de colorations en theorie des graphs, *Publ. Inst. Statist. Univ. Paris*, 9, 123–160, 1960

[16] C. BERGE, Graphs, *North Holland* , 1989, second revised edition

[17] C. BERGE, Hypergraphs, *North Holland* , 1989

[18] C. BERGE and V. CHVATAL, eds., Topics on Perfect Graphs, *Annals of Discr. Math., North Holland* , 1984

[19] H.L. BODLAENDER, A Tourist Guide through Treewidth, *Technical Report RUU-CS-92-12, Utrecht University*, 1992

[20] K.S. BOOTH and G.S. LUEKER, Testing for the consecutive ones property, interval graphs, and graph planarity using PQ–tree algorithms, *Journal of Computer and System Sciences* 13, 335–379, 1976

[21] A. BRANDSTÄDT, Classes of bipartite graphs related to chordal graphs, *Discr. Appl. Math.* , 32 (1991), 51–60

[22] A. BRANDSTÄDT, Effiziente Graphenalgorithmen, *Kurstext 1685 der FernUniversität Hagen*, 1992

[23] A. BRANDSTÄDT, Special graph classes – a survey, *Technical Report SM–DU–199*, University of Duisburg 1993

[24] A. BRANDSTÄDT, F.F. DRAGAN, V.D. CHEPOI, and V.I. VOLOSHIN, Dually chordal graphs, *Technical Report SM–DU–225*, University of Duisburg 1993, *International Workshop on Graph-Theoretic Concepts in Computer Science WG'93, J. van Leeuwen (Ed.), 1993, Lecture Notes in Computer Science* , to appear

[25] A. BRANDSTÄDT, V.D. CHEPOI, and F.F. DRAGAN, The algorithmic use of hypertree structure and maximum neighbourhood orderings, *Technical Report SM–DU–244*, University of Duisburg 1994, *International Workshop on Graph-Theoretic Concepts in Computer Science WG'94, G. Tinhofer (Ed.), 1994, Lecture Notes in Computer Science* , to appear

[26] A. E. BROUWER, P. DUCHET, and A. SCHRIJVER, Graphs whose neighbourhoods have no special cycles, *Discr. Math.* 47 (1983), 177–182

[27] P. BUNEMAN, A characterization of rigid circuit graphs, *Discr. Math.* , 9 (1974), 205–212

[28] G.J. CHANG, Labeling algorithms for domination problems in sun–free chordal graphs, *Discr. Appl. Math.* 22 (1988/89), 21–34

[29] G.J. CHANG and G.L. NEMHAUSER, The k–domination and k–stability problems on sun–free chordal graphs, *SIAM J. Algebraic and Discrete Methods* , 5 (1984), 332–345

[30] D. CIESLIK, Über Bäume minimaler Länge in der normierten Ebene, *Dissertation* Ernst-Moritz-Arndt-Universität Greifswald, 1982

[31] D. CIESLIK, Steiner - Minimal - Trees in Banach - Minkowski Planes, *Forschungsbericht* Ernst-Moritz-Arndt-Universität Greifswald, 1994

[32] T.H. CORMEN, C.E. LEISERSON and R.L. RIVEST, Introduction to Algorithms, *MIT Press - McGraw Hill* , 1990

[33] D.G. CORNEIL, S. OLARIU and L. STEWART, The linear structure of graphs: asteroidal triple–free graphs, Manuskript 1993

[34] A. D'ATRI and M. MOSCARINI, On hypergraph acyclicity and and graph chordality, *Inf. Proc. Letters* , 29, 5 (1988), 271–274

[35] P. DAMASCHKE, Zur Kompliziertheit von Hamiltonschen Problemen in speziellen Graphenklassen, DISSERTATION, Friedrich-Schiller-Universität Jena, 1990

[36] E.W. DIJKSTRA, A note on two problems in connexion with graphs, *Numerische Mathematik* 1, 269–271, 1959

[37] E.A. DINITZ, An algorithm for the solution of a problem of maximal flow in a network with proper estimation, *Soviet Math. Dokl.* 11, 1277–1280, 1970

[38] G.A. DIRAC, On rigid circuit graphs, *Abh. Math. Sem. Univ. Hamburg*, 25(1961), 71–76

[39] F. F. DRAGAN, Centers of graphs and the Helly property, (in Russian) Ph.D. Thesis, Moldova State University 1989

[40] F.F. DRAGAN, HT–graphs: centers, connected r–domination and Steiner trees, manuscript 1992

[41] F. F. DRAGAN, C. F. PRISACARU, and V. D. CHEPOI, Location problems in graphs and the Helly property (in Russian), *Discrete Mathematics, Moscow*, 4(1992), 67–73 (the full version appeared as preprint: F.F. Dragan, C.F. Prisacaru, and V.D. Chepoi, r–Domination and p–center problems on graphs: special solution methods and graphs for which this method is usable (in Russian), Kishinev State University, preprint MoldNIINTI, N. 948–M88, 1987)

[42] P. DUCHET, Propriete de Helly et problemes de representation, *Colloqu. Intern. CNRS 260*, Problemes Combin. et Theorie du Graphes, Orsay, France 1976, 117–118

[43] P. DUCHET, Classical perfect graphs: an introduction with emphasis on triangulated and interval graphs, *Annals of Discr. Math., North Holland* , 21 (1984), 67–96

[44] J. EDMONDS, Paths, Trees, and Flowers, *Canadian Journal of Mathematics* 17, 1965, 449–467

[45] J. EDMONDS, Matroids and the greedy algorithm, *Mathematical Programming* 1, 1971, 126–136

[46] S. EVEN, Graph Algorithms, *Computer Science Press* , 1979

[47] M. FARBER, Domination, independent domination and duality in strongly chordal graphs, *Discr. Appl. Math.* 7 (1984), 115–130

[48] M. FARBER, Characterizations of strongly chordal graphs, *Discr. Math.* , 43 (1983), 173–189

[49] R. FAGIN, Degrees of acyclicity for hypergraphs and relational database schemes, *Journal of the Assoc. for Comput. Mach.* , 30 (1983), 514–550

[50] M. FARBER, Characterizations of strongly chordal graphs, *Discr. Math.* , 43 (1983), 173–189

[51] P. FISHBURN, Interval Orders and Interval Graphs, *Wiley & Sons* , 1985

[52] C. FLAMENT, Hypergraphes arbores, *Discr. Math.* , 21 (1978), 223–227

[53] R.W. FLOYD, Algorithm 97 (SHORTEST PATH), *Communications of the ACM* 5, 345, 1962

[54] S. FÖLDES and P.L. HAMMER, Split graphs, *Proc. 8th Southeastern Conf. on Combinatorics, Graph Theory and Computing* , Louisiana, 311–315, 1977

[55] L.R. FORD and D.R. FULKERSON, Flows in Networks, *Princeton University Press* , 1962

[56] M.L. FREDMAN and D.E. WILLARD, Trans–dichotomous Algorithms for Minimum Spanning Trees and Shortest Paths, *Proceedings of the 31st Annual IEEE Conference on Foundations of Computer Science* (FOCS) 1990, 719–725

[57] D.R. FULKERSON and O.R. GROSS, Incidence matrices and interval graphs, *Pacif. J. Math.* 15 (1965), 835-855

[58] T. GALLAI, Transitiv orientierbare Graphen, *Acta Math. Acad. Sci. Hungar.* 18, 25–66, 1967

[59] M.R. GAREY and D.S. JOHNSON, Computers and Intractability: A Guide to the Theory of NP-Completeness, *W.H. Freeman*, 1979

[60] M.R. GAREY, D.S. JOHNSON and L. STOCKMEYER, Some simplified NP-complete graph problems, *Theoretical Computer Science* 1 (1976), 237-267

[61] F. GAVRIL, Algorithms for Minimum Coloring, Maximum Clique, Minimum Covering by Cliques and Maximum Independent Set of a Chordal Graph, *SIAM J. Computing* , 1, 180–187, 1972

[62] F. GAVRIL, The Intersection Graphs of Subtrees in Trees are exactly the Chordal Graphs, *J. Combin. Theory Series B* 16, 47–56, 1974

[63] F. GAVRIL, An Algorithm for Testing Chordality of Graphs, *Inf. Proc. Letters* 3, 110–112, 1974

[64] P.C. GILMORE and A.J. HOFFMAN, A characterization of comparability graphs and of interval graphs, *Canadian Journal of Mathematics* 16, 539–548, 1964

[65] A.V. GOLDBERG and R.E. TARJAN, A new approach to the maximum flow problem, *Proc. 18th Annual ACM Sympos. on Theory of Computing* , 136–146, 1986 J. ACM Vol. 35, No. 4, 1988, 921–940

[66] A.V. GOLDBERG, E. TARDOS and R.E. TARJAN, Network flow algorithms, *Techn. Report STAN-CS-89-1252*, Comp. Sci. Dept. Stanford Univ. 1989

[67] M.C. GOLUMBIC, Algorithmic Graph Theory and Perfect Graphs, *Academic Press New York* 1980

[68] M.C. GOLUMBIC, Algorithmic aspects of intersection graphs and representation hypergraphs, *Graphs and Combinatorics* , 4 (1988), 307–321

[69] M.C. GOLUMBIC and C.F. GOSS, Perfect elimination and chordal bipartite graphs, *Journal of Graph Theory* , 2 (1978), 155–163

[70] M.C. GOLUMBIC, C.L. MONMA and W.T. TROTTER, Tolerance graphs, *Discr. Appl. Math.* , 9 (1984), 157–170

[71] N. GOODMAN and O. SHMUELI, Syntactic characterization of tree database schemes, *Journal of the Assoc. for Comput. Mach.* 30 (1983), 767–786

[72] R.L. GRAHAM and P. HELL, On the history of the minimum spanning tree problem, *Annals of the History of Computing*, 7, 43–57, 1985

[73] M. GRÖTSCHEL, L. LOVÁSZ and A. SCHRIJVER, Polynomial algorithms for perfect graphs, *Annals of Discr. Math., North Holland* 21 (1984), 325–356

[74] R.H. GÜTING, Datenstrukturen und Algorithmen, *B.G. Teubner, Stuttgart* 1991

[75] A. HAJNAL amd J. SURANYI, Über die Auflösung von Graphen in vollständige Teilgraphen, *Ann. Univ. Sci. Budapest Eötvös Sect. Math.* 1, 113–121, 1958

[76] P. HALL, On Representatives of Subsets, *J. London Math. Soc.* 10, 26–30, 1935

[77] S.C. HEDETNIEMI and R. LASKAR, (eds.), Topics on Domination, *Annals of Discr. Math., North Holland* 48, 1991

[78] A.J. HOFFMAN, A.W.J. KOLEN, and M. SAKAROVITCH, Totally balanced and greedy matrices, *SIAM J. Algebraic and Discrete Methods* , 6 (1985), 721–730

[79] I. HOLYER, The NP–completeness of some edge–partition problems, *SIAM J. Computing* 10 (1981), 713–717

[80] J.E. HOPCROFT and R.M. KARP, An $n^{5/2}$ algorithm for maximum matchings in bipartite graphs, *SIAM J. Computing* 2, 225–231, 1973

[81] J.E. HOPCROFT and R.E. TARJAN, Efficient algorithms for graph manipulation, *Communications of the ACM* , 16, 372–378, 1973

[82] J.E. HOPCROFT and R.E. TARJAN, Efficient planarity testing, *Journal of the Assoc. for Comput. Mach.* 21 (1974), 549–568

[83] J.E. HOPCROFT and J.D. ULLMAN, Introduction to Automata Theory, Languages and Computation, *Addison–Wesley* 1979

[84] F.K. HWANG, D.S. RICHARDS and P. WINTER, The Steiner Tree Problem, *Annals of Discrete Mathematics 53*, North–Holland 1992

[85] E. IHLER, Zur Übertragbarkeit von Approximationsalgorithmen für Optimierungsprobleme, insbesondere für das Problem CLASS TREE, *Dissertation* Universität Freiburg i.Br. 1993

[86] K. IIJIMA and Y. SHIBATA, A bipartite representation of a triangulated graph and its chordality, *Technical Report* , Dept. of Computer Science, Gunma University, CS–79–1, 1979

[87] D.R. KARGER, D.KOLLER and S.J. PHILLIPS, Finding the Hidden Path: Time Bounds for All–Pairs Shortest Paths, *Proceedings of the 32nd Annual IEEE Conference on Foundations of Computer Science* , 560–568

[88] R.M. KARP, Reducibility among Combinatorial Problems, *Complexity of Computer Computations, ed. R.E. Miller and J.W. Thatcher*, New York, Plenum Press, 1972, 85–103

[89] R.M. KARP, On the Complexity of Combinatorial Problems, *Networks* , 5, 1975, 45–68

[90] A.V. KARZANOV, Determining the maximal flow in a network by the method of preflows, *Soviet Math. Dokl.* 15, 434–437, 1974

[91] J. KEIL, Finding Hamiltonian Circuits in Interval Graphs, *Inf. Proc. Letters* 20, 201–206, 1985

[92] D.E. KNUTH, Fundamental Algorithms, Band 1 von: The Art of Computer Programming, *Addison-Wesley* , 1968, (2. Ausgabe 1973)

[93] D. KÖNIG, Graphen und Matrizen, *Mat. Fiz. Lapok*, 38, 116–119, 1931

[94] A.W.J. KOLEN, Duality in tree location theory, *Cah. Cent. Etud. Rech. Oper.*, 25 (1983), 201–215

[95] N. KORTE and R.H. MÖHRING, A simple linear–time algorithm to recognize interval graphs, *SIAM J. Computing* 18, 68–81, 1989

[96] E.L. LAWLER, Combinatorial Optimization: Networks and Matroids, *Holt, Rinehart and Winston* , 1976

[97] E.L. LAWLER, J.K. LENSTRA, A.H.G. RINNOOY KAN and D.B. SHMOYS, The Traveling Salesman Problem, *Wiley & Sons* , 1990

[98] J. LEHEL, A characterization of totally balanced hypergraphs, *Discr. Math.* , 57 (1985), 59–65

[99] C.G. LEKKERKERKER and J.CH. BOLAND, Representation of a finite graph by a set of intervals on the real line, *Fund. Math.* 51, 45–64, 1962

[100] L. LOVÁSZ, Normal hypergraphs and the perfect graph conjecture, *Discr. Math.* 2 (1972), 253–267

[101] L. LOVÁSZ, A characterization of perfect graphs, *J. Combin. Theory Series B* 23, 94–104, 1972

[102] L. LOVÁSZ and M.D. PLUMMER, Matching Theory, *Annals of Discr. Math., North Holland* 29, North-Holland, 1986

[103] A. LUBIW, Doubly lexical orderings of matrices, *SIAM J. Computing* 16 (1987), 854–879

[104] V.M. MALHOTRA, M.P. KUMAR, and S.N. MAHESHWARI, An $O(|V|^3)$ Algorithm for Finding Maximum Flows in Networks, *Inf. Proc. Letters* 7, no. 6, 277–278, 1978

[105] U. MANBER, Introduction to Algorithms: A Creative Approach, *Addison-Wesley* , 1989

[106] K. MEHLHORN, Graph Algorithms and NP-Completeness (Band 2 von: Data Structures and Algorithms), *Springer-Verlag* , 1984

[107] S. MICALI and V. VAZIRANI, An $O(\sqrt{|V|} \cdot |E|)$ algorithm for Finding Maximum Matching in General Graphs, *Proc. 21st Annual IEEE Conference on Foundations of Computer Science* , Syracuse, 1980, 17-27

[108] M. MOSCARINI, Doubly chordal graphs, Steiner trees and connected domination, *Networks* , 23(1993),59-69

[109] H. MÜLLER, The NP-Completeness of HAMILTONIAN CIRCUIT for chordal bipartite graphs, *Forschungsergebnisse der Friedrich-Schiller-Universität Jena* N/87/36, 1987

[110] H. MÜLLER and A. BRANDSTÄDT, The NP-completeness of STEINER TREE and DOMINATING SET for chordal bipartite graphs, *Theoretical Computer Science* 53 (1987), 257-265

[111] F. NICOLAI, Strukturelle und algorithmische Aspekte distanz-erblicher Graphen und verwandter Klassen, DISSERTATION, Gerhard-Mercator-Universität - GH- Duisburg 1994

[112] T. NISHIZEKI and N. CHIBA, Planar Graphs: Theory and Algorithms, *Annals of Discr. Math., North Holland* 32, 1988

[113] O. ORE, The four-color problem, *Academic Press New York* , 1967

[114] R. PAIGE and R.E. TARJAN, Three partition refinement algorithms, *SIAM J. Computing* , 16 (1987), 973-989

[115] C.H. PAPADIMITRIOU, The NP-Completeness of the Bandwidth Minimization Problem, *Computing* , 16 (1976), 263-270

[116] C.H. PAPADIMITRIOU and K. STEIGLITZ, Combinatorial Optimization: Algorithms and Complexity, *Prentice-Hall* , 1982

[117] K.R. REISCHUK, Einführung in die Komplexitätstheorie, *B.G. Teubner, Stuttgart* , 1990

[118] D.J. ROSE, R.E. TARJAN, and G.S. LUEKER, Algorithmic aspects of vertex elimination on graphs, *SIAM J. Computing* , 5 (1976), 266-283

[119] H. SACHS, Einführung in die Theorie der endlichen Graphen, Teile I und II, *B.G. Teubner, Leipzig* , 1970/1972

[120] I. SCHIERMEYER, Neighbourhood Intersections and Hamiltonicity, *Proceedings in Applied Mathematics 54, Graph Theory, Combinatorics, Algorithms and Applications, Y. Alavi et al. SIAM (1991)*, 427-440

[121] K. SIMON, Effiziente Algorithmen für perfekte Graphen, *B.G. Teubner, Stuttgart* 1992

[122] D.D. SLATER, An $O(n \cdot m \cdot logn)$ algorithm for maximum network flow, *Technical Report STAN-CS-80-831, Comp. Sci. Dept., Stanford Univ.* Stanford, CA 1980

[123] J.P. SPINRAD, Doubly lexical ordering of dense 0–1– matrices, manuscipt 1988, to appear in *SIAM J. Computing*

[124] M.N.S. SWAMY and K. THULASIRAMAN, Graphs, Networks and Algorithms, *Wiley & Sons* , 1981

[125] J.L. SZWARCFITER and C.F. BORNSTEIN, Clique graphs of chordal and path graphs, manuscript 1992, to appear in *SIAM J. Discr. Math.*

[126] R.E. TARJAN, Data Structures and Network Algorithms, *Society for Industrial and Applied Mathematics*, 1983

[127] R.E. TARJAN and M. YANNAKAKIS, Simple linear time algorithms to test chordality of graphs, test acyclicity of hypergraphs, and selectively reduce acyclic hypergraphs, *SIAM J. Computing* 13, 3 (1984), 566–579

[128] L.G. VALIANT, The complexity of computing the permanent, *Theoretical Computer Science* 8, 1979, 189–201

[129] V.G. VIZING, On an Estimate of the Chromatic Class of a p–Graph, (russisch), *Diskret. Analiz.* 3, 25–30, 1964

[130] V.I. VOLOSHIN, Properties of triangulated graphs (in Russisch), *Issledovaniye operaziy i programmirovanie* (Kishinev), 1982, 24–32

[131] H.–J. VOSS, Cycles and Bridges in Graphs, *Deutscher Verlag der Wissenschaften/Kluwer Academic Publishers*, 1991

[132] K. WAGNER, Graphentheorie, *Bibliographisches Institut Mannheim* , 1970

[133] J.R. WALTER, Representations of Chordal Graphs as Subtrees of a Tree, *Journal of Graph Theory* 2, 265–267, 1978

[134] H.–J. WALTHER and G. NÄGLER, Graphen – Algorithmen – Programme, *Springer–Verlag* , 1987

[135] H.–J. WALTHER and H.–J. VOSS, Über Kreise in Graphen, *VEB Deutscher Verlag der Wissenschaften* , Berlin, 1974

[136] S. WARSHALL, A theorem on Boolean matrices, *Journal of the Assoc. for Comput. Mach.* , 9, 11–12, 1962

[137] D.J.A. WELSH, Matroid Theory, *Academic Press New York* , 1976

[138] K. WHITE, M. FARBER and W. PULLEYBLANK, Steiner trees, connected domination and strongly chordal graphs, *Networks* 5, 1985, 109–124

[139] H. WHITNEY, On the abstract properties of linear dependence, *American Journal of Mathematics*, 57, 509–533, 1935

[140] P. WIDMAYER, Fast Approximation Algorithms for Steiner's Problem, *Habilitationsschrift* Universität Karlsruhe, 1987

[141] H.S. WILF, Algorithms and Complexity, *Prentice-Hall* , 1986

[142] P. WINTER, Steiner Problems in Networks: A Survey, *Networks* 17 (1987), 129–167

[143] A.Z. ZELIKOVSKY, An 11/6–Approximation algorithm for the network Steiner tree problem, *Algorithmica* 9 (1993), 463–470

[144] A.Z. ZELIKOVSKY, A faster approximation algorithm for the Steiner tree problem in graphs, *Inf. Proc. Letters* 46 (1993), 79–83

Index

$B(G)$, 184
$B_C(G)$, 184
M-Ergänzungsweg, 156
M-alternierender Weg, 156
$\Delta(G)$, 13
$\alpha(G)$, 14, 206
$\alpha_E(G)$, 149, 154
$\alpha_V(G)$, 154
$\beta_E(G)$, 154
$\beta_V(G)$, 151, 154
$\chi(G)$, 206
$\chi_E(G)$, 167
$\chi_V(G)$, 163
$\delta(G)$, 13
$\kappa(G)$, 206
$\omega(G)$, 14, 206
$deg(v)$, 13
$diam(G)$, 16
$dist(u, v)$, 16
$indeg(v)$, 16
k-Baum, 36, 212
  Erzeugungsfolge, 212
  Reduktionsfolge, 212
  Wurzel, 212
k-Faktor, 158
$outdeg(v)$, 17
$pw(G)$, 233
$rang(A)$, 93
$tw(G)$, 215
$\mathcal{C}(G)$, 188
$\mathcal{D}(G)$, 188
$\mathcal{N}(G)$, 188
Äquivalenzrelation, 19
NP-vollständig, 30
#P, 161
#P-vollständig, 162

3-dimensional matching, 159
3DM, 159
3SAT, 31

Abpflückordnung, 78, 173, 182, 183
  simple Eliminationsordnung, 216
  starke Eliminationsordnung, 224
Adjazenzlisten, 26
Adjazenzmatrix, 26
Algorithmus
  Bellman,Ford, 112
  BFS, 61, 76
  Boruvka,Sollin, 89
  Breadth-First Search, 61
  Breitensuche, 61
  Depth-First Search, 61
  DFS, 61, 62
  DFS für gerichtete Graphen, 74
  Dijkstra, 109
  Dinitz, 137
  EULERWEG, 45
  Floyd,Warshall, 116
  Ford,Fulkerson, 129
  greedy, 90
  Jarnik,Prim,Dijkstra, 86
  Kürzeste Weglänge in dags, 107
  Kleene, 119
  Kruskal, 88
  Maximum Cardinality Search, 195
  Maximum-Nachbarschafts-Ordnung, 201
  MCS, 195
  MCS auf Hypergraphen, 199
  MNO, 201
  Tiefensuche, 61
  Topologisches Sortieren, 79

zero–fill–in, 196
all pairs shortest paths, 106
Antikette, 18
Antisymmetrie, 18
Artikulationspunkt, 67
Assoziativität, 117
asteroidales Tripel, 233
augmenting path, 156
Ausdruck
aussagenlogischer, 31
erfüllbar, 31
konjunktive Normalform, 31
Aussagenlogik
Ausdruck, 31

Baum, 20
binärer, 23
geordneter, 22
Tiefe, 22
Baumweite
eines Graphen, 215
BFS, 61
Bigraph, 184
blocking flow, 134
Brücke, 158
Breadth–First Search, 61
Breitensuche, 61

chord, 16
CHROMATIC INDEX, 169
chromatische Zahl, 163
CLIQUE, 35
Clique, 14
COL, 165

dag, 17
Defizit, 155
Depth–First Search, 61
Determinante, 162
DFS, 61
directed acyclic graph, 17
Distanz, 16
Distributivität, 117
DOMINATING SET, 210
dominierende Menge, 210
dominierender Weg, 234
dominierendes Paar, 234
doubly lexical ordering, 226
Dreiecksungleichung, 102
DS, 210
dualer Hyperbaum, 179, 188
dualer Hypergraph, 176
Durchschnittsgraph
von Intervallen, 230

edge cover, 153
Eliminationsordnung
simple, 216
starke, 224
Erfüllbarkeitsproblem der Aussagenlogik, 31
Ergänzungswegmethode, 157
Eulerkreis, 41
Eulerweg, 41

feedback vertex set, 36
Fibonacci–heaps, 88
fill–in, 191
Fluß, 124
zulässiger, 124
Flußfunktion
wegsättigend, 134
Folge, 47
graphisch, 47

Gerüst, 25
Gesamtfluß, 125
gewichtetes Zuordnungsproblem, 153
Gradfolge, 47
Graham–Reduktion, 182
Graph, 12
(k,l)–chordal, 235
X–chordal, 186
X–konform, 186
α–perfekt, 207
χ–perfekt, 207
at–frei, 234
k–Baum, 212

k–te Potenz, 190
asteroidal triple free, 234
Baumweite, 215
bipartiter, 14
chordal, 173
chordal bipartite, 235
dreiecksfrei, 165
Durchmesser, 16
fill–in, 191
gerichtet, 16
gerichteter Vergleichbarkeitsgraph, 78
Intervallgraph, 230
kubisch, 158
leerer, 14
minimal imperfekt, 207
paarer, 14
partieller k–Baum, 213
perfekt, 207
Pfadweite, 233
planar, 164
regulär, 158
Schichtengraph, 108
schlicht, 12
Sonne, 216
Splitgraph, 56, 209
stark chordal, 216
stark zusammenhängend, 19
transitiv orientierbar, 231
transitive Hülle, 19
Turnier, 80
Vergleichbarkeitsgraph, 231
vollständige Sonne, 216
vollständiger, 14
zusammenhängend, 16, 19
zweifach zusammenhängend, 67
Grapheneigenschaft
hereditär, 183
greedy–Algorithmus, 90

Hülle
reflexive und transitive, 18
transitive, 18
Hüllenoperator, 95
eines Matroids, 95
Halbordnung, 17
lineare Ausdehnung, 78
HAMILTON CYCLE, 49
HAMILTON PATH, 50
HAMILTONIAN CIRCUIT, 49
Hamiltonkreis, 46
Hamiltonweg, 46
Heiratsproblem, 150
Helly–Eigenschaft, 176
homöomorph, 164
Hyperbaum, 179, 188
Hypergraph, 176
2–section graph, 176
Cliquen–Hypergraph, 178
conformal, 176
Disk–Hypergraph, 178
dual, 176
dualer Hyperbaum, 179
Hyperbaum, 179
induzierter Subhypergraph, 176
konform, 176
Kreis, 229
line graph, 176
matching, 203
Nachbarschafts–Hypergraph, 178
reduziert, 176
total balanciert, 229
transversal, 203

INDEPENDENT SET, 35, 170
induzierte Teilgraph, 14
inorder, 24
Interpretation, 31
Intervall–Halbordnung, 230
Inzidenzgraph, 184
IS, 35

Kante
Baumkante, 65
Kapazität, 124
nützlich, 128
Querkante, 65
Rückwärtskante, 65, 128

Vorwärtskante, 128
Kanten, 12
parallele, 12
Kantenüberdeckung, 153
Kantenfärbung, 167
Kantenmenge
unabhängige, 149
Kette, 18
KNF, 31
Knoten, 12
k-Blatt, 212
Artikulationspunkt, 67
Ausgangsvalenz, 17
Blatt, 20
Brückenknoten, 186
Eingangsvalenz, 16
extremal, 183
Grad, 13
Maximalgrad, 13
Maximum-Nachbar, 183
Minimalgrad, 13
Nachbarn, 15
Nachfolger, 22
Quelle, 124
Senke, 124
simpel, 216
simplizial, 173
Vorgänger, 22
Knoten-Cliquen-Inzidenzgraph, 184
Knotenüberdeckung, 32, 151, 152
Knotenfärbung, 163
Knotenmenge, 14
r-dominierend, 211
dominierend, 210
unabhängige, 14
Knotenreihenfolge
simple Eliminationsordnung, 216
starke Eliminationsordnung, 224
Kommutativität, 117
Komplementgraph, 14
Kreis, 15
einfach, 15, 17
Eulerkreis, 41
gerichtet, 17
Hamiltonkreis, 46
induziert, 16
Kreisüberdeckung, 36

layered network, 134
LONGEST PATH, 108

matching, 149, 203
Matrix
Γ-frei, 225
doppelt lexikographisch geordnet, 226
total balanciert, 229
Matroid, 90
MAX δ-SEP MATCHING, 160
Maximalfluß, 125, 150
Maximalflußproblem
Minimalkosten, 145
maximum cardinality search, 194
maximum matching, 150
maximum matching problem, 150
Maximum-Nachbarschafts-Ordnung, 188
Maximum-Nachbarschaftsordnung, 183
MCS, 194
MCS auf Hypergraphen, 197
Minimalgerüst, 85
MINIMUM EDGE - COST FLOW, 146
minimum spanning tree, 85
monadic second order logic, 215
Monoid
kommutatives, 117

Nachbarschaft
abgeschlossene, 15
offene, 15
Nachbarschaftslisten, 26
Netzwerk, 124
Schnitt, 126
netzwerk
Tiefe, 134

optimal assignment problem, 152, 153
Ordnung

zero-fill-in, 191

p.e.o., 173
Paare Graphen
Vollständige Zuordnungen, 162
partieller k-Baum, 213
pathwidth, 233
perfect matching, 150
perfekte Eliminationsordnung, 173
Permanente, 162
Petersen-Graph, 158
Pfad, 15
postorder, 24
PQ-Bäume, 233
preorder, 24

Rangfunktion, 93
Reflexivität, 18
Relation
Äquivalenzklassen, 19
binäre, 17

SAT, 31
Satz
Brooks, 164
Cayley, 25
Corneil,Olariu,Stewart, 234
Dirac, 174
Duchet,Flament, 179
Grötzsch, 165
Hall, 155
Heawood, 165
Holyer, 169
König, 152
Kuratowski, 164
Lovász, 208
Möhring, 234
max-flow-min-cut theorem, 127, 131
Mendelsohn,Dulmage, 169
Menger, 132
Petersen, 158
Tutte, 159
Valiant, 162
Vizing, 169
Schichtennetzwerk, 132, 134
Schlinge, 12
Schnitt, 126
Kapazität, 127
Sehne, 16
ungerade, 237
Semiring, 117
abgeschlossener, 118
Boolescher, 118
Separator, 174
minimal, 174
simplizial, 173
single source shortest paths, 106
Sonne, 216
Sortieren
topologisches, 78
Spannbaum, 25
spanning tree, 25
Splitgraph, 56, 209
STEINER TREE, 100
Steinerbaum, 100
Steinerbaumproblem, 100
Strong Perfect Graph Conjecture, 208
Submodularität, 94
Symmetrie, 19

Tiefensuche, 61
topologische Ordnung, 78
topologisches Sortieren, 78
totally balanced, 229
transitiver Kern, 120
Transitivität, 18
transversal, 203
treewidth, 215
Turnier, 80
transitives, 80

ungarische Methode, 153

Vergleichbarkeitsgraph
einer Halbordnung, 231
VERTEX COVER, 32
vertex cover, 32, 151

vollständige Sonne, 216

Wald, 20
Weg, 15
 dominierend, 234
 einfach, 15, 17
 Eulerweg, 41
 flußvergrößernd, 128
 gerichtet, 17
 Hamiltonweg, 46
 kürzester, 106
 Länge, 15
Wurzel, 22
Wurzelbaum, 22

zero–fill–in, 191
Zuordnung, 149, 152
 größte, 150
 vollständige, 150
Zuordnungsproblem, 150
Zuordnungsproblem in paaren Graphen, 150
Zusammenhangskomponente, 16
zweifach zusammenhängende Komponente, 67